高等职业教育"十四五"规划教材

河南省高水平专业群建设教材

智能化养猪

（后备母猪饲养员岗位）

孔娜娜　王　飞　主编

中国农业大学出版社
·北京·

内 容 简 介

本书根据现代化养猪场实际工作岗位分为6个分册，即后备母猪饲养员岗位、公猪饲养员岗位、化验室岗位、配怀舍饲养员岗位、产房饲养员岗位、育肥猪饲养员岗位，每个分册均包括情景描述、信息收集、分析计划、任务实施、评估汇报5个过程。本书6个分册均单独装订，方便学生按生产岗位使用。

本书可作为高等农业职业院校智能化养殖专业、畜牧兽医专业教材，也可作为养殖场一线技术人员技能培训教材和从事相关技术工作的参考书。

图书在版编目(CIP)数据

智能化养猪 / 孔媛媛，王飞主编. -- 北京：中国农业大学出版社，2023.6
ISBN 978-7-5655-2988-7

Ⅰ.①智… Ⅱ.①孔…②王… Ⅲ.①智能技术-应用-养猪学 Ⅳ.①S828-39

中国国家版本馆 CIP 数据核字(2023)第 099453 号

书　名 智能化养猪(后备母猪饲养员岗位)
ZHINENGHUA YANGZHU

作　者 孔媛媛　王　飞　主编

策划编辑 张　蕊　张　玉　　**责任编辑** 张　玉
封面设计 中通世奥图文设计中心
出版发行 中国农业大学出版社
社　址 北京市海淀区圆明园西路2号　　**邮政编码** 100193
电　话 发行部 010-62733489，1190　　编辑部 010-62732617，2618
出版部 010-62733440　　读者服务部 010-62732336
网　址 http://www.caupress.cn　　**E-mail** cbsszs@cau.edu.cn
经　销 新华书店
印　刷 北京中兴印刷有限公司
版　次 2023年8月第1版　2023年8月第1次印刷
规　格 185 mm×260 mm　16开本　4.25印张　70千字
定　价 65.00元

编审人员

主　　编	孔嫄嫄	南阳农业职业学院
	王　飞	南阳农业职业学院
副 主 编	郝振芳	河南农业职业学院
	孙攀峰	河南农业职业学院
	李　嘉	周口职业技术学院
	王　安	周口职业技术学院
	路清霞	南阳市动物卫生监督所
	李万太	方城县农业农村局畜牧服务中心
	姚巧珍	内乡县动物疫病预防控制中心
	陈高英	南阳市动物卫生监督所
参编人员	张　扬	南阳农业职业学院
	王艳丰	河南农业职业学院
	孔雪旺	河南农业职业学院
	孙留霞	周口职业技术学院
	刘秀玲	商丘职业技术学院
	付赛赛	商丘职业技术学院
	刘　源	牧原食品股份有限公司
审　　稿	李生涛	南阳农业职业学院
	王国强	南阳农业职业学院
	杨瑞华	牧原食品股份有限公司

前　言

党的二十大报告指出，“全面推进乡村振兴”“强化农业科技和装备支撑”。现代畜牧业的发展离不开科技的助力和人才的支撑。畜禽智能化养殖专业是随着大型养殖企业向智能化、自动化养殖方向发展而在高等职业院校新设立的一个专业，该专业面向畜牧机械检修维护、养殖场环境控制与污物治理、养殖场与饲料厂自动化控制等岗位，培养掌握畜牧工程技术专业知识和技术技能，能够从事畜牧环境检测、畜禽养殖与饲料加工设备检修维护及自动化控制等工作的高素质人才。智能化养猪技术是畜禽智能化养殖专业的核心课，课程知识目标包括：掌握养猪业形势，熟悉猪的行为与特性，猪品种选择与利用，后备母猪选择与培育，公猪饲养与人工授精，配种舍、妊娠舍、分娩舍、生长育肥舍猪群智能化管理。能力目标包括：具备独立进行不同阶段生产猪群饲养管理的能力，具有熟练操作智能养猪设备的能力，并具有适应市场的应变能力和从事现代化猪场经营管理的发展潜能。

本套手册式教材在形式上更加新颖，在内容上更加强调精炼简洁，降低了学生的理论学习难度。与此同时，又可以让学生的职业操作能力得到充分的锻炼以适应岗位的需求。本套手册式教材适用于在智能化养猪场教学或实习的人员使用，模拟现场环境，以解决实际问题、完成真实任务为学习载体，在工作中学习、在学习中工作，在企业实际的生产功能上叠加教学功能，构建能教学、能训练、能生产的“道场”（学习岗）、“靶场”（训练岗）、“战场”（实战岗）。本书也适用于课堂教学，模拟实际工作中的思维过程，每部分包括情景描述、信息收集、分析计划、任务实施、评估汇报 5 个过程，打破传统的课程知识结构，按岗位需要的知识、技能引导学生自主学习。

本书由相关高职院校与南阳部分市（县）畜牧兽医机构、养殖场专业技术人员联合编写，由于编者水平有限，书中难免有不妥之处，恳请广大读者朋友及同行指出，以便修改。

编　者

2023 年 5 月

本书资源码

目　录

情境描述

小刘是后备母猪段的饲养员，负责后备母猪的饲喂管理。一天，猪场引进1 600头60 kg(±5 kg)大白、长白二元种母猪，母猪平均日龄130 d(±10 d)，要求在210日龄达到130 kg，膘情在2.75～3，死淘率低于3%，做好种猪发情配种管理和记录。

为完成这项任务，我们需要进行更多的信息收集，学习9项理论知识：①种猪挑选知识；②后备母猪饲养管理知识；③后备母猪饲料营养与饲料配方知识；④后备母猪环境卫生与健康基本基础知识；⑤繁殖障碍相关知识；⑥诱导发情相关知识；⑦生殖激素的功能和作用；⑧猪群健康管理知识；⑨猪疾病防控与治疗知识。学习3项实操技能：①后备母猪饲养管理；②健康管理；③猪舍小环境控制。

信息收集

本分册书中彩图

为了专业地完成这次任务，同学们要提前进行一系列知识的学习和技能的训练，需要准备的知识和能力如图 1-1 所示的思维导图。思维导图的作用是结构化同学们学习的知识和技能，它是学习和复习的联络图。

图 1-1　思维导图

一、种猪挑选知识

(一)选种规划

1. 选育数量

根据公司的年淘汰更新率制定。

2. 选育标准

首先要查阅母猪场最近半年的生产成绩、系谱及免疫接种程序；多选母系指数高的种母猪的后代。另外，同胞中公猪比例过高也不可选育。有研究表明，来自同窝中公猪较多的后备母猪，其配种成功率较低。

(1)档案。具有准确的系谱档案；父母本的测定记录。

(2)体形外貌。①外阴：大而正常，太小则母猪发情不明显而易难产、分娩时易撕裂。②乳头、乳腺：乳头排列均匀整齐，≥7 对，乳腺显现，乳头平行、无瞎乳头、长宽度适中。③臀部：大而丰满，有臀沟。④肩背：宽而结实，父系母猪有背沟。⑤腮：不能太大，要小。⑥肢蹄：肢蹄结实、无缺陷。⑦腹部：收腹要好。

(3)背膘。A 超测定：三点平均背膘 100 kg 时≤14 mm；B 超测定：校正 100 kg 背膘≤13 mm。

(4)生长速度。达 100 kg 日龄≤165 d。

(5)繁殖性能。①选留时母亲产仔数≥10 头。②自身以后繁殖连续 2 胎≥10 头。③母性好、泌乳能力强、带仔能力强。

3. 选育计划

根据需要选育的数量、选育标准、后备发情率等确定预选留头数。50 kg 左右在各个后备母猪饲养群初选足够数量的后备母猪；在经过 100 kg 测定后最终进行选育。后备母猪进入生产母猪群之前必须进行健康选择。

(二)母猪的初选

初选一般在 50～70 kg 进行，挑选时整体质量是首要的标准。①进栏舍后：先看本圈内最大的几头，盯住后，逐头审核。②头腮：符合品种特征，无明显异常。腮部小。③外阴发育：外阴发育正常。④看体长、背肩情况：轮廓明显，不过短。⑤看乳头四肢：乳头发育正常(图 1-2)，无脐疝，四肢无明显缺陷(图 1-3)。

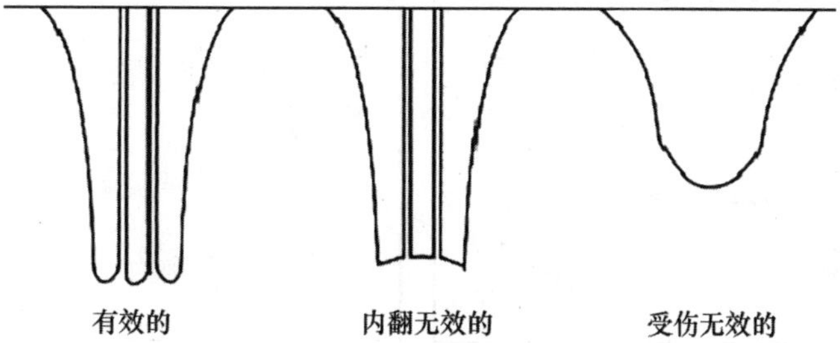

图 1-2　乳头示意图

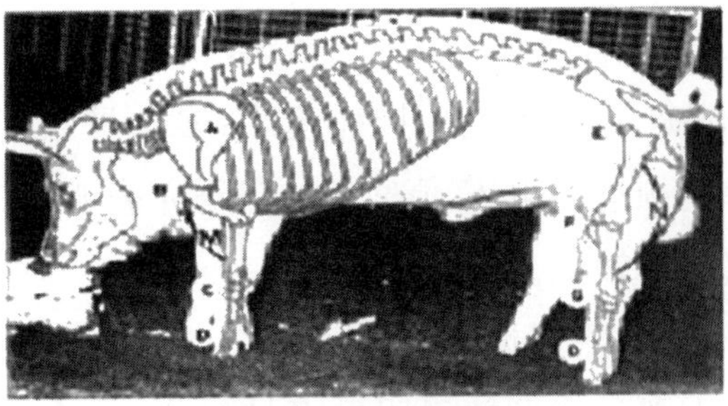

不符合要求的前后腿结构

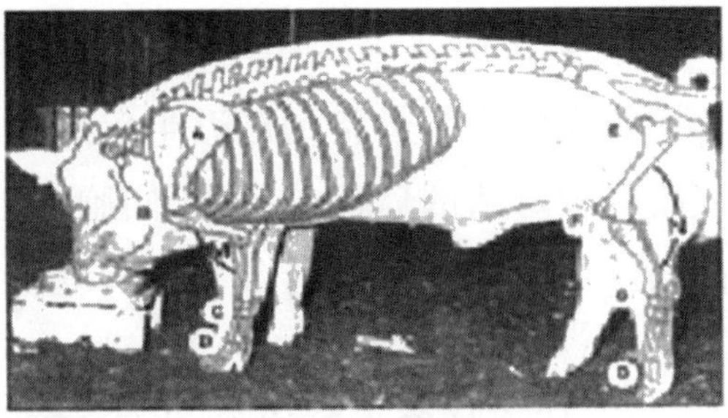

符合要求的前后腿结构

图 1-3　肢蹄示意图

(三)母猪的测定

①测定条件:为提高测定效率,只对符合对应品种外观评定标准的种猪进行测定。②测定时间:100 kg 左右(90～110 kg)。③测定项目:背膘厚度(校正 100 kg 背膘厚度)(第 1 点:左侧前肩胛骨后缘。第 2 点:左侧最后肋骨后缘。第 3 点:腰荐结合部。A 超测定探头边缘离背中线 4 cm 处)(图 1-4),体重(校正 100 kg 日龄),体长(两耳中线中点到尾根部距离),腹垂(腹部脐带处垂直到背平行线的距离),初情期(有专人和饲养员配合在 140～150 d 以后每天诱情 2 次,记录初情期)。④测定工具:背膘,A 超或 B 超、润滑剂;体重,电子笼秤;体长,1.5 m 软皮尺;腹垂,钢制直角尺。⑤测定方法:保定后逐头称重和测膘。⑥档案记录:测定后看耳号记录以上各项数据,并给后备母猪打上耳牌。

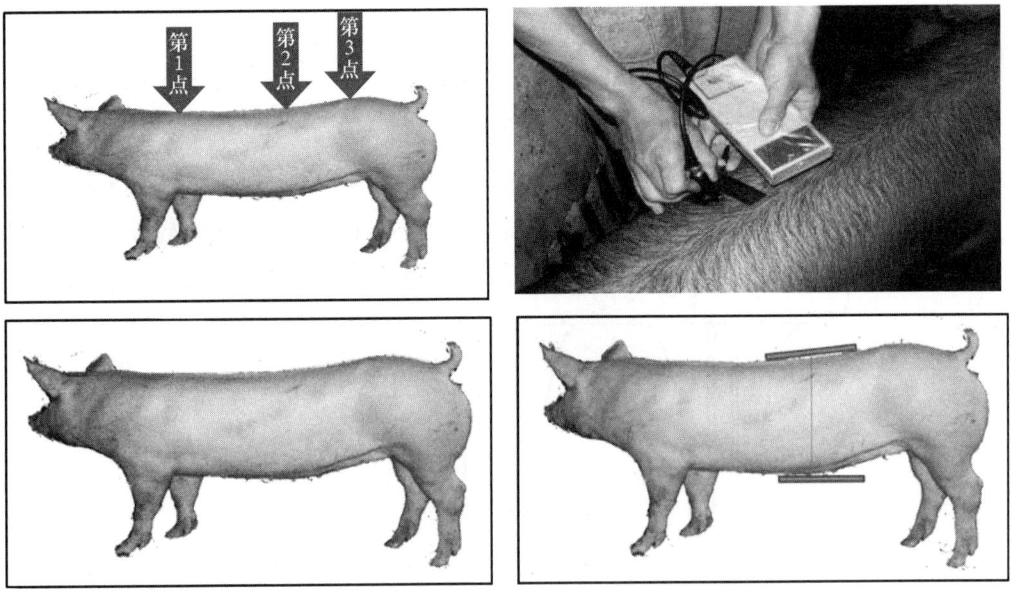

图 1-4　背膘测定

(四)母猪的最终选育

①把各项测定数据输入电脑,用育种软件进行分析,计算育种指数。根据需要后备数量划定选育标准、确定需要淘汰的后备母猪。②对于选留的猪抓紧时间诱情,并观察有无其他缺陷、有无疾病等,有问题的及时淘汰。③转入隔离舍(或后备舍)前再每头审核,主要配合兽医在健康方面筛选淘汰。

(五)后备母猪档案追踪管理

①追踪后备母猪的发情配种率。②追踪后备母猪的头胎分娩产仔情况。③追踪后备母猪的生产淘汰情况。④追踪后备母猪的后代生长性能情况。⑤根据追踪结果总结分析后备母猪的选留淘汰。

二、后备母猪饲养管理知识

(一)后备母猪的生长发育规律

1. 体重的增长

体重是身体各部位及组织生长的综合度量指标。体重的增长因品种类型不同而异。在正常的饲养管理条件下,体重的绝对增长随年龄的增加而增大;相对增长速度却随年龄的增长而降低,到成年时稳定在一定水平,老年时多会出现肥胖的个体。

2. 各组织的生长规律

猪体的骨骼、肌肉、脂肪生长顺序和强度,随年龄的增长而出现规律性变化。即在不同的时期和不同阶段各有侧重,基本上是按照骨骼→皮肤→肌肉→脂肪的生长发育强度顺序发育(图 1-5)。骨骼最先发育,也最早停止,肌肉处于中间,脂肪是最晚发育的组织。以瘦肉型猪为例,骨骼从出生到 4 月龄相对生长速度最快,以后较稳定。肌肉一直在生长,但 4～5 月龄以后生长速度稍有减慢。脂肪 6 月龄以前生长较慢,6 月龄以后、体重 90～100 kg 时生长强度达到最高峰,以后下降,但其绝对增重仍随体重的增加而直线上升,直至成年。利用此规律,可以在适当的时期控制饲粮中的营养物质的量来调节猪体的肌肉和脂肪的生长。后备母猪生长发育控制的目标是使骨骼得到较充分的发育，肌肉组织生长发育良好，脂肪组织的生长发育适度，同时保证各器官系统的充分发育。

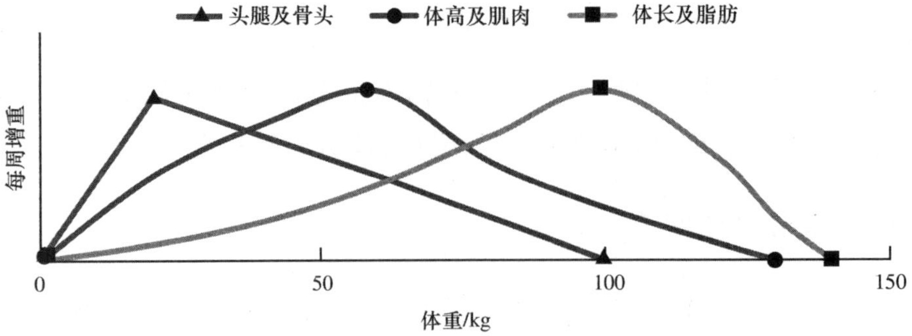

图 1-5　组织生长规律

3. 各部位的生长规律

仔猪出生后头和四肢发育强烈，随后，尤其是后备母猪阶段，体躯骨骼发育强烈。体躯先是向长度方向发展，后向粗宽方向发展，即按"高长→深宽"顺序发育。如 6 月龄前提高营养水平，可以得到长腰条的猪。反之，则只是得到较短、较粗的猪。

4. 化学成分的变化

随着年龄和体重的增长，猪体的水分、蛋白质和灰分相对含量降低，而脂肪相对含量则迅速增高(表 1-1)。幼猪增重中水分所占比例高达 50%，90 kg 以上的猪增重以脂肪为主，占 65%以上。蛋白质的增长，幼龄时所占比例稍高，体重达 90 kg 以上时，蛋白质占增重比例降至 10%以下。灰分的增长则变化不大。

表 1-1　猪体化学成分变化表

猪体体重/kg	水分/%	蛋白质/%	灰分/%	脂肪/%
初生	79.95	16.25	4.06	2.45
25	70.67	16.56	3.06	9.74
45	66.76	14.94	3.12	16.16
68	56.07	14.03	2.85	29.08
90	53.99	14.48	2.66	28.54
114	51.28	13.37	2.75	32.14
136	42.48	11.63	2.06	42.64

(二)后备母猪的生长发育控制

猪的生长发育有着固有的特点和规律，从外部形态到各种组织器官的机能，都有一定的变化规律和彼此制约的关系。如果在猪的生长发育过程中进行人为的控制和干预，就可以改变猪的生长发育过程，满足生产中的不同需求。后备母猪的培育与商品肉猪生产的目的和途径皆有不同，商品肉猪生产主要是利用猪出生后早期骨骼和肌肉生长发育迅速的特性，充分满足其生长发育所需的饲养管理条件，使其能够具有较快的生长速度和发达的肌肉组织，实现提高猪瘦肉产量、品质及生产效率的目的。后备母猪培育则是利用猪各种组织器官的生长发育规律，控制其生长发育所需的饲养条件，如饲料营养水平、饲料类型等，改变其正常的生长发育过程，保证或抑制某些组织器官的生长发育，从而培育出体质健壮、消化和繁殖等机能完善的后备母猪。后备母猪生长发育控制的实质是控制其各组织器官的生长发育，外部反映在体重、体型上，因为体重、体型是各种组织器官生长发育的综合结果。构成猪体的骨骼、肌肉、皮肤、脂肪四种组织的生长发育过程中，肌肉居中，出生至 4 月龄相对生长速度逐渐回升，以后下降，脂肪前期沉积很少，6 月龄前后开始增加，8～9 月龄开始大幅度增加，直至成年。不同品种、性别的猪种有各自的特点，但总的规律是一致的。后备母猪生长发育控制的目标是使骨骼得到较充分的发育，肌肉组织生长发育良好，脂肪组织的生长发育适度，同时保证各器官系统的充分发育。

(三)后备母猪的饲养

1. 饲养原则

大群饲养有利于早期发情，最好不要单栏饲养。后备母猪一般为群养，每栏 4～6 头，饲养密度适当。小群饲养有两种方式：一是小群合槽饲喂，这种方法的优点是操作方便，缺点是易造成强压弱食，特别是后期限饲阶段。二是单槽饲喂，小群趴卧或运动，这种方法的优点是采食均匀，生长发育整齐，但需一定的设备。

2. 合理饲喂

后备母猪需采取前高后低的营养水平，后期的限制饲喂极为关键，通过适当的限制饲喂既可保证后备母猪良好的生长发育，又可控制体重的高速度增长，防止过度肥胖，一般情况下，当后备母猪体重达到 80 kg 左右时开始适当限料，日喂量在 2.0～2.5 kg/头，但应在配种前 2 周结束限量饲喂，以提高排卵数。后期限制饲养的较好办法是增喂优质的青粗饲料。从 60 kg 以后进入后备母猪培育阶段，饲养管理不同于育肥猪。每天生长速度保持在500～600 g即可。这要求适当控制后备母猪的饲料量(表1-2)。80 kg后采用限制饲喂方式。建议改成每天饲喂2顿，最好饲喂湿料。后备母猪的饲料最好单独配制，饲料蛋白质、氨基酸、纤维素、维生素、矿物质水平要求略高于育肥猪。在日粮结构上，应在满足骨骼、肌肉生长发育所需营养的前提下，少用含糖类丰富的原料，多用品质优良的青绿多汁饲料和干草粉。

表1-2　后备母猪参考饲喂表

月龄	体重/kg	日喂量/kg
5	70～80	1.80～2.00
6	90～100	2.20～2.50
7	110～120	2.50～2.80
8	130～140	2.80～3.00

后备母猪5月龄体重应控制在75～80 kg，6月龄达到95～100 kg，7月龄控制在110～120 kg，8月龄控制在130～140 kg(表1-3)。配种使用前一个月或半个月短期优饲。限制饲养时喂料量控制在2 kg以下，优饲时2.5 kg以上或自由采食。这样有利于培育出繁殖力强、健壮的后备母猪。

表1-3　后备母猪种用体况要求

后备母猪日龄/d	体重/kg	P_2背膘厚/mm
145～155	95～105	11～13
210～230	125～145	16～20

三、后备母猪饲料营养与饲料配方知识

(一)后备母猪的饲料营养

1.蛋白质

蛋白质的缺乏和氨基酸的不平衡会明显延迟后备母猪的初情期。后备母猪前期日粮蛋白质一般控制为18%左右；后期日粮蛋白质以16%～17%为宜。特别建议：后备母猪日粮配制时不仅要注意蛋白质数量，更要注意蛋白质的质量，建议添加优质动物蛋白原料。

2. 能量

能量对母猪繁殖性能存在阶段性和长久性的影响。在能量利用过程中，动物总是优先保证维持生命所需的部分，生殖系统在能量分配上不占有优势。大量研究表明，后备母猪配种前提高采食水平，可促进排卵，增加随后的产仔数。能量：ME 12 767 kJ/kg 左右。

3. 矿物质

肉猪饲料中 Ca、P 的含量不能满足后备母猪的需要，尤其是磷的需要。有研究表明，后备母猪饲料中缺磷，母猪 4～5 胎后骨内钙和磷的水平偏低，使用年限变短，淘汰率增高。用肉猪饲料来饲喂后备母猪，会影响其骨骼的发育，繁殖期肢蹄病发生概率增加，淘汰率增高，成本加大，影响全场的经济效益。因此，我们特别强调后备母猪骨骼的发育问题，后备母猪矿物质需要见表 1-4。后备母猪矿物质缺乏带来的危害：Ca、P 不足和比例不当会造成蹄底裂；缺 Se 引起足变形、脱毛、关节炎；缺 Mn 造成蹄变形、横裂；缺 Zn 造成蹄侧裂。

表 1-4　后备母猪的矿物质需要

项目	推荐后备母猪	NRC98
常量元素		
钙/%	0.90	0.45
磷/%	0.65	0.40
有效磷/%	0.40	0.15
食盐/%	0.40	
微量元素		
铁/(mg/kg)	150	40
铜/(mg/kg)	20	3.0
锌/(mg/kg)	150	50
碘/(mg/kg)	1.0	0.14
硒/(mg/kg)	0.30	0.15
锰/(mg/kg)	40	2.0

4. 维生素

后备母猪维生素需要见表 1-5，维生素对母猪繁殖性能的作用：维生素 E 可有效改善繁殖性能，防止卵巢萎缩，提高胚胎吸收营养的能力，提高胎儿的活力；

生物素能维持胎儿的正常发育，改善窝产仔数；叶酸能降低胎儿死亡率和流产；维生素 A 能改善胎儿存活，促进胎儿发育。

表 1-5 后备母猪的维生素需要

维生素种类	推荐后备母猪	NRC98
维生素 A/IU	12 000	1 300
维生素 D/IU	2 000	150
维生素 E/IU	60	11
维生素 K/mg	2	0.5
维生素 B_{12}/μg	25	5
烟酸/mg	20	7
泛酸/mg	20	7
维生素 B_2/mg	20	2
胆碱/mg	1 250	300
生物素/μg	200	50
叶酸/mg	1.0	0.3
维生素 B_6/mg	1.0	1.0

5. 粗纤维

粗纤维可以调控采食量，降低日粮能量浓度，增加日粮体积，增强动物饱腹感，增加胃肠道容积，增加窝产仔猪数(大约 0.5 头)。

(二)后备母猪的饲料配方知识

应用玉米、豆粕、麸皮、菜籽饼、花生饼、磷酸氢钙、石粉、食盐、微量元素预混料和 *L*-赖氨酸盐酸盐等为 35～60 kg 的猪设计全价饲料配方。设计过程如下：

第一步，确定该阶段猪的营养需要量，见表 1-6。

表 1-6 猪的营养需要表

消化能/(MJ/kg)	粗蛋白质/%	钙/%	磷/%	赖氨酸/%	蛋氨酸＋胱氨酸/%
12.97	16.00	0.60	0.50	0.75	0.38

第二步，查猪的饲料成分及营养价值表，见表 1-7。

表 1-7 饲料原料营养价值表

饲料名称	消化能/(MJ/kg)	粗蛋白质/%	钙/%	磷/%	赖氨酸/%	蛋氨酸+胱氨酸/%
玉米	14.35	8.50	0.02	0.21	0.20	0.30
豆粕	13.56	41.60	0.32	0.50	2.57	0.77
麸皮	10.59	13.50	0.22	1.09	0.61	0.55
菜籽饼	11.59	37.40	0.61	0.95	1.62	1.61
花生饼	14.06	43.80	0.33	0.58	1.35	0.94
磷酸氢钙			23.10	18.70		
石粉			35.00			
L-赖氨酸盐酸盐					78.80	

第三步，建立表格模型。在 A1～H1 各单元格内输入相应的指标名称“原料及指标、配比、消化能(MJ/kg)、粗蛋白质(%)、钙(%)、磷(%)、赖氨酸(%)、蛋氨酸＋胱氨酸(%)”(图 1-6)，在 A2～A11 各单元格内输入相应的饲料原料名称“玉米、豆粕、麸皮、菜籽饼、花生饼、磷酸氢钙、石粉、*L*-赖氨酸盐酸盐、食盐、预混料”，A12 单元格内输入“合计”，A13 单元格内输入“标准”。结合饲养标准确定该段猪的营养需要，即表格中的“标准”，将相应的数值输入 C13～H13 各单元格中。将各饲料原料的营养成分数值输入相应的单元格内。

	A	B	C	D	E	F	G	H	I
1	原料及指标	配比	消化能(MJ/kg)	粗蛋白(%)	钙(%)	磷(%)	赖氨酸(%)	蛋氨酸+胱氨酸(%)	
2	玉米		14.35	8.50	0.02	0.21	0.20	0.30	
3	豆粕		13.56	41.60	0.32	0.50	2.57	0.77	
4	麸皮		10.59	13.50	0.22	1.09	0.61	0.55	
5	菜籽饼		11.59	37.40	0.61	0.95	1.62	1.61	
6	花生饼		14.06	43.80	0.33	0.58	1.35	0.94	
7	磷酸氢钙				23.10	18.70			
8	石粉				35.00				
9	L-赖氨酸盐酸盐						78.80		
10	食盐								
11	预混料								
12	合计								
13	标准		12.97	16.00	0.60	0.50	0.75	0.38	
14									
15									

图 1-6 饲料配方设计——建表模型

第四步，拟定原始配方并运算。根据实践经验，初步拟定饲粮中各种饲料的比例。该阶段猪配合饲料中能量饲料原料一般占配合饲料的 65%～75%，且可广泛使用谷物籽实，如玉米用量可占配合饲料的 0～75%，大麦占 0～50%，高粱占 0～10%，麸皮占 0～30%（前期一般不超过 10%）等；蛋白质饲料原料用量一般占配合饲料的 15%～25%，且以植物性蛋白质饲料为主，豆粕占配合饲料的 10%～25%，棉籽粕、菜籽粕总用量可控制在 10%以下（前期以不超过 5%为宜），其他饼粕一般为 5%以下；动物性蛋白质饲料原料一般不超过 3%；此外配合饲料中可补充适量的优质粗饲料，如干草粉、树叶粉等，用量不宜超过 5%；矿物质、复合预混料（一般不含药物添加剂）占 1%～4%。一般矿物质等饲料占饲粮的 2%～5%，所以留 3%的比例用于添加矿物质饲料和其他添加剂。

在 B2～B11 各单元格内输入初步拟定的饲料配比，总和应为 100%，在 B12 单元格内输入“SUM(B2:B11)”（图 1-7）。

B12 =SUM(B2:B11)

	A	B	C	D	E	F	G	H
1	原料及指标	配比	消化能（MJ/kg）	粗蛋白（%）	钙（%）	磷（%）	赖氨酸（%）	蛋氨酸+胱氨酸（%）
2	玉米	50.00	14.35	8.50	0.02	0.21	0.20	0.30
3	豆粕	19.00	13.56	41.60	0.32	0.50	2.57	0.77
4	麸皮	20.00	10.59	13.50	0.22	1.09	0.61	0.55
5	菜籽饼	4.00	11.59	37.40	0.61	0.95	1.62	1.61
6	花生饼	4.00	14.06	43.80	0.33	0.58	1.35	0.94
7	磷酸氢钙	0.31			23.10	18.70		
8	石粉	1.30			35.00			
9	L-赖氨酸盐酸盐	0.30					78.80	
10	食盐	0.09						
11	预混料	1.00						
12	合计	100						
13	标准		12.97	16.00	0.60	0.50	0.75	0.38

图 1-7 饲料配方设计——初拟

根据初拟的饲料原料配比，计算各营养指标的合计值，即各饲料原料提供的营养水平之和。例如，在计算消化能指标合计值时，在 C12 单元格内输入相应的计算公式“=SUMPRODUCT($B2:$B11,C2:C11)/100”（图 1-8）。按照上述方法，依次输入相应的运算公式计算粗蛋白质、钙、磷、赖氨酸、蛋氨酸+胱氨酸等指标的含量，也可以用鼠标拖曳的方式复制“消化能”的运算公式以实现快速运算。

C12 =SUMPRODUCT($B2:$B11,C2:C11)/100

	原料及指标	配比	消化能（MJ/kg）	粗蛋白（%）	钙（%）	磷（%）	赖氨酸（%）	蛋氨酸+胱氨酸（%）
2	玉米	50.00	14.35	8.50	0.02	0.21	0.20	0.30
3	豆粕	19.00	13.56	41.60	0.32	0.50	2.57	0.77
4	麸皮	20.00	10.59	13.50	0.22	1.09	0.61	0.55
5	菜籽饼	4.00	11.59	37.40	0.61	0.95	1.62	1.61
6	花生饼	4.00	14.06	43.80	0.33	0.58	1.35	0.94
7	磷酸氢钙	0.31			23.10	18.70		
8	石粉	1.30			35.00			
9	L-赖氨酸盐酸盐	0.30					78.80	
10	食盐	0.09						
11	预混料	1.00						
12	合计	100	12.8954	18.1020	0.6790	0.5372	1.0655	0.5083
13	标准		12.97	16.00	0.60	0.50	0.75	0.38

图 1-8　饲料配方设计——速算

第五步，调整配方。原始配方运算结果显示，消化能低于标准，粗蛋白质水平过高，综合分析各营养指标都需要进一步调整。结合饲料原料中营养成分的含量以及各种饲料原料的特点，重新调整各原料的用量(图 1-9)。

	原料及指标	配比	消化能（MJ/kg）	粗蛋白（%）	钙（%）	磷（%）	赖氨酸（%）	蛋氨酸+胱氨酸（%）
2	玉米	56.50	14.35	8.50	0.02	0.21	0.20	0.30
3	豆粕	12.70	13.56	41.60	0.32	0.50	2.57	0.77
4	麸皮	20.00	10.59	13.50	0.22	1.09	0.61	0.55
5	菜籽饼	4.00	11.59	37.40	0.61	0.95	1.62	1.61
6	花生饼	4.00	14.06	43.80	0.33	0.58	1.35	0.94
7	磷酸氢钙	0.21			23.10	18.70		
8	石粉	1.20			35.00			
9	L-赖氨酸盐酸盐	0.30					78.80	
10	食盐	0.09						
11	预混料	1.00						
12	合计	100	12.9739	16.0337	0.6021	0.5006	0.9166	0.4793
13	标准		12.97	16.00	0.60	0.50	0.75	0.38

图 1-9　饲料配方设计——调配

第六步，配方结果。列出详细的配方组成以及主要的营养指标含量，如表1-8所示。

表1-8　35～60 kg段生长猪配合饲料配方

原料	配比/%	营养指标	含量	标准
玉米	56.50	消化能/(MJ/kg)	12.974	12.97
豆粕	12.70	粗蛋白质/%	16.034	16.00
麸皮	20.00	钙/%	0.602	0.60
菜籽饼	4.00	磷/%	0.501	0.50
花生饼	4.00	赖氨酸/%	0.917	0.75
磷酸氢钙	0.21	蛋氨酸+胱氨酸/%	0.479	0.38
石粉	1.20			
L-赖氨酸盐酸盐	0.30			
食盐	0.09			
预混料	1.00			
合计：	100			

四、后备母猪环境卫生与健康基础知识

后备母猪的生长环境，包括猪的内环境和外环境。这里所指的对后备母猪的环境控制，就是通过人为的方法，尽量保持后备母猪外环境的舒适性和稳定性，防止或减轻应激发生从而提高后备母猪生产水平和养猪经济效益的所有操作措施。后备母猪环境控制的内容，主要包括温度、湿度、通风、光照、噪声、有害气体和尘埃等猪舍小气候环境的控制。

(一)温度和湿度

温度和湿度是后备母猪最主要的小气候环境条件，可以直接影响猪的增重速度和饲料转化率。“小猪怕冷、大猪怕热”是猪对于环境温度要求的一般规律，只有在适宜的环境温度下，后备母猪的生长速度才最快，饲料转化率才最高。反之，当温度下降，由于甲状腺分泌较强，胃肠蠕动加快，饲料在消化道停留时间短，消化率较低。实践证明，猪适宜环境温度11～45 kg体重阶段为18～21 ℃，45～100 kg体重阶段为14～18 ℃。对温度的控制要考虑到通风状况、昼夜温差、饲养密度等因素的影响。温度计应显示为猪体感受到的温度。湿度对猪的

影响主要是影响机体的体热调节以致影响猪的生产力和健康。在适宜温度时，湿度一般不影响猪的增重。但高湿环境更利于病原微生物和寄生虫的繁殖及饲料的霉变，而湿度过低（40％以下）会影响皮肤、黏膜屏障功能，增高呼吸道疾病和皮肤病的发病率。生长肥育猪一般适宜相对湿度为50％～75％。

（二）通风

合理通风换气以0.1～0.2 m/s为宜，最大不要超过0.25 m/s，但在夏季高温环境下，可增大气流至1.0 m/s。在寒冷季节要降低气流速度，更要防止“贼风”。

（三）光照

一般认为，光照对后备母猪的生产水平影响不大，但紫外线可促使皮肤合成维生素 D_2、维生素 D_3，适度的光照能够促进后备母猪的新陈代谢，提高后备母猪的增重速度和胴体瘦肉率，增强猪的抗应激能力和抗病力。4～6月龄后备母猪，猪舍的光照强度40～50 lx及以上，同时将猪舍的光照时间控制在10 h左右。6月龄以后，在催情阶段，光照强度至少100 lx，要保证每天16 h。高强度催情舍的光照，应达到150 lx。

（四）噪声

噪声通过神经和内分泌作用引起猪群的不安、不愉快。强烈噪声可以直接导致猪群应激的发生。肥育期间，后备母猪舍要尽量保持安静，生产区内严禁机动车通行和大噪声机械操作。强度以不超过75 dB为宜。

（五）舍内有害气体、尘埃与微生物

后备母猪的采食、排泄、活动以及通风、饲养管理操作等，都会在猪舍内产生大量的有害气体和尘埃。后备母猪舍内的有害气体主要包括氨气、硫化氢和二氧化碳（表1-9）。后备母猪舍内有害气体和尘埃的大量存在，可以降低猪体的抵抗力，增加猪体感染疾病的机会（如皮肤病和呼吸道疾病等）。当硫化氢浓度达20 mg/m^3时，猪变得畏光，丧失食欲。尘埃可使猪的皮肤发痒以致发炎、破裂，对鼻腔黏膜有刺激作用。在猪舍内潮湿、黑暗、气流滞缓的情况下，空气中微生物能大量、长期存在。日常饲喂操作中水雾、尘埃较多时，空气中微生物数量也

会增加。病原微生物附着在灰尘上易于存活，对猪的健康有直接影响。

表 1-9　猪舍空气卫生指标(国标 GB/T 17824.3—2008)

猪舍类别	氨/(mg/m^3)	硫化氢/(mg/m^3)	二氧化碳/(mg/m^3)	细菌总数/(万个/m^3)	粉尘/(mg/m^3)
种公猪舍	25	10	1 500	6	1.5
空怀妊娠母猪舍	25	10	1 500	6	1.5
哺乳母猪舍	20	8	1 300	4	1.2
保育猪舍	20	8	1 300	4	1.2
生长育肥猪舍	25	10	1 500	6	1.5

减少后备母猪舍有害气体和尘埃的主要方法有：加强通风换气；及时清除粪尿废水；确定合理的饲养密度；保持猪舍适当的温湿度和建立有效的喷雾消毒制度等。

五、繁殖障碍相关知识

引起后备母猪繁殖障碍的原因主要可以分为以下三点。

(一)机能性繁殖障碍

卵巢发育不全、卵巢静止、卵巢萎缩促使性腺激素分泌不足，卵泡不发育；持久黄体维持较高的黄体酮水平，抑制其他激素分泌造成不发情；卵泡囊肿较小时，母猪经常发情，发情持续时间长，屡配不上，而较大囊肿会造成母猪不发情。其中部分通过治疗可以康复。

(二)疾病性繁殖障碍

如细小病毒、伪狂犬病、蓝耳病等可引起典型的繁殖症状(产仔率低、流产、死胎、木乃伊等)，主要做好预防工作，一旦发病，种用价值会降低或不宜做种用。

(三)营养性繁殖障碍

过量饲喂高能量饲料以及运动不足引起的肥胖症、营养不足引起的瘦弱和发育迟缓，维生素 E 缺乏引起的繁殖机能衰退等，都会推迟配种时间和导致不发情。

1. 饲料营养问题

(1)饲料使用不当。部分猪农使用肥育猪饲料饲喂后备母猪。而在目前饲料原料价格不断上涨的情况下,不少饲料生产厂家用杂粕代替豆粕,其中棉粕中的游离棉酚对后备母猪影响最大。过量使用棉粕和菜籽粕,能对猪体产生直接毒害作用。肥育猪饲料中往往添加了高铜,长期饲喂也可能对母猪产生毒害作用。

(2)营养不良。部分猪农过早控料,使后备母猪生长发育迟缓,推迟了发情配种时间。还有部分猪农用传统方法饲养引进猪种,不了解一般进口品种饲料条件要求比本地品种高得多,因而造成营养不良,导致发情迟缓或长期不发情。

(3)营养不平衡。饲料中蛋白质不足或氨基酸不平衡,矿物质微量元素缺乏,维生素特别是母猪生育所需的维生素 E 和维生素 A 不足,均能引起母猪发情迟缓或不发情。

2. 管理不精细

初胎母猪的管理是很重要的一环,因为初胎母猪营养的双向需要(既要满足母猪自身发育生长需要,又要提供胎儿发育生长的需要),如果像饲养经产母猪一样在怀孕期控料限食,满足不了营养需求,就可能造成弱仔增多。使用肥育猪饲料饲喂怀孕母猪,有些饲料过量使用高铜或添加抗生素,杀死或抑制了肠道内有益菌的繁殖,很容易引起便秘,导致母猪采食量下降,母猪消瘦,胎儿发育不良。

卫生条件不良,可能诱发各种疾病特别是上行性子宫炎,造成弱仔、死胎甚至流产。生活环境恶劣,过冷过热造成应激。热应激会降低母猪采食量,不能满足生长所需营养要求。寒冷会增加母体消耗,使母猪消瘦、胎儿发育不良。配种前短期优饲能有效增加后备母猪的排卵量,提高受胎率。

(四)解决母猪繁殖障碍的方法

母猪出现繁殖障碍,首先要分析查找原因,通常根据繁殖障碍出现的数量、时间、临床表现等进行综合分析。封闭式饲养管理条件下,先要考虑营养因素,再考虑疾病或卵巢功能问题。如果是营养方面的原因,要及时调整饲粮配方,对于体况偏肥的母猪应减少能量供给,可以通过降低饲粮能量浓度或日粮供给量来实现,可同时适当增加运动;体况偏瘦的母猪应增加能量供给,同时保证饲粮中蛋白质的数量和质量,封闭式饲养要特别注意矿物质和维生素的使用,满足繁殖母猪所需要的各种营养物质。如果是疾病原因造成的母猪繁殖障碍，有治疗可能的应该积极治疗，否则应及时淘汰；卵巢功能引起的繁殖障碍，只有持久性黄体较易治愈，一般可使用前列腺素 F_2 或其类似物处理，使黄体溶解后，母猪在第二次发情时即可配种受孕。

后备母猪初次发情配种困难比较常见，为了促进母猪发情排卵，可以通过诱情来解决，具体做法是：每天早晨或傍晚喂饲后将体质强壮、性欲旺盛的公猪与不发情母猪放在同一栏内一段时间，每次 30 min 左右，通过公猪爬跨和外激素刺激可以促进母猪发情，一般经过 1 周左右即可诱导母猪发情。许多猪场为了促进后备母猪发情，在后备母猪 160～180 日龄时，开始使用公猪诱情。如果接触 1～2 周，无母猪发情应更换公猪，最好是成年公猪。此种做法不要过早实行，防止后备母猪对公猪产生"性习惯"而不发情。通过以下几种做法也能刺激母猪发情排卵：①母猪运输或转移到一个新猪舍，在应激刺激作用下可使母猪发情排卵。②重新组群。③将正在发情时期的母猪与不发情母猪同栏饲养。④封闭式饲养条件下的母猪安排几日户外活动，使其接触土壤，采食青草、野菜。

目前，市场上出售的各种催情药物均属于激素类，在没有搞清楚病因之前不要盲目使用，以免造成母猪内分泌紊乱，或者出现母猪只发情不排卵，即使母猪配了种也不能受孕。

六、诱导发情相关知识

(一)诱导发情的方法

后备母猪需要在 165 日龄左右开始催情。

1. 公猪催情

公猪接触是控制后备母猪初情时间的最重要的因素，催情的效果取决于公猪的年龄、性欲，每天与母猪的接近度、相处时间和频率。

(1)年龄要求：催情公猪至少要 10 月龄，只有 10 月龄以上的公猪的唾液腺才能分泌足量的信息素(气味)。

(2)公猪的性欲：精力旺盛、性欲强的公猪能够分泌充足的外激素；而幼龄公猪、淘汰公猪和老公猪用于催情效果很差，利用这些公猪催情会延迟后备母猪的初情期(图 1-10)。用于催情的公猪,每周至少给予一次奖励,防止其产生挫败感;没有结扎的公猪用淘汰的发情母猪进行本交,或者人工采精;而结扎过的公猪可以让其与发情的后备母猪交配,一般结扎手术在出生后两周进行。

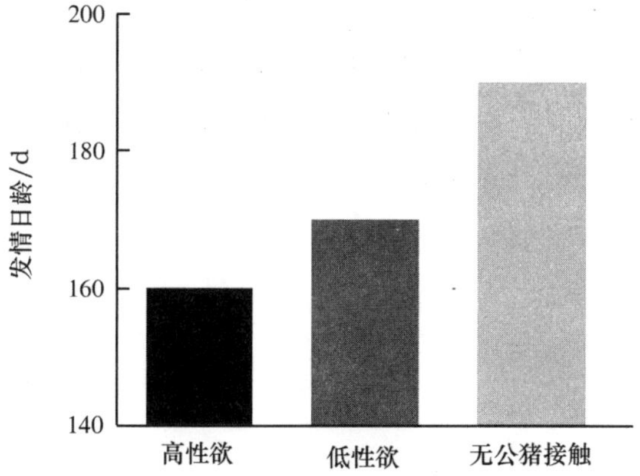

图 1-10　公猪性欲对母猪发情时间影响

(3)公猪与后备母猪接触的程度和时间:公猪和母猪的直接接触才是最佳刺激。每次将公猪赶进后备母猪栏中,或者将后备母猪赶进公猪栏中,使公猪和每个后备母猪鼻子对鼻子的接触不少于 1 min。

(4)公猪催情的频率:经常与公猪接触对后备母猪的初情期有影响,2 次 30 min 与公猪的接触与 1 次 1 h 的效果相当,但 3 次 20 min 与公猪接触的催情效果比前两者要好。

在每个大栏中催情时,公猪与后备母猪的比例不应该低于 1∶10,越多越好。比如,大栏中有 20 头后备母猪,那么最好放 2～3 头公猪催情。为防止公猪之间打架,建议用从小同栏培养的 3～4 头催情公猪,这样的公猪彼此熟悉,放在一起催情就不会打架,可大幅度提高催情效率。

2. 人工刺激

使用公猪催情时,人为地模仿公猪刺激后备母猪腹部、外阴、背部,可以结合公猪刺激同时进行,通过压背、看、听和触来操作,尤其是按摩乳房及相关部位的刺激,提高其兴奋性,从而促进发情。

3. 外源刺激

对于乏情的母猪每天可用废弃精液或公猪尿液对乏情后备母猪进行刺激,促进其尽快发情。

4. 混群刺激

将每个大栏中未发情的后备母猪进行重新混群，改变它们生活的小环境，产生良性应激，可促进发情。后备母猪达到 188 d 时，可进行重新混群，使其移到新的催情环境中。分群时，尽量按个体大小进行混群，尽量把同一批次里的乏情后备母猪进行混群(图 1-11)，工作人员要对刚混群的乏情后备母猪多加照顾，挑出有健康问题的后备母猪，尤其是有腿部问题的，保障后备母猪在混群时有足够的饲料。

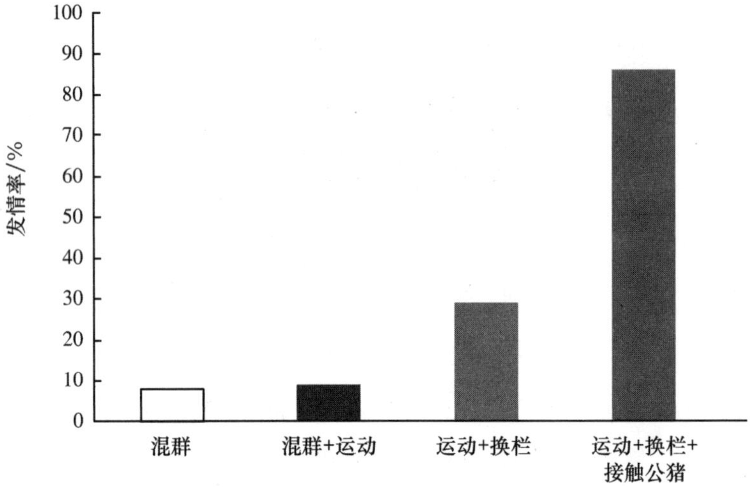

图 1-11 几种因素对后备母猪发情率的影响

5. 激素(PG600)处理

在 188～200 d 时，仍未发情的后备母猪可注射 PG600，一般注射后 3～5 d 内就会有猪只发情，注射后 12 d，可对仍未发情的后备母猪再注射一次。用 5 mL 的磷酸盐缓冲液溶解 1 头份的冻干产品。母猪耳后颈部肌肉、皮下注射：一次量，5 mL/头。

催情后，预计有 50%～70%的后备母猪会在 3 周内发情。无论如何，总有一部分后备母猪不会发情，此比例应控制在 5%以内，否则要调查之前做的过程。母猪到 6.5 月龄或更大时仍未发情，则要采取进一步措施，到 260 日龄时仍未发情，则应淘汰。

(二)工具使用

1. 易速生长尺

对发情的后备母猪进行称重，便于管理者及时调整饲养方案，控制好生产，有利于最大限度地发挥后备母猪的生产力。随着养猪业的快速发展，生产者花费较低的成本设计出一种可以估测后备母猪体重（80～170 kg）的方法，即体重速测尺。体重速测尺在一定程度上可以提高工作效率，并可以较准确、快速地估测出后备母猪的体重。

（1）适用范围。这里需要特别指出的是，体重速测尺仅适用于长白与大白的杂交品种后备母猪体重的估测。对于其他品种或品系后备母猪体重估测的准确性不能得到保证（图 1-12）。

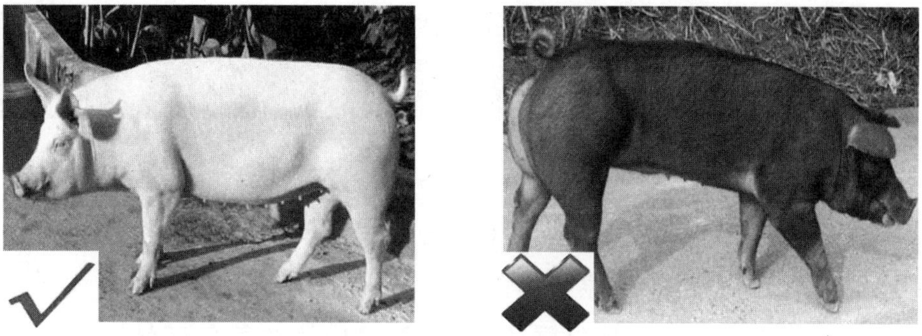

图 1-12　体重速测尺的使用范围

（2）使用方法。测量者在使用体重速测尺时应跨坐在发情静立的后备母猪背上，将其环绕过后备母猪前腿后面的胸部（图 1-13）。估测后备母猪体重时，体重速测尺必须与地面垂直。体重速测尺环绕后备母猪胸部时不应过紧。此时，测量者可从体重速测尺中估测出后备母猪的体重（未标记读数的末端与标记读数的重叠部）（表 1-10）。

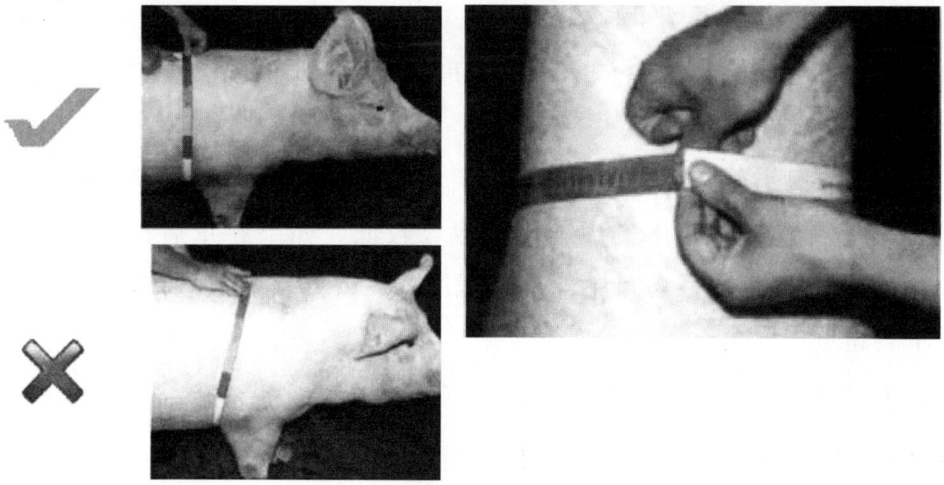

图 1-13　体重速测尺使用位置

表 1-10　色标管理推荐

	刻度范围/cm	建议操作
红色区	94～102.5	淘汰
黄色区	102.5～111.1	不配，下次发情再次测量
绿色区	111.1～117.6	下次配种
	117.6～124	可以配种
紫色区	124～132.5	马上配种，请提前后备母猪的催情时间，建议160～165日龄开始

①当后备母猪第一次出现发情静立，体重测量值在红色区域时，表明其体重明显低于后备母猪的最低体重，这意味着这些后备母猪应该被淘汰。否则，在达到适配体重之前，它们将会积累更多的非生产天数。

②当后备母猪第一次出现发情静立，体重测量值在黄色区域时，表明其体重低于后备母猪的最低体重。这意味着应该跳过这次发情，等到下次发情时再次测量。这时应对后备母猪是否应该配种或者推迟到下一情期做出决定。尽管如此，“跳过”次数也不应超过两次。

③当后备母猪第一次出现发情静立，体重测量值在浅绿色区域时，表明其体重达到了理想的“发情不配种”(HNS)标准。如果跳过这次发情，后备母猪将在下一情期时达到理想的配种体重。

④当后备母猪第一次出现发情静立，体重测量值在深绿色区域时，表明其体重已经达到理想的配种标准。这些后备母猪不能被认定为“发情未配种”，而是在这一情期就应该被配种。

⑤当体重测量值在紫色区域时，表明其超重。这些后备母猪腿部容易出现问题，并且整个生产寿命中的生产成绩也比较低。如果超重后备母猪在畜群中的数量逐渐增加，那么后备母猪的催情程序就需要修改和调整，使后备母猪在发情时不会超重。

2. 背膘仪

(1)背膘仪使用意义。后备母猪合理的配种背膘厚度(P_2)为 12～18 mm (表 1-11)。准确检测后备母猪的背膘厚度，可以让管理者的决策更有依据，关键还可以通过背膘测定达到合理利用后备母猪的目的，让后备母猪发挥最佳生产性能，获得更高收益。

背膘测定与后备母猪催情同期进行，并结合体重速测尺，对发情后备母猪进行分群管理。做到后备母猪背膘、体重与生长阶段统一。

表 1-11　背膘厚度参照表

项目	测定时间		
	配种	分娩	断奶
P_2/mm	12～18	19～21	14～18
体重/kg	135～137	—	—

以上数据仅供参考，实践过程中应充分考虑母猪的品种差异。

(2)背膘测定流程。①在测试部位涂上一定量的油或耦合剂使探头与皮肤耦合完好，超声波无法穿透空气或气泡。②按下按钮。③把探头贴到动物皮肤上，轻轻旋转移动，确保皮肤和探头之间没有空气或气泡。④探头一定要保持垂直于背部，如果倾斜可能导致测量错误。用食指和中指夹住探头比较容易操作。⑤背膘测量的最佳位置(图 1-14)：手指在肋部移动，找到最后一根肋骨(确定前后位置)，脊柱骨两侧 6.5 cm 处(确定左右位置)，涂上耦合剂，确保探头耦合良好。

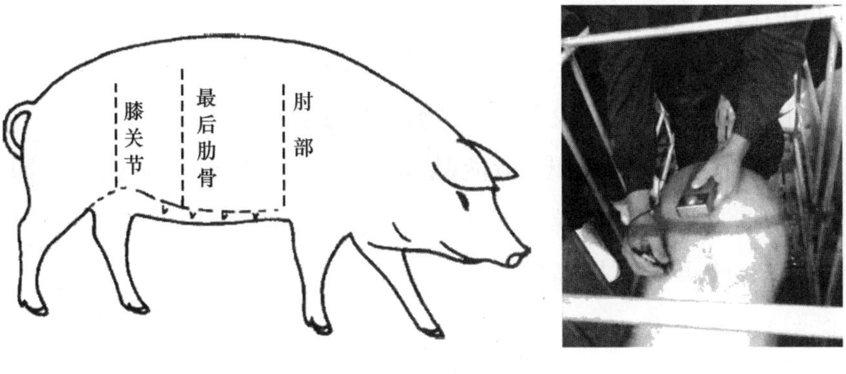

图 1-14　背膘测量位置

(3)背膘测量注意事项。①背膘的不规律可能影响超声波的穿透，移动探头使超声波穿过，读数即可显示出来。②各处背膘的厚度是不同的。通常邻近的位置两层或三层读数能够保证准确性。指示灯亮时读数显示出来。③指示灯亮证明测量到几层背膘，如果不亮，证明皮肤接触不好，再多加点耦合剂，来回移动排出气泡，保持探头垂直。探头耦合度对于测量结果很重要。④皮肤不超过

3 mm 的情况下，皮肤厚度也包含在读数内了，如果皮肤厚度超过 3 mm，则被作为一层。一般来说，皮肤不会超过 3 mm 厚。⑤老猪皮肤厚而且死皮多，探头接触要困难一些。如果需要，可以把测量部位的毛剃掉。用热水润湿软化皮肤，用耦合剂涂抹并稍等 1～2 min 再测量。

七、生殖激素的功能和作用

(一)脑部激素

1. 促性腺激素释放激素(GnRH)

促性腺激素释放激素的商品名："注射用促黄体素释放激素 A_2(LHRH-A_2)""仔多多""注射用促排卵 3 号"等。

(1)来源与特性。促性腺激素释放激素主要由下丘脑的特异性神经核合成，是一种十肽激素。由于自身结构方面的原因，如肽链上第 6 位与第 7 位以及第 9 位与第 10 位氨基酸之间的肽键极易被裂解酶分解，故 GnRH 在生物机体内极易失活。用人工方法合成的 GnRH 类似物，如国产的促排 1 号和国外的"巴塞林"等，其生物学活性比天然的 GnRH 高数十倍甚至数百倍。

(2)生理作用。促性腺激素释放激素对雄性动物有促进精子发生和增强性欲的作用；对雌性动物有诱导发情、排卵及提高配种受胎率的作用。

(3)应用。由于 GnRH 及其类似物的大量合成，目前在动物繁殖上得到广泛应用。治疗雄性动物性欲低，精液品质下降。②诱导母畜发情排卵。③治疗雌性动物卵泡囊肿和排卵异常等病症。④提高配种受胎率。母猪和母牛发情配种时，注射 GnRH 可明显提高配种受胎率。

2. 催产素(OXT)

催产素的商品名有"缩宫素""产轻松"等。

(1)来源与特性。催产素是由下丘脑合成，在神经垂体中贮存并释放的下丘脑激素。羊卵巢上的大黄体细胞和牛卵巢上的黄体细胞也可分泌催产素。

(2)生理作用。催产素的生理功能主要表现在以下 3 个方面：

①可以刺激哺乳动物乳腺上皮细胞收缩，导致排乳。当幼畜吸吮时，生理刺激传入母畜下丘脑，引起下丘脑活动，进一步促进神经垂体呈脉冲性释放催产

素。在给奶牛挤乳前按摩乳房，利用排乳反射引起催产素水平升高，从而促进乳汁排出。

②可以刺激子宫壁平滑肌收缩。母畜分娩时，催产素水平升高，使子宫阵缩增强，迫使胎儿产出。产后幼畜吮乳可加强子宫收缩，有利于胎衣排出和子宫复原。

③可以刺激子宫分泌前列腺素，引起黄体溶解从而诱导发情。

(3)应用。催产素常用于促进治疗胎衣不下、子宫脱出、产后子宫出血和子宫内容物(如恶露、子宫积脓等)的排出等。使用催产素时，事先用雌激素处理，可增强子宫对催产素的敏感性。使用催产素必须注意用药时机，在子宫颈口尚未开放、骨盆过狭以及产道有阻碍时忌用，否则子宫壁平滑肌强烈收缩会导致胎儿死亡或子宫撕裂等。

3. 垂体促性腺激素

垂体位于颅底蝶骨构成的垂体窝内，由腺垂体和神经垂体两部分构成。垂体所分泌的激素主要有促卵泡素、促黄体素和促乳素等。

(1)促卵泡素(FSH)。其商品名有“注射用垂体促卵泡素”等。

①来源与特性。促卵泡素由腺垂体前叶碱性细胞粒细胞所分泌，是一种糖蛋白激素。

②生理作用。对雄性动物，主要是促进生精上皮发育和精子的形成；对雌性动物，主要是刺激卵泡生长和发育，在促黄体素的协同作用下，刺激卵泡成熟并排卵。

③应用。在动物生产及兽医临床上，促卵泡素常用于诱导母畜发情排卵、超数排卵和治疗卵巢机能疾病等。

(2)促黄体素(LH)。其商品名有“注射用垂体促黄体素”等。

①来源与特性。促黄体素也由腺垂体前叶碱性粒细胞分泌，也是一种糖蛋白激素。

②生理作用。对雄性动物，促黄体素可刺激睾丸间质细胞分泌睾酮，对精子的最后成熟起决定性作用；对雌性动物，促黄体素可促使卵巢血流加速，在促卵泡素作用的基础上引起排卵，促进黄体的生成，并维持黄体分泌孕酮。

③应用。在动物生产中，LH 用于治疗卵泡囊肿、排卵延迟、黄体发育不全等病症。FSH 与 LH 合用可治疗卵巢功能静止或卵泡中途萎缩。

(3)促乳素(PRL)。

①来源与特性。促乳素由腺垂体前叶嗜酸性的促乳素细胞分泌产生,是一种糖蛋白激素。

②生理作用。促乳素具有促进乳腺发育和乳汁生成以及抑制性腺机能发育等作用。

(二)性腺激素

由睾丸和卵巢分泌的激素,统称为性腺激素。根据化学性质可将性腺激素分为两大类,即性腺类固醇类激素(雄激素、雌激素、孕激素)和性腺含氮激素(松弛素)。

1. 雌激素

(1)来源与特性。雌激素主要来源于卵泡内膜细胞和卵泡颗粒细胞。此外,肾上腺皮质、胎盘也可分泌产生少量的雌激素,雌激素的主要功能成分是雌二醇。

(2)生理作用。①促进乳腺管状系统发育。②促使母畜发情和生殖管道发生变化。③促进母畜第二性征的发育。④促进母畜生殖器官的发育。

(3)应用。雌激素在临床上主要配合其他激素用于诱导母畜发情、人工刺激泌乳、治疗胎盘滞留、人工流产等。

2. 孕激素

其商品名有“黄体酮”等。

(1)来源与特性。在雌性动物第1次出现发情特征之前,孕激素主要由卵泡内膜细胞、卵泡颗粒细胞及肾上腺皮质细胞分泌;雌性动物第1次发情并形成黄体后,孕激素主要由卵巢上的黄体分泌;此外,胎盘也可以分泌孕激素。孕激素的种类很多,以孕酮(黄体酮)为其主要功能形式。

(2)生理作用。①促进子宫黏膜层加厚,腺体分泌活动增强,有利于胚胎早期发育。②抑制子宫壁平滑肌收缩,保持一个稳定的宫内环境,维持妊娠。③促进子宫颈口收缩,子宫颈黏液变黏稠、形成子宫栓,有利于保胎。④促进母畜生殖道发育。⑤促进乳腺泡状系统发育。

(3)应用。孕激素主要用于治疗因黄体机能失调而引起的习惯性流产、诱导发情和同期发情等。

3. 松弛素(RLX)

松弛素主要来源于哺乳动物妊娠期间的黄体,子宫和胎盘也可产生。松弛素的主要功能是使骨盆韧带及耻骨联合松弛,使子宫颈口开张,以利于分娩时期胎儿产出。

(三)胎盘激素

胎盘是胎儿与母体之间进行物质交换的器官,还是一个非常重要的内分泌器官。母畜在妊娠期间,胎盘几乎可以产生下丘脑、垂体、性腺等所产生的所有激素。在临床上应用价值比较大的激素主要有孕马血清促性腺激素和人绒毛膜促性腺激素。

1. 孕马血清促性腺激素(PMSG)

其商品名有“同发素”“注射用血促性素”等。

(1)来源与特性。孕马血清促性腺激素主要存在于妊娠母马的血清当中。妊娠 38～40 d 即可测出,60～120 d 浓度最高,此后逐渐下降,到 170 d 后消失。PMSG 是一种糖蛋白激素,现已可人工合成并在生产中广泛应用。

(2)生理作用。①具有类似促卵泡素和促黄体素的双重活性,以促卵泡素功能为主。②能促使公畜精细管发育和性细胞分化。

(3)应用。孕马血清促性腺激素是一种经济实用的促性腺激素,在生产上常用以代替昂贵的促卵泡素,广泛应用于家畜的诱导发情、超数排卵。在临床上对卵巢发育不全、繁殖机能减退、长期不发情、公畜性欲不强和生精机能减退等都有很好的效果。

2. 人绒毛膜促性腺激素(HCG)

其商品名有“多情素”等。

(1)来源与特性。HCG 是一种糖蛋白激素,主要是由人类和灵长类动物妊娠早期的胎盘绒毛膜滋养层细胞分泌,存在于尿液中。HCG 约在受孕第 8 天开始分泌,妊娠第 8～9 周时升至最高。然后第 21～22 周时降至最低。

(2)生理作用。HCG 的活性与 LH 很相似,在临床上是 LH 的理想替代品。

(3)应用。①刺激母畜卵泡成熟和排卵。②与 FSH 或 PMSG 结合使用,可提高同期发情和超数排卵的效果。③治疗雌性动物的排卵延迟、卵泡囊肿、孕酮下降所引起的习惯性流产等。

(四)前列腺素

前列腺素的商品名有“多宝素”“氯前列烯醇”等。

1. 来源与特性

前列腺素是一种不饱和脂肪酸，几乎存在于机体的各组织和体液中，主要来源于精液、子宫内膜、母体胎盘和下丘脑，在血液循环中消失很快。前列腺素的类型很多，有 A、B、C、D、E、F、G、H、I 9 型，其中 PGF 和 PGE 与家畜的生殖活动关系最为密切。

2. 生理作用

①溶解黄体，使黄体退化。②促使排卵。③刺激子宫和输卵管平滑肌收缩。

3. 应用

①诱发流产和分娩。②用于诱导发情和同期发情。③治疗母畜卵巢囊肿及子宫疾病。④促进排卵。

(五)外激素

外激素是同种动物个体之间，用于传递有关动物种类、性别、群体中的地位、行动方向、发情等信息的化学物质。这种物质由某一个体释放至体外，对同种类个体的行为或生理产生特定效应，它通过空气或水进行传播，靠动物嗅觉来识别。

能够引起动物性行为的外激素一般称为性外激素。性外激素可引诱配偶或刺激配偶进行性交配，加速青年动物到达初情期，对动物的繁殖起着非常重要的作用。如公猪的睾丸中可以合成有特殊气味的类固醇类物质，这种物质可贮存在公猪的脂肪组织中并可由包皮腺和唾液腺排出体外；公猪的颌下腺可合成一种具有麝香气味的物质，经由唾液排出体外，公猪释放出的这些特殊气味物质可以刺激母猪表现出强烈的发情行为。因此，猪尿液或包皮分泌物可用于母猪试情，人工合成的公猪外激素类似物被用于进行母猪催情、试情、增加产仔数。此外，公猪外激素对初情期的影响非常明显。将成年公猪放入青年母猪群，5～7 d 后青年母猪即出现发情高峰，与未接触公猪的青年母猪相比，初情期提早 30～40 d。

八、猪群健康管理知识

(一)猪的健康检查

健康猪只一般身体健壮,毛短,皮肤发亮且干净,白里透红,鼻镜湿润,呼吸均匀,肛门周围无粪便。

1.检查猪的身体部位

(1)皮肤:健康猪的皮肤干净,颜色白里透红,毛短,毛色发亮、具有弹性。若皮肤表面发生肿胀、溃疡、小结节,多出现红斑,特别是有针尖大小的出血点,且指压不褪色时为病态。

(2)鼻镜:健康猪的鼻镜湿润清洁;病猪的鼻镜则为干燥开裂式,附有较多的浑浊黏液,发生口蹄疫时鼻镜上有水泡产生。

(3)耳朵:健康猪的耳朵对外界声响反应灵活,手摸时耳根光滑;病猪耳朵不灵活,耳根发热或有冷感。

(4)肛门:健康猪的肛门周围干净,无稀粪,病猪的肛门周围不干净,并被许多稀粪污染。

(5)尾巴:健康猪的尾巴卷起,左右摆动;病猪一半尾巴下垂或不动。

2.检查猪的精神状态

(1)精神:病猪的精神沉郁,两眼无神,有眼屎,或常趴在墙角,行走落伍,摇摆。

(2)呼吸:健康猪的呼吸均匀,正常仔猪和生长猪的呼吸次数范围为每分钟20～40次,有感冒、发烧、中毒、感染及其他传染性病时则表现为呼吸加快或呼吸困难。

(3)叫声:健康猪的叫声清脆,病猪则叫声嘶哑、哀鸣。

3.检查猪的生理消化状态

(1)食欲:健康猪的食欲旺盛,吃食多且快,若喂料时猪无反应或反应迟钝,表现少吃或者不吃,均为病态。

(2)饮水:健康猪一般在采食后有规律地饮水;如出现无规律饮水或饮水量过大及不饮水,均为病态。

(3)异食：如猪经常啃食泥土、炭块、圈舍地面及栏杆等均为病态。

(4)粪便：喂猪时要查看猪的粪便，健康猪的粪便松软成团；粪便稀或干硬如珠、色泽异常或有异味的为病态。

(5)尿液：健康猪的尿液透明清亮；浑浊、不透明的则为病态。

(6)体温：猪的正常体温范围为 38～39.5 ℃，偏高偏低都为异常。

(二)淘汰猪只标准

病猪淘汰的基本原则如下：

(1)无法治愈的病猪，个体治疗时连续使用过两种药，每种药连续治疗 3 d，无效果。

(2)治疗费用较高的猪。

(3)治疗费时、费工的病猪。

(4)愈后经济价值不高的病猪。

(5)传染性强、危害大的猪。

(6)生长缓慢，严重消瘦，体重不合格者。

(7)严重的外伤，关节肿大，皮肤溃烂，运动障碍者。

九、猪疾病防控与治疗知识

(一)疾病防控

1. 疫苗的概念及种类

疫苗是将病原微生物(如细菌、立克次氏体、病毒等)及其代谢产物，经过人工减毒、灭活或利用转基因等方法制成的用于预防传染病的自动免疫制剂。疫苗保留了病原刺激动物体免疫系统的特性。当动物体接触到这种不具伤害力的病原后，免疫系统便会产生一定的保护物质，如免疫激素、活性生理物质、特殊抗体等；当动物再次接触到这种病原时，动物体的免疫系统便会依循其原有的记忆，制造更多的保护物质来阻止病原的伤害。常用疫苗有以下 4 种。

(1)灭活疫苗。灭活疫苗是指先对病毒或细菌进行培养，然后通过加热或使用化学试剂将其灭活，但仍保持其抗原性而制成的生物制品。灭活疫苗使动物产生以体液免疫为主的免疫反应，它产生的抗体有中和、清除病原微生物及其产生的毒素的作用，对细胞外感染的病原微生物有较好的保护效果。

（2）弱毒活疫苗。弱毒活疫苗是指一种病原致病力减弱但仍具有活力的完整病原疫苗，也就是用人工致弱或自然筛选的弱毒株，经培养后制备的疫苗。病原体在宿主复制产生一个抗原刺激，抗原数量、性质和位置均与天然感染相似，所以免疫原性一般很强，甚至不需要加强免疫。除突出的优势外，同时也存在潜在的危险性：对免疫力差的部分个体可引发感染；突变可能恢复毒力。后者随着病原毒力的分子基础的认识可更合理地进行减毒，可能使其减毒更为确实并不能恢复毒力。

（3）基因缺失疫苗。采用基因工程技术将致病基因的某一片段切除，使病毒失去致病力而保留其免疫原性的活疫苗。

（4）类毒素。将细菌所产生的外毒素用甲醛脱毒后仍保持其抗原性的制剂。如破伤风类毒素。

（5）亚单位疫苗与多肽疫苗。

（6）载体疫苗。载体疫苗是将抗原基因通过无害的微生物这种载体进入体内诱导免疫应答。它组合了减毒活疫苗强有力的免疫原性和亚单位疫苗的准确度两种优势。这种活载体疫苗可以有效地在体内诱导细胞免疫。

2.后备母猪免疫的主要疾病

后备母猪的免疫接种应在保育猪免疫的基础上，着重预防烈性传染病和繁殖障碍性疾病。以某集团化养猪场为例。

（1）猪瘟。在保育期25～35日龄及60～70日龄已各免疫1次的基础上，于4月龄及配种前25 d各接种1次猪瘟疫苗。每次用猪瘟细胞苗5头份，或猪瘟组织苗1～2头份。不要使用“猪瘟、猪丹毒、猪肺疫”三联苗，以免招致猪瘟免疫失败的后果。

（2）猪口蹄疫。在仔猪40～45日龄已经免疫的基础上，于100日龄及配种前25 d各接种1次。应采用口蹄疫O型与亚洲Ⅰ型二价灭活浓缩苗，按说明使用。

（3）猪伪狂犬病。在断奶时已免疫接种1次的基础上，于70日龄及配种前20 d各接种1次，要用灭活苗。阳性场才可用基因缺失活苗。

（4）猪细小病毒病。于配种前50 d及30 d用灭活苗各接种1次。

(5)猪乙型脑炎。在4月份，后备母猪在配种前30 d接种1次，用弱毒苗或灭活苗均可。

(6)猪蓝耳病。用灭活苗5月龄时接种1次，14 d后再接种1次。不可用活苗，因存在引入新毒株风险。

(7)猪链球菌病。在常发病区域或夏秋季节，对体重20 kg以上猪接种，于两周后再接种一次。应针对当地疫情选用血清型c群或Ⅱ型疫苗，也可用二价苗。一般地区可不接种。

(8)猪喘气病。用灭活苗于5～7日龄肌肉注射接种，在2周后再加强接种1次，在配种前1～2个月再接种1次。

(9)猪传染性胃肠炎、流行性腹泻。在严重发病地区为给初生仔猪提供高滴度的母源抗体，以有效保护所产的仔猪，可于后备母猪5～7月龄时喂给“感染物质”，如绞碎的病猪小肠、肠内容物及粪便，每次喂1～2 d，两周1次，共2～3次。从“感染物质”获得的保护性抗体针对性强、滴度高、持续时间久，具有很好的免疫保护。在使用“感染物质”时应限制在一定范围内，并事后做好消毒防止扩大感染。

3.疫苗接种途径

(1)肌肉注射。在耳根后、臀部或股内侧注射，与皮肤保持一定角度，迅速刺入肌肉内1～3 cm(视动物大小而定)。然后抽动针筒活塞，确认无回血时，即可注入。注射完毕，用酒精棉球压住针孔部，迅速拔出针头，有些疫苗切不可注入脂肪层或皮下，如猪瘟等疫苗。

(2)皮下注射。将疫苗液注射于皮下结缔组织内，经毛细血管、淋巴管吸收进入血液循环，凡是易溶解、刺激性不强的药品及疫苗、菌苗、血清等，均可皮下注射。注射点一般选在猪耳根后或股内侧，皮肤较薄而皮下疏松易移动、活动性较小的部位，每一注射点不宜注入过多的药液，如需注射大量药液则应分点注射。

(3)后海穴注射。后海穴位于猪的肛门上方、尾根的下方正中窝处，注射时应按常规消毒，注射深度：小猪1～2 cm，大猪2～4 cm。注射时应与猪的脊柱方向平行刺入，不可往下刺，以防刺伤直肠。如猪传染性胃肠炎、流行性腹泻二联苗，可用后海穴注射。

(4)胸腔注射。术者在倒数第6肋间与髓关节水平线交界处，用12号兽用针头垂直刺入，进针后若有空洞感即可将药徐徐注入。如猪支原体肺炎兔化弱毒苗，有胸腔注射要求时才使用此方法。

（二）疾病治疗

（1）基本原则：根据兽医提供的用药方案进行治疗。

（2）加药方法：

①群体加药。发病猪比例超过 5%，或不超过 5%但有增加的趋势，首次用药使用 2 倍剂量，之后使用 1 倍剂量，连续用药 1 周，观察效果；无效果，改换其他用药方案。

②病猪集中治疗。病猪数量相对较少，疾病扩散趋势不明显，且有足够的空栏，仅在病猪栏两个料桶加药，首次用药使用 2 倍剂量，之后使用 1 倍剂量，连续用药 1 周，观察效果；无效果，改换其他用药方案。

③个体猪只出现症状。针剂治疗，连续用药 3 d，观察效果；无效果，改换其他用药方案，再治疗 3 d，若无效果则淘汰。

群体加药中常用的一些药物，呼吸道：泰乐菌素、替米考星、氟苯尼考、多西环素、头孢噻呋等；消化道：庆大霉素、卡那霉素、硫酸黏杆菌素、多西环素等。病弱猪栏内料桶还可添加诱食奶、葡萄糖和多维，或用水化成粥状，用注射器灌食。

（3）病弱猪调群。①病猪栏内的健康猪调入对应体型的健康栏或弱猪栏。②大栏里的病猪视情况调入病猪栏。③大猪栏内的小猪调入对应体型的健康栏或弱猪栏。④小猪栏内的大猪调入对应体型的健康栏。

分析计划

为了完成这次任务，同学们已经进行了一系列知识的学习和技能的训练，以及信息资讯的收集，接下来需要认真分析，并做出写作计划（流程图）。鱼骨图（又名因果图、石川图），指的是一种发现问题"根本原因"的分析方法，可以划分为问题型、原因型及对策型等几类。完成这次任务是因果型分析，一级分析的分类基于"人、料、机、法、环"，如图 1-15 所示。

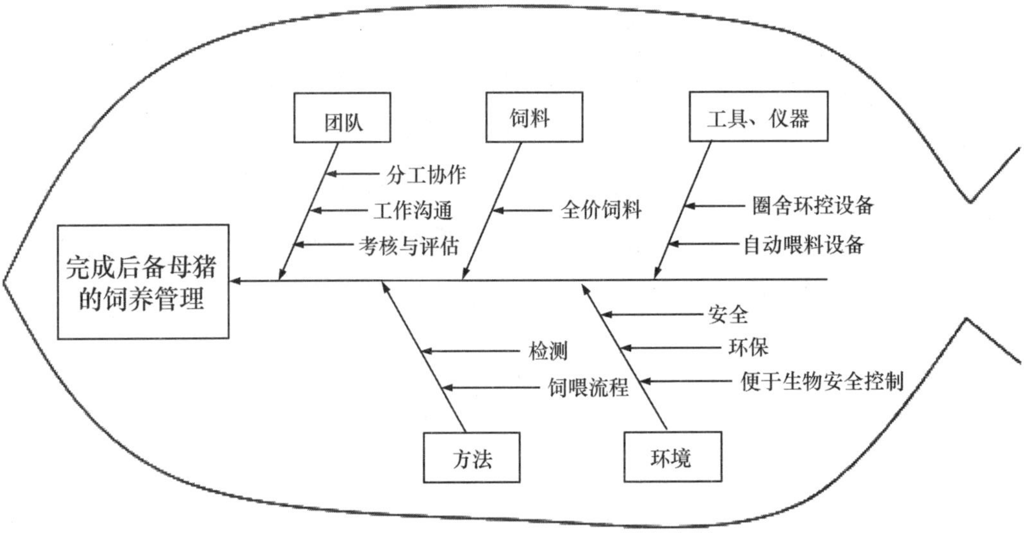

图 1-15　后备母猪饲养管理鱼骨图

一、任务要求

本批次的 1 600 头 60 kg（±5 kg）大白、长白杂交二元种母猪，均 130 日龄（±10 日龄），要求在 210 日龄达到 130 kg，膘情在 2.75～3，死淘率低于 3%。

任务分解(表 1-12)：

表 1-12　任务分解

任务序号	任务内容
任务一	引种前准备
任务二	隔离驯化
任务三	后备母猪饲养管理
任务四	情期管理
任务五	免疫保健

二、组织

日常做好如下几项工作：

(1)记录温度,检查舍内设备的运行状况。

(2)打扫舍内卫生,过道消毒。

(3)健康检查,催情、查情。

(4)上料、擦洗料桶、夏季通风门等。

(5)检查舍内设备。

(6)午餐、午休。

(7)记录温度,检查舍内设备的运行状况。

(8)打扫舍内卫生。

(9)健康检查,催情、查情。

(10)上料、检查舍内设备,同时清洗工作用具和工作鞋。

三、材料

饲料、药品[激素(PG600)、多维、伊维菌素预混剂、双甲脒溶液]、疫苗(猪瘟、伪狂犬、乙脑、细小、圆环、口蹄疫、蓝耳)、消毒剂、防水连体服、护目镜、橡胶手套、清洁球、催情公猪、体重速测尺、输精管、精液、医用手套等。

四、设备

风机、水帘、高压清洗机、加热器、暖风机、料槽、饮水器、铰肉机、背膘仪、冰箱、注射器。

五、方法

依据在信息收集中学习到的技能，制定合理的操作流程、免疫程序、保健程序、培育程序。

六、分析计划，制定操作流程图

使用图形表示算法的思路是一种极好的方法，因为千言万语不如一张图。流程图是流经一个系统的信息流、观点流或部件流的图形代表。在企业中，流程图主要用来说明某一过程。这种过程既可以是生产线上的工艺流程，也可以是完成一项任务必需的管理过程。流程图使用一些标准符号代表某些类型的动作，如决策用菱形框表示，具体活动用方框表示。但比这些符号规定更重要的，是必须清楚地描述工作过程的顺序。流程图也可用于设计改进工作过程，具体做法是先画出事情应该怎么做，再将其与实际情况进行比较(图 1-16)。

流程	责任单位	相关记录
记录温度，检查舍内设备的运行状况	饲养员	设备运行记录
⇩		
打扫舍内卫生，更换水厕所	饲养员	
⇩		
健康检查	饲养员	免疫记录
⇩		
上料、擦洗料桶、夏季通风门等	饲养员	耗料记录
⇩		
治疗病猪	饲养员	药品使用记录
⇩		
报表填写，处理死淘猪只	饲养员	猪只死淘记录表

图 1-16　后备母猪饲养管理——日常操作流程图

任务实施

任务实施的要求：

（1）任务实施前：再次核查人员分工，工具是否到位；再次确认操作流程和操作方法，熟悉操作要领；再次提醒操作安全。

（2）任务实施中：操作中，严格按照操作流程，遵守操作规定；按照要求填写检测报告并且详细记录；任务实施最大的挑战是操作规范，故操作时要“遵循标准”，填写检验报告单。

（3）任务实施后：每次操作结束后，严格按照5S管理制度进行结尾工作。

任务一　引种前准备

一、栏舍清洗

1. 工具准备

高压清洗机、防水连体服、护目镜、橡胶手套、消毒剂、清洁球、洗衣粉、大桶等。

2. 冲洗程序

（1）清理栋舍料槽内的剩余饲料，关闭舍内除照明外的所有电源。

（2）收起猪舍内的工具，卸下自动料线部件，清理上批猪使用过的其他物品。

（3）对猪舍内的电器设备做好防水处理，将所有电箱、电机、温度探头等用塑料袋包裹，以防清洗时进水。

（4）清理残存粪便至排污沟，拔掉排污沟插拔管，将排污沟内粪便全部排出。

（5）清洗前用1∶400（1 kg洗衣粉加400 L水搅拌充分溶解）的洗衣粉水浸泡1～2 h。

(6)充分浸泡后全面高压清洗。

(7)冲洗完成后,配制 1∶200 的洗衣粉溶液,高压清洗机不能彻底冲洗干净的部位(料槽、料线部件、栏杆等),要使用清洁球擦拭干净。

(8)不能使用高压清洗机冲洗的部位(温控、保温灯、插座等),戴绝缘手套用干抹布擦拭干净。

(9)猪舍冲洗结束主管验收合格后,开启暖风机及风机使猪舍尽快干燥。

(10)猪舍干燥后关闭风机,把高压清洗机调整为喷雾状态,用兽医推荐的消毒液均匀消毒圈舍,均匀喷洒整个猪舍。

二、设备检查及维修

进猪前将所有的料线组装起来,按照检查清单,对设备进行检查,保证所有设备运行正常。如果有异常,必须在上猪前修理完毕。隔离后备舍设备检查清单见表 1-13。

表 1-13 隔离后备舍设备检查清单

通风/保温系统	风机、水帘
	门窗、卷帘
	通风口
加热设备	加热器
	暖风机
	保温灯
料线系统	料槽/料桶
	输料管道、开关
	料塔
饮水系统	饮水器
	饮水管道
	过滤器
照明系统	照明灯
	线路
	开关
畜舍结构	屋顶墙壁
	地面
	门窗

三、环境消毒及采样检测

猪舍检修完毕后，把高压清洗机调整为喷雾状态，用兽医推荐的消毒液均匀消毒栋舍和周边环境，待干燥后由兽医进行采样检测，对消毒效果进行评估。

四、饲料和药品准备

根据所进入猪群的体重，提前准备好对应料号的新鲜饲料，并且为了减少猪群受到的转群应激，可以提前对饲料添加抗应激药物（多维等），或者准备好饮水加药的药物。最后，为了减少隔离人员与外界的接触，需要在栋舍准备一些常用药物。

五、人员分工，做好接猪准备

接猪前，需要提前规划好猪群进舍路线，做好隔挡，人员分工明确，确定每个人员的位置和任务，避免人员交叉风险。

任务二　隔离驯化

从种源猪场挑选 20 周龄以下的后备种母猪，经抽血疫病检测合格后方可运往目的猪场，在隔离舍饲养最少 4 周，至 24 周龄，然后进行 8 周的混养驯化饲养，同时做好查情和催情的工作，32 周龄时转入配种舍进行配种。

一、人员定岗，禁止交叉

为了避免引进的种猪群感染的烈性传染病传染到本场猪群，需要对隔离舍的饲养管理人员采取人员定岗的方式，划出活动范围，禁止人员随意走动，避免交叉污染。

二、混群驯化

混养的目的是引进的种猪适应本场的环境，与本场种猪的抗体水平达到基本一致，使引进猪群和本场猪群主要的几种疾病的抗原和抗原谱值相当，从而大大降低疾病的发生概率。混养的过程可通过接触活猪或粪便等方式来完成。

1. 接触粪便

在隔离期，可用生长猪、成年公猪和母猪的粪便与引进的种猪接触，一天一次，连续进行 14 d。如果原有猪群有猪痢疾、球虫、C 型魏氏梭菌感染或猪瘟、猪丹毒、蓝耳病、口蹄疫等，则不能进行病原接触。

2. 接触猪只

与淘汰的种猪或老母猪接触。在后备母猪进混养舍无异常的情况下才能进行；24 周龄开始混养至 32 周龄结束；和后备母猪混养比例为 1∶(5～10)头；在健康后备母猪 24 周龄时，将本场老龄健康断奶母猪与后备母猪混养 2 月(期间应更换老母猪 2～3 次)，可使后备母猪适应场内疾病水平，并产生相应抗体。

3. PED 返饲

未发病的怀孕 100 日龄以内的种猪和后备母猪进行返饲，禁止返饲分娩前 2 周的母猪，因为母猪有效返饲后 2 周以上才能产生抗体。

方法一：

①一次性收取发生病毒性腹泻猪只的水样粪便 1 000 g 左右(半天内的)，加入洁净清水 2 kg。

②搅匀后用消毒后冲洗干净的纱布过滤，然后加入 1 000 万 IU 青霉素、500 万 IU 链霉素。

③搅匀静置 15～20 min 后，定位栏猪只用容器直接将病料于喂料时倒入料槽中饲喂未发病的猪群，大栏猪只则将病料拌料饲喂未发病的猪群。

④一次病料量供 20 头猪返饲。

方法二(图 1-17)：

①取发生病毒性腹泻 12～24 h 内的 7 日龄仔猪小肠。

②最好选用铰肉机研烂。

③搅匀后加入适量不含氯的清水，用干净的纱布过滤。

④然后加入 1 000 万 IU 青霉素、500 万 IU 链霉素。

⑤加入适量奶粉和适量不含氯的清水稀释液。

⑥搅匀静置 15～20 min 后，定位栏猪只用容器直接将病料倒入料槽中饲喂，大栏猪只则将病料拌料饲喂。

⑦1 头仔猪的病料可返饲 20 头母猪，最终稀释溶液计算：1 头仔猪病料加 500 mL 或 1 000 mL 稀释液，每头母猪饲喂 25 mL 或 50 mL 稀释病料。

图 1-17 PED 返饲流程图

返饲后护理：

①未出现腹泻症状母猪重新返饲1次，程序如上。

②返饲后出现腹泻症状母猪不需要任何处理措施，一般3～5 d恢复。

③返饲3～5 d后对种猪群进行西药保健，预防继发感染和饮水补液防止脱水，连用5 d。

④个别猪只持续数日拉稀可肌内注射抗生素治疗。

注意事项：

①严禁返饲哺乳母猪。

②严禁返饲表现腹泻症状的感染猪只。

③返饲所用肠道来源于小于5～7日龄仔猪，避免病料存在其他病原，如大肠杆菌、沙门氏菌和球虫等。

④返饲所用肠道应该新鲜，冷藏(4 ℃)保存在洁净环境。冷藏保存的用于返饲的肠道组织的病毒含量多于冷冻保存的肠道组织。

⑤返饲后严格控制病毒传播扩散。返饲后，猪舍内外进行全面消毒，所用器具以及工作人员的工作服和水鞋要彻底进行清洗和消毒。

⑥返饲后注意记录返饲猪群的采食和腹泻情况，采食下降及腹泻的种猪数量应占返饲全群的80%以上，达不到此比例的则应对无症状的猪只强化返饲1次。

⑦返饲后应注意减料，待食欲恢复后恢复正常采食。

返饲过程中注意做好操作人员的防疫隔离，要规范种猪的调动。

任务三　后备母猪饲养管理

后备母猪饲喂方案见表1-14。

表1-14　后备母猪饲喂方案

体重、日龄	饲喂量
50 kg前，15周龄前	自由采食
50～75 kg，16～19周龄	自由采食
75～125 kg，20～30周龄	2.2～2.6 kg
125～135 kg，31周龄至配种	自由采食

后备母猪达到20周龄时，需要进行限饲喂养，每天饲喂两次，上午一次，下午一次，保证每天每头采食量为2.5 kg左右，可以根据后备母猪膘情进行增加或减少饲喂量，根据发情记录，在临配种前2周时，进行自由采食，也就是催情补饲。

任务四 情期管理

后备母猪正常进入发情周期后，由于没有同时达到性成熟与体成熟，或者不满足农场生产计划及配种要求，需要对后备母猪进行情期管理。

一、早期诱情

(1)160日龄进行首次催情(见催情管理)，并对发情母猪的背膘、体重进行测量(见背膘仪、体重速测尺的使用)，进行详细记录(记录明细见HNS后备母猪查情记录表)。

(2)每天进行催情，直至后备母猪第二次发情，测量发情母猪的背膘、体重。

(3)若体重、日龄达到转猪标准转入后备配种舍，否则不做转移，继续进行催情或考虑淘汰。

(4)进入后备配种舍根据后备母猪排列原则进行排列。

(5)在预计配种发情期前14 d进行催情补饲(HNS后备母猪催情补饲)，第三次发情根据配种计划进行配种。

二、乏情处理

由于品种问题、生殖系统发育不良、饲料问题和管理问题等而造成后备母猪未能发情配种的，或后备母猪日龄达到210日龄、体重130 kg仍未出现一次发情的，都可称为乏情后备母猪。

(一)乏情后备母猪处理

1. 公猪刺激

(1)刺激发情的公猪需准备2～3头，以便交替使用。

(2)刺激发情的公猪，其年龄需大于10月龄(图1-18)。

(3)后备母猪应与刺激发情的公猪隔离饲养，公猪不要放在后备母猪的上风口，这样有利于其刺激的有效强度。

(4)公猪进后备母猪大栏进行刺激发情的要求：每天两次，每次10～15 min，时间不宜过长，过长容易适得其反。

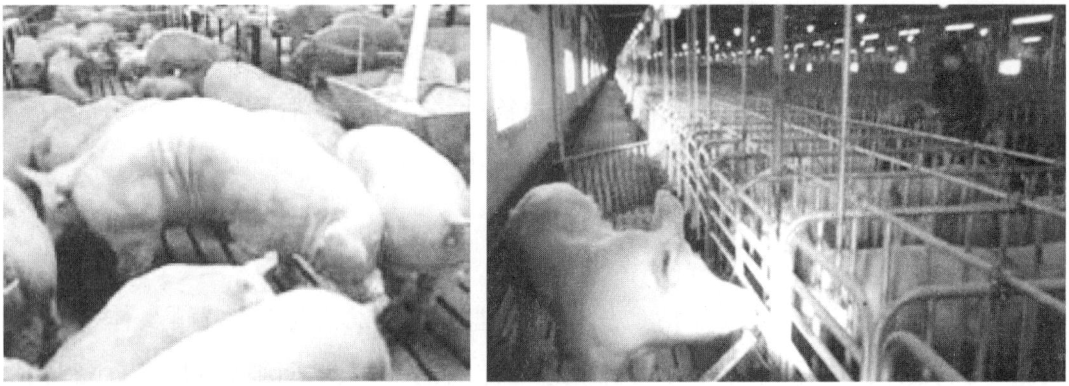

图1-18　公猪刺激

2. 人工刺激

结合公猪刺激，模仿公猪对乏情后备母猪进行有效刺激，它是要结合公猪刺激同时来进行的，通过压背、看、听觉和触觉来操作(图1-19)，尤其是按摩乳房及相关部位，提高其兴奋性，从而促进发情。

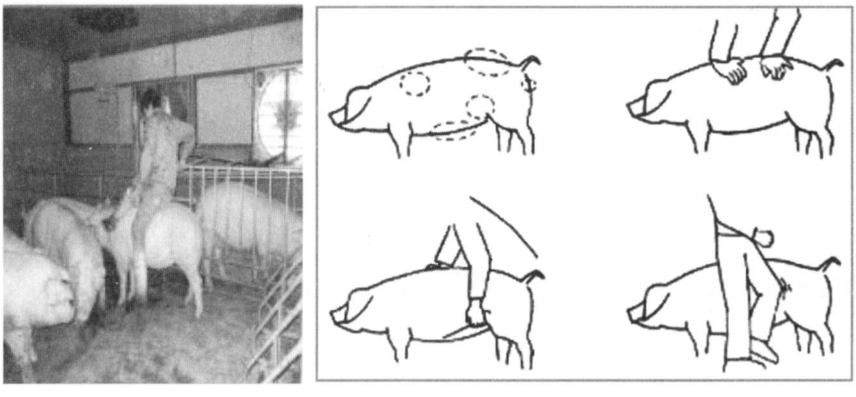

图1-19　人工刺激

3. 外源刺激

每天可用废弃精液或公猪尿液对乏情后备母猪进行刺激，促进其尽快发情。

4. 光照强度

将乏情后备母猪整合到一个大栏，对其进行每天至少 150 lx、16 h 的光照，促进激素排放，使其尽快发情。

5. 混群刺激

（1）将每个大栏未发情的后备母猪进行重新混群，改变它们的小环境，产生良性应激，可促进发情（图 1-20）。

（2）后备母猪达到 188 d 时，可进行重新混群，使其移到新的催情环境中。

（3）分群时，尽量按个体大小进行混群。

（4）尽量把同一批次里的乏情后备母猪进行混群。

（5）工作人员要对刚混群的乏情后备母猪多加照顾。

（6）挑出有健康问题的后备母猪，尤其是有腿部问题的。

（7）保障后备母猪在混群时有足够的饲料。

图 1-20　混群刺激

6. 激素（PG600）处理

PG600 是激素类药，本品具有促卵泡素和促黄体素样作用，对母畜可促进卵泡成熟、排卵和黄体生成，并刺激黄体分泌孕激素，对未成熟卵泡无作用。用于缩短经产母猪和后备母猪的发情间隔，控制同步发情。

（1）使用时间。在 188～200 d 时，仍未发情的后备母猪可注射 PG600，一般注射后 3～5 d 内就会有猪只发情，注射后 12 d，可选择对仍未发情的后备母猪再注射一次。

（2）使用结果及注意事项：

①乏情后备母猪注射 PG600 后，可能出现以下两种情况：第一，乏情后备母

猪注射后发情,之后配种和受孕。第二,如果是正处于发情期的未发情后备母猪,不仅在注射后发情会减退或配种后受孕会失败,而且下一次发情时将会出现卵巢囊肿现象而造成发情推迟,严重者不再发情而造成淘汰处理。

②采用合理的、熟练的注射方式,在大栏注射时,需要 2 人操作。

③选择注射对象时,不仅要详细查看发情记录也要观察母猪的外阴,有无红肿现象,其内部是否苍白。另外则是健康问题,例如正在治疗期的或者站立有问题的母猪则不能注射,待治疗结束后再做管理决定。

④PG600 不需多用,注射两次即可。

⑤注射后将那些胆小和体型较小的猪只转移到定位栏中进行催情会更好一些。

⑥260 d 仍未发过情的后备母猪可进行淘汰处理。

(二)淘汰处理

①超过 260 日龄仍未发情的后备母猪。

②打过两次 PG600 后仍未发情的后备母猪。

③因生殖系统疾病治疗不愈而造成仍未发情的后备母猪。

④有腿部问题的后备母猪,例如不能站立、行走不便。

⑤有其他方面原因导致后备母猪不能正常参与配种。

(三)乏情后备母猪处理注意事项

(1)催情时,要带有挡猪板,以保护人身安全。

(2)保证乏情后备母猪的催情时间和次数。

(3)催情时,公猪要交替使用。

(4)人工刺激时,掌握好力度,过度刺激容易适得其反。

(5)保证光照强度,促进乏情后备母猪发情。

(6)乏情后备母猪注射 PG600 后,仍需对其加强催情刺激。

(7)经常查看后备母猪的发情记录,对于乏情后备母猪及时进行处理。

(四)做好记录

后备母猪查情记录见表 1-15。

表 1-15　后备母猪查情记录表

20____年第____批　　数量____头														
序号	耳号	首次发情				第二次发情				第三次发情				备注
		日龄	时间	背膘	体重	预计	实际	背膘	体重	预计	实际	体重	背膘	
1														
2														
3														
4														
5														
6														

任务五　免疫保健

一、后备母猪保健程序

后备母猪保健程序见表 1-16。

表 1-16　后备母猪保健程序

保健日龄	保健方案
引种后前 3 d	多维保健 3 d；多维 1 kg/t
驱虫	体内驱虫：伊维菌素
	体外驱虫：双甲脒 1∶250，体表喷洒（体内驱虫一周后体表驱虫）

二、后备母猪免疫程序

（一）免疫程序

一般免疫猪瘟、伪狂犬、乙脑、细小、圆环、口蹄疫、蓝耳（根据场内实际情况），每道疫苗免疫两次。此外根据猪场所在地区疫病流行情况，进行加免其他疫苗。以某养殖集团场疫苗程序为例（表 1-17）：

表 1-17　后备母猪免疫程序

周龄	疫苗	头份	厂家
20	猪瘟	2 头份	广东永顺
21	伪狂犬	1 头份	勃林格
22	口蹄疫	2 mL	金宇
23	蓝耳	1 头份	勃林格
24	乙脑＋细小	各 1 头份	武汉科前
25	萎鼻(选做)	1 头份	博莱
	圆环(选做)	1 头份	勃林格
26	猪瘟	2 头份	广东永顺
27	伪狂犬＋口蹄疫	各 1 头份	同上
28	蓝耳	1 头份	勃林格
29	乙脑＋细小	各 1 头份	武汉科前
30	萎鼻(选做)＋圆环(选做)	各 1 头份	海博莱＋勃林格

(二)疫苗保存

疫苗应按要求进行冷链运输，故接收疫苗时要检查包装是否完整、箱内是否放有冰袋、箱温是否符合要求，以上三点若不符合要求则疫苗不能接收。疫苗接收后，应按说明书要求分别进行冷藏保存和冷冻保存(图 1-21)。

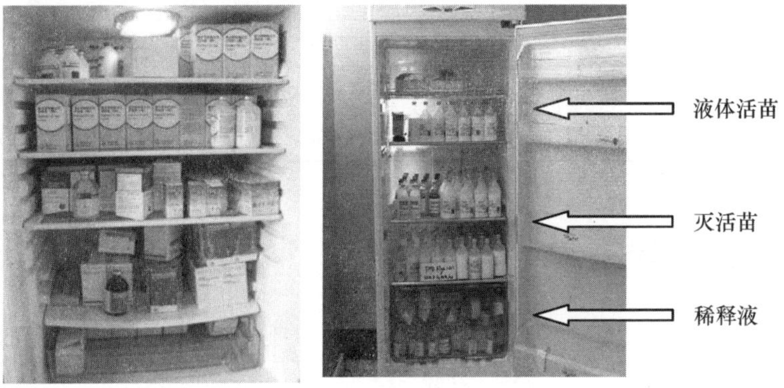

图 1-21　疫苗保存

(三)注射疫苗操作事项

(1)注射时一猪一针头，注射器械使用前高温消毒，检查够用并装于器械盒，注射时用围栏或绳保定控制猪只活动,严禁打飞针。

(2)15 kg 以下的猪用 1.2 mm×20 mm 针头,15～30 kg 猪用 1.2 mm×25 mm,30 kg 以上用(1.2～1.6) mm×38 mm 针头(图 1-22)。注:1.2 mm×25 mm 针头指针管外直径 1.2 mm,长度(不含底座)20 mm。

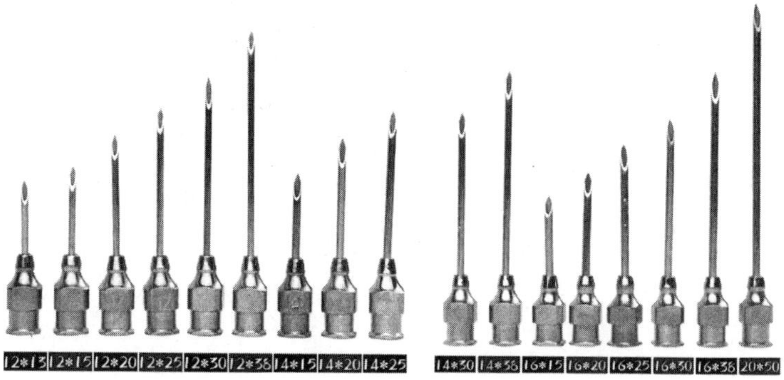

图 1-22　各种规格的针头

(3)准备其他工具,如围栏、喷漆、冰块等。

(4)疫苗保存要注意温度适宜和避光。

(5)用疫苗前检查疫苗,如颜色、沉淀、黏度及有效期。

(6)疫苗从冰箱取出后应放在加冰块的保温箱中。

(7)活疫苗稀释后 2 h 内用完。

(8)灭活疫苗用前要摇均匀,剩余的马上放回冰箱。

(9)注意阅读疫苗的使用说明,如剂量、注射方式。

(10)疫苗注射中发现猪只出现应激时,及时注射抗应激药物。

(11)如在注射疫苗时发现针孔出血,要再补注一针,避免免疫失败。

(12)后备种猪疫苗注射时间为猪进入后备舍 10 d 左右猪群稳定时开始。

(13)注射后应对猪只做好标记并观察有无应激。

(14)如必须同时注射 2 种药物或疫苗应分两侧注射。

(15)过敏猪应分开治疗。

(16)注射疫苗要在猪耳后三角区中间,不能太上或太下。

(17)注射疫苗后,主管负责填写好免疫记录表,记录好疫苗注射时间、剂量、猪只头数、疫苗批次、疫苗名称、责任人等相关信息。图 1-23 为疫苗使用操作图。

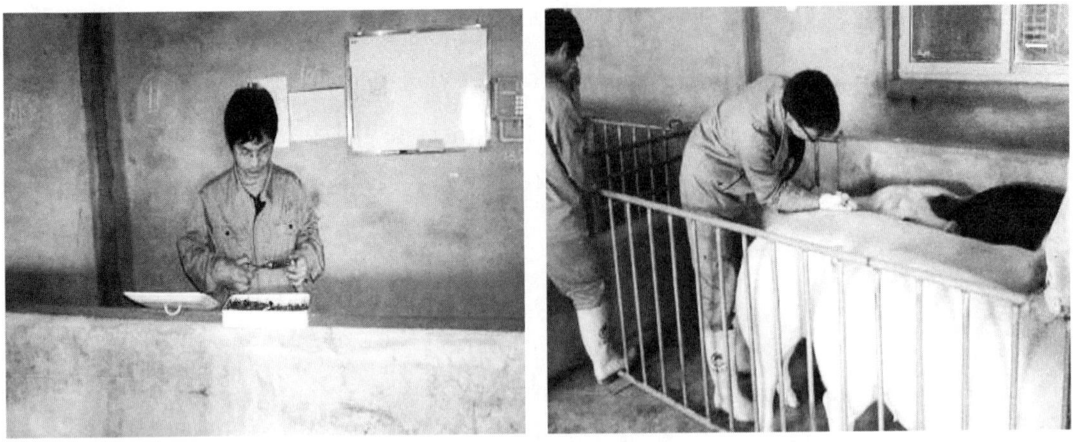

图 1-23　疫苗使用操作图

评估汇报

(1)根据各数据分析,整理猪群生产成绩报告,对照要求,验收健康猪群。

(2)针对工作过程,依据岗位能力,评价师生。

针对生产过程的五个环节进行评价;

针对生产过程的五个元素进行评价;

依据四个岗位能力进行多元质性评价;

填写教学评估表或在教学系统输入。

岗位课程教学评估表,岗位课程评估指标,参考以下表格(表1-18、表1-19)。

表1-18 岗位课程教学评估表

<table>
<tr><td colspan="12">班级名称：　　　　　　　　月　　周：</td></tr>
<tr><td rowspan="3">序号</td><td rowspan="3">学生姓名</td><td rowspan="3">星期</td><td rowspan="3">教师姓名</td><td rowspan="3">课程内容</td><td colspan="6">评分项</td><td rowspan="3">小计</td></tr>
<tr><td rowspan="2">工作页</td><td rowspan="2">视频微课</td><td colspan="2">专业能力</td><td colspan="2">个人能力</td></tr>
<tr><td>理论知识</td><td>实践技能</td><td>社会能力</td><td>独立能力</td></tr>
<tr><td rowspan="9"></td><td rowspan="9"></td><td rowspan="3">1</td><td></td><td></td><td></td><td></td><td></td><td></td><td></td><td></td><td rowspan="3"></td></tr>
<tr><td></td><td></td><td></td><td></td><td></td><td></td><td></td><td></td></tr>
<tr><td></td><td></td><td></td><td></td><td></td><td></td><td></td><td></td></tr>
<tr><td rowspan="3">2</td><td></td><td></td><td></td><td></td><td></td><td></td><td></td><td></td><td rowspan="3"></td></tr>
<tr><td></td><td></td><td></td><td></td><td></td><td></td><td></td><td></td></tr>
<tr><td></td><td></td><td></td><td></td><td></td><td></td><td></td><td></td></tr>
<tr><td rowspan="3">3</td><td></td><td></td><td></td><td></td><td></td><td></td><td></td><td></td><td rowspan="3"></td></tr>
<tr><td></td><td></td><td></td><td></td><td></td><td></td><td></td><td></td></tr>
<tr><td></td><td></td><td></td><td></td><td></td><td></td><td></td><td></td></tr>
</table>

续表 1-18

		4									
		5									
		1									
		2									
		3									
		4									
		5									
		1									
		2									

续表 1-18

		3									
		4									
		5									
		1									
		2									
		3									
		4									
		5									
		1									
		2									

续表 1-18

		3									
		4									
		5									
		1									
		2									
		3									
		4									
		5									

表 1-19 岗位课程评估指标

			理论知识	实操技能	社会能力	独立能力
1. 情境描述	1.1	任务的情境完整性				
	1.2	客户解决的问题清晰程度				
2. 信息收集	2.1	任务相关的文件资料是否齐全				
	2.2	能否理解任务所需的指标和技术资料				
	2.3	技能点观察动手				
	2.4	课外微课学习质量				
3. 分析计划	3.1	是否给出了功能、作用及目的				
	3.2	是否制定了操作流程				
	3.3	是否考虑到经济和环保方面的问题				
	3.4	方案是否注意到安全				
	3.5	是否小组充分沟通、讨论决策				
	3.6	是否有多计划(方案)供选择				
4. 任务实施	4.1	该课工作页得分(小计)				
	4.2	小组学习合作能力得分				
	4.3	个人反思、创造力得分				
	4.4	个人学习积极主动性(态度)得分				
5. 检验评估	5.1	检验的分工协作				
	5.2	展示安排				
	5.3	需求满足和完善的报告				

策划编辑：张　蕊　张　玉
责任编辑：张　玉
封面设计：ZTSA 中通世奥图文设计

高等职业教育“十四五”规划教材
河南省高水平专业群建设教材

智能化养猪

后备母猪饲养员岗位

公猪饲养员岗位

化验室岗位

配怀舍饲养员岗位

产房饲养员岗位

育肥猪饲养员岗位

ISBN 978-7-5655-2988-7

定价：65.00 元

高等职业教育"十四五"规划教材
河南省高水平专业群建设教材

智能化养猪

孔嫄嫄　王　飞◎主编

公猪饲养员岗位

中国农业大学出版社
China Agricultural University Press

高等职业教育“十四五”规划教材

河南省高水平专业群建设教材

智能化养猪

（公猪饲养员岗位）

孔嫄嫄　王　飞　主编

中国农业大学出版社

·北京·

内 容 简 介

本书根据现代化养猪场实际工作岗位分为 6 个分册，即后备母猪饲养员岗位、公猪饲养员岗位、化验室岗位、配怀舍饲养员岗位、产房饲养员岗位、育肥猪饲养员岗位，每个分册均包括情景描述、信息收集、分析计划、任务实施、评估汇报 5 个过程。本书 6 个分册均单独装订，方便学生按生产岗位使用。

本书可作为高等农业职业院校智能化养殖专业、畜牧兽医专业教材，也可作为养殖场一线技术人员技能培训教材和从事相关技术工作的参考书。

图书在版编目(CIP)数据

智能化养猪 / 孔嫄嫄，王飞主编. -- 北京：中国农业大学出版社，2023.6

ISBN 978-7-5655-2988-7

Ⅰ.①智… Ⅱ.①孔…②王… Ⅲ.①智能技术-应用-养猪学 Ⅳ.①S828-39

中国国家版本馆 CIP 数据核字(2023)第 099453 号

书　　名 智能化养猪(公猪饲养员岗位)
ZHINENGHUA YANGZHU

作　　者 孔嫄嫄　王　飞　主编

策划编辑 张　蕊　张　玉　　**责任编辑** 张　玉
封面设计 中通世奥图文设计中心
出版发行 中国农业大学出版社
社　　址 北京市海淀区圆明园西路 2 号　　**邮政编码** 100193
电　　话 发行部 010-62733489，1190　　编辑部 010-62732617，2618
出版部 010-62733440　　读者服务部 010-62732336
网　　址 http://www.caupress.cn　　**E-mail** cbsszs@cau.edu.cn
经　　销 新华书店
印　　刷 北京中兴印刷有限公司
版　　次 2023 年 8 月第 1 版　2023 年 8 月第 1 次印刷
规　　格 185 mm×260 mm　16 开本　3 印张　50 千字
定　　价 65.00 元

编审人员

主　　编	孔嫄嫄	南阳农业职业学院
	王　飞	南阳农业职业学院
副 主 编	郝振芳	河南农业职业学院
	孙攀峰	河南农业职业学院
	李　嘉	周口职业技术学院
	王　安	周口职业技术学院
	路清霞	南阳市动物卫生监督所
	李万太	方城县农业农村局畜牧服务中心
	姚巧珍	内乡县动物疫病预防控制中心
	陈高英	南阳市动物卫生监督所
参编人员	张　扬	南阳农业职业学院
	王艳丰	河南农业职业学院
	孔雪旺	河南农业职业学院
	孙留霞	周口职业技术学院
	刘秀玲	商丘职业技术学院
	付赛赛	商丘职业技术学院
	刘　源	牧原食品股份有限公司
审　　稿	李生涛	南阳农业职业学院
	王国强	南阳农业职业学院
	杨瑞华	牧原食品股份有限公司

前　言

党的二十大报告指出,“全面推进乡村振兴”“强化农业科技和装备支撑”。现代畜牧业的发展离不开科技的助力和人才的支撑。畜禽智能化养殖专业是随着大型养殖企业向着智能化、自动化养殖方向发展而在高等职业院校新设立的一个专业。本专业面向畜牧机械检修维护、养殖场环境控制与污物治理、养殖场与饲料厂自动化控制等岗位,培养掌握畜牧工程技术专业知识和技术技能,能够从事畜牧环境检测、畜禽养殖与饲料加工设备检修维护及自动化控制等工作的高素质人才。智能化养猪技术是畜禽智能化养殖专业的核心课,课程知识目标包括:掌握养猪业形势,熟悉猪的行为与特性,猪品种选择与利用,后备母猪选择与培育,公猪饲养与人工授精,配种舍、妊娠舍、分娩舍、生长育肥舍猪群智能化管理。能力目标包括:具备独立进行不同阶段生产猪群饲养管理的能力,具有熟练操作智能养猪设备的能力,并具有适应市场的应变能力和从事现代化猪场经营管理的发展潜能。

本套手册式教材在形式上更加新颖,在内容上更加强调精炼简洁,降低了学生的理论学习难度。与此同时,又可以让学生的职业操作能力得到充分的锻炼以适应岗位的需求。本套手册式教材适用于在智能化养猪场教学或实习的人员使用,模拟现场环境,以解决实际问题、完成真实任务为学习载体,在工作中学习、在学习中工作,在企业实际的生产功能上叠加教学功能,构建能教学、能训练、能生产的“道场”(学习岗)、“靶场”(训练岗)、“战场”(实战岗)。本书也适用于课堂教学,模拟实际工作中的思维过程,每部分包括情景描述、信息收集、分析计划、任务实施、评估汇报 5 个过程,打破传统的课程知识结构,按岗位需要的知识、技能引导学生自主学习。

本书由相关高职院校与南阳部分市(县)畜牧兽医机构、养殖场专业技术人员联合编写,由于编者水平有限,书中难免有不妥之处,恳请广大读者朋友及同行指出,以便修改。

本书资源码

编　者

2023 年 5 月

目　录

情境描述

小王是公猪舍的饲养员，负责后备公猪的饲喂管理及调教、采精工作。一天，猪场从外界引进 50 头 60 kg 杜洛克公猪，要求 10～12 月龄、体重 100～120 kg 时实现初配，利用率大于 95%，完成采精配种任务。

为完成这项任务，我们需要进行更多的信息收集，学习 5 项理论知识：①公猪生殖系统解剖特点；②公猪的生理特点；③公猪的饲养管理知识；④公猪的合理利用；⑤采精相关知识。学习 2 项实操技能：①公猪采精调教；②公猪采精。

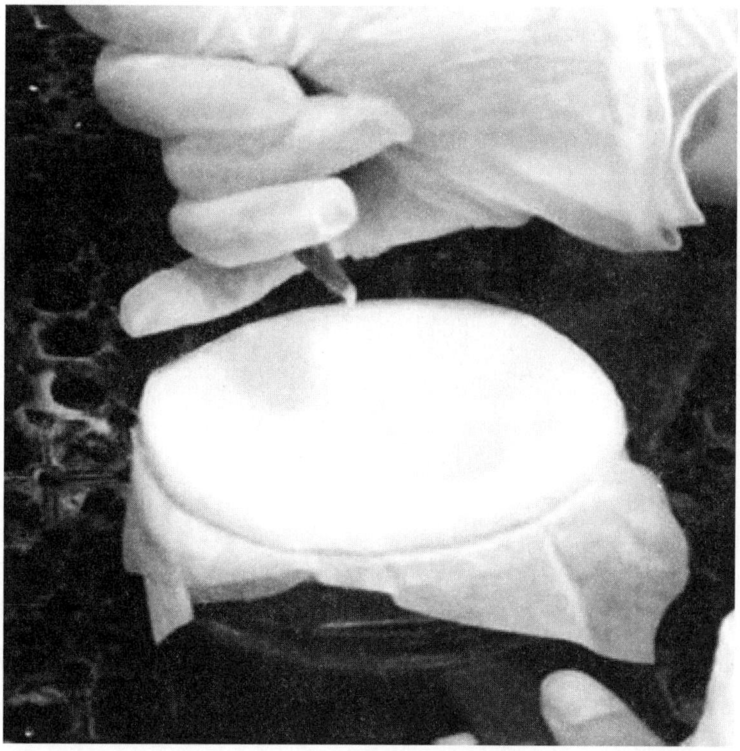

信息收集

本分册书中彩图

为了专业地完成这次任务，同学们要提前进行一系列知识的学习和技能的训练，需要准备的知识和能力如下面的思维导图，其作用是结构化你学习的知识和技能，它是你学习和复习的联络图（图 2-1）。

图 2-1　思维导图

一、公猪的常用品种介绍

我国曾陆续引入 10 多个外国猪种，随着时代的发展和市场的需求变化，目前对我国养猪生产影响较大的引入猪种主要有大白猪、长白猪、杜洛克猪、皮特兰猪和汉普夏猪等。

(一)大白猪

(1)产地及分布:原产于英国的约克郡及附近地区,又名大约克夏猪,是世界上分布最广的品种之一。目前引入我国的主要是大型大白猪。

(2)外貌特征:体格较大,体形匀称,全身被毛白色。头长,颜面微凹,耳大直立,背腰多微弓,后躯宽长,腹部充实而紧,四肢较高。乳头7~8对。见图2-2。

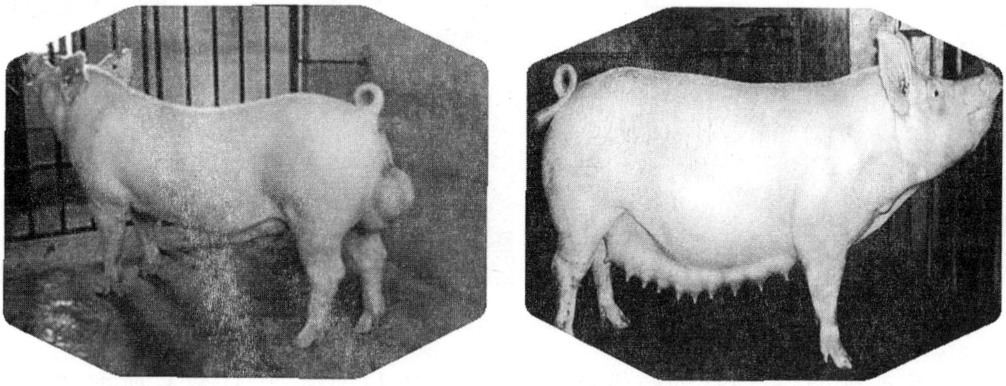

图2-2 大白猪

(3)生产性能:与其他国外引进猪种相比,大白猪繁殖能力较强,母猪初情期在6月龄左右。母猪窝产仔数12~14头,母猪泌乳性能较好,仔猪成活率较高。成年公猪体重350~380 kg,成年母猪体重250~300 kg。大白猪生长速度快,150日龄左右体重达100 kg。平均日增重达900 g左右,饲料转化率2.3~2.6。90 kg体重屠宰率为71%~74%,胴体瘦肉率为63%~66%。

(4)杂交利用:用大白猪作为父本与许多培育品种和地方猪种杂交,效果均很好,如大本杂交。在三元杂交中,大白猪也常用作杂交母本或第一父本,效果明显,如长×(大×本)、杜×(长×大)等。

(5)评价:大白猪具有生长快、饲料转化率高、胴体瘦肉高、产仔数相对较多(据沈阳正成原种猪场2010—2015年测定,长×大杂种母猪产仔数为12~14头)、泌乳性能良好、适应性强等优点,且在中国分布较广,有较好的适应性。但肉质性状一般。

(二)长白猪

(1)产地及分布:原产于丹麦,原名兰德瑞斯猪,它是世界上分布最广的瘦肉型猪种之一。

(2)外貌特征:体躯长,全身被毛白色,故在我国称为长白猪。外貌清秀,体躯呈流线型。头狭长,颜面直,耳大前倾,背腰特别长,背腰平直或微呈弓形,腹部平直,后躯发达,腿臀丰满,全身结构紧凑,四肢坚实。乳头 7～8 对。见图 2-3。

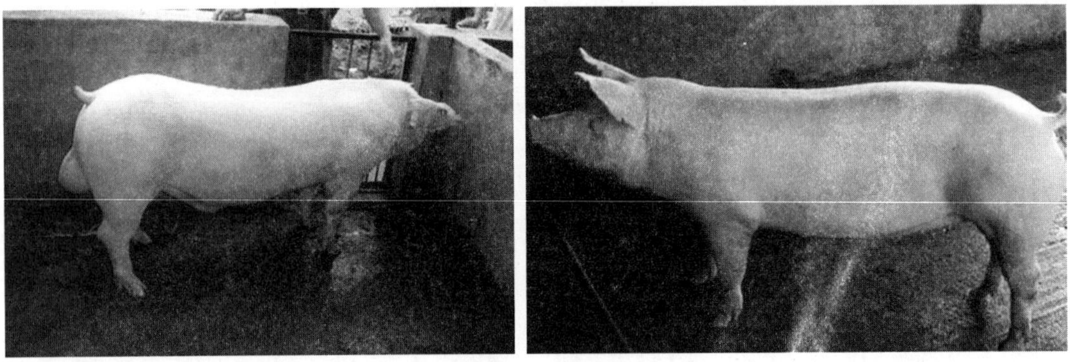

图 2-3　长白猪

(3)生产性能:长白猪繁殖性能较好,自引入我国后,产仔数有所增加,经产母猪平均产仔数 11～14 头。成年公猪体重 250～350 kg,成年母猪体重 220～300 kg。长白猪 150～160 日龄体重达 100 kg,生长育肥期平均日增重 900 g 左右,饲料转化率 2.5 以下,90 kg 体重屠宰率为 73%～75%,胴体瘦肉率为 64%以上。

(4)杂交利用:与我国地方猪种杂交能显著提高后代的生长速度、胴体瘦肉率和饲料转化率,在杂交配套生产商品猪体系中既可以作为父系,也可以用作母系,如长×本、长×(大×本)、杜×(大×长)等。

(5)评价:长白猪具有生长快、饲料转化率高、胴体瘦肉率高、母猪产仔较多、泌乳性较好、断乳窝重较高等优点。但对饲养条件要求较高,生长猪存在体质较弱、抗逆性较差、肉质欠佳等缺点,引入我国后经长期风土驯化,适应性有所提高,分布也日益扩大。

(三)杜洛克猪

(1)产地及分布:原产于美国,是美国目前分布最广的品种,也是世界上著名的瘦肉型猪种之一,分布很广。

(2)外貌特征:体躯高大,全身毛色呈棕红或红色(现在也有白色杜洛克猪种)，头中等大小，耳中等大小，耳尖下垂，体躯深广，背腰呈弓形，肌肉丰满，四肢粗壮结实。乳头 6 对左右。见图 2-4。

图 2-4　杜洛克猪

(3)生产性能：繁殖力一般，母性较强，育成率高。成年公猪体重 340～450 kg，母猪 300～390 kg。杜洛克猪生长较快，145～165 日龄体重达 100 kg，生长育肥期平均日增重 800～900 g，饲料转化率 2.5 以下，育肥猪 90～105 kg 体重屠宰率 73%以上，胴体瘦肉率 64%以上。

(4)杂交利用：杜洛克与地方品种或培育品种的二元或三元杂交，效果都优于其他猪。杂交中多用作终端父本，可明显提高后代的生长速度和胴体瘦肉率，是商品猪的主要杂交亲本之一，如杜×(长×本)、杜×(大×本)等。

(5)评价：具有生长速度快、饲料转化率高、体质强健、抗逆性较强、肉质较好等优点。但也存在着产仔数少、早期生长较差等缺点。

(四)皮特兰猪

(1)产地及分布：原产于比利时，是近年来欧洲比较流行的一个瘦肉型猪种。我国从 20 世纪 80 年代开始引进，分布和饲养量还不是很大。

(2)外貌特征：体形中等，体躯呈方形。被毛灰白，夹有形状大小各异的黑色斑块，耳中等大小略前倾，背腰宽大，平直，体躯短。肌肉特别发达，尤其是腿臀丰满，呈双肌臀，体质强健。见图 2-5。

(3)生产性能：母猪初情期一般在 190 日龄，经产母猪平均产仔数 9 头左右，护仔能力强，母性好。在 60 kg 以前生长较快，60 kg 以后生长速度显著减慢。160 日龄体重达 100 kg，平均日增重 830 g 左右，饲料转化率 2.5 左右。90 kg 体重屠宰率 74%以上，瘦肉率可达 73%左右。

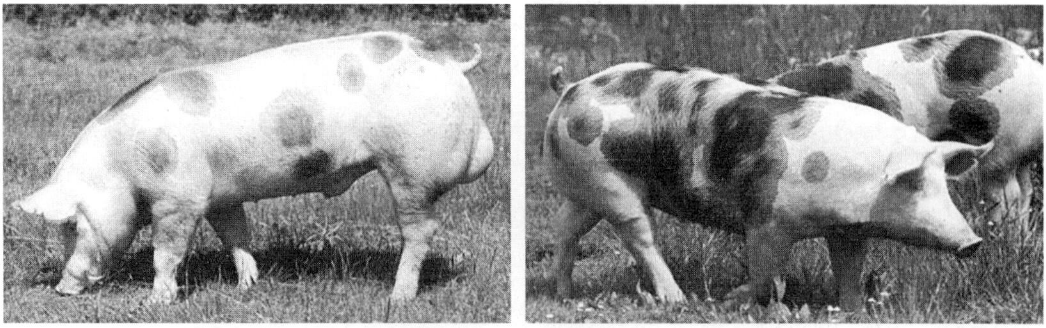

图 2-5　皮特兰猪

(4)杂交利用:在经济杂交中作为终端父本,可显著提高后代腿臀围和胴体瘦肉率。

(5)评价:皮特兰猪具有背膘薄、胴体瘦肉率极高的特点。但产仔数少、生长相对较缓慢、肉质欠佳、肌纤维较粗,且氟烷阳性基因频率很高,易发生 PSE 肉(水猪肉)。1991 年以后,比利时、德国和法国已培育出抗应激皮特兰新品系。

(五)汉普夏猪

(1)产地及分布:原产于美国肯塔基州,是世界上著名的瘦肉型猪种之一,广泛分布于世界各地。

(2)外貌特征:体形大,全身主要为黑色,肩部到前肢有一条白带环绕,故称"银带猪"。头中等大小,嘴较长而直,耳中等大小而直立,体躯较长,背腰呈弓形,后躯臀部肌肉发达。乳头 6 对以上。见图 2-6。

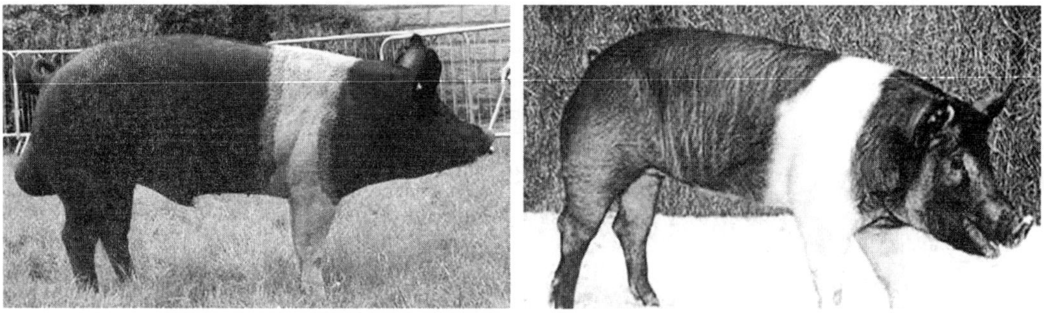

图 2-6　汉普夏猪

(3)生产性能:性成熟晚,母猪一般 6～7 月龄开始发情,繁殖性能不高,经产母猪产仔数 9～10 头,母性好。成年公猪体重 315～410 kg,成年母猪体重 250～340 kg。150 日龄左右体重达 100 kg,平均日增重 815 g 左右,饲料转化率 2.3 左右。91 kg 体重屠宰率 74.1%,胴体瘦肉率 65.3%。

(4)杂交利用:以汉普夏猪为父本与我国大多数培育品种和地方良种进行二元或三元杂交,效果良好,可明显提高杂种仔猪的初生重和商品肉猪的胴体瘦肉率。

(5)评价:汉普夏猪具有背膘薄、眼肌面积大、瘦肉率高、母性好、体质强健等优点,但繁殖力不高,生长性能一般,后代中出现肌肉颜色变浅的情况较其他猪种多见。

二、猪的杂交模式

(一)杂交和杂种优势的概念

(1)杂交:是指不同品种、品系或品群间的相互交配。

(2)杂种优势:这些品种、品系或品群间杂交所产生的杂种后代,往往在生活力、生长势和生产性能等方面,在一定程度上优于其亲本纯繁群体,即杂种后代性状的平均表型值超过杂交亲本性状的平均表型值,这种现象称为杂种优势。

(3)杂种优势的估算:在生产中,为了估算杂种优势程度的大小,常用杂种优势率作为衡量指标。估算杂种优势公式如下:

$$\text{杂种优势率}=\frac{\overline{F}_1-\overline{P}}{\overline{P}}\times 100\%$$

式中:$\overline{F}_1$ 为杂种一代性状的平均表型值,$\overline{P}$ 为双亲性状的平均表型值。

(二)杂交方式

1.两品种经济杂交

又叫二元杂交,是用两个不同品种的公、母猪进行一次杂交,其杂种一代全部用于育肥,生产商品肉猪(图 2-7)。这种方法简单易行,已在农村推广应用。只要购进父本品种即可杂交。缺点是没有利用繁殖性能的杂种优势,仅利用了生长育肥性能和胴体性能的杂种优势,因为杂种一代母猪被直接育肥,繁殖优势未能表现出来。

我国二元杂交主要以引入或我国培育品种作为父本与本地品种或培育品种作为母本进行杂交,杂交效果好,值得广泛推行。如以杜洛克猪为父本与三江白猪杂交，所得杂种日增重为629 g，饲料转化率为3.28，瘦肉率达62%。

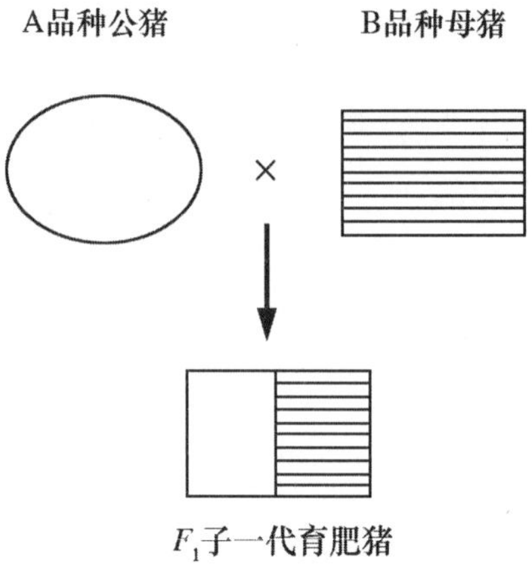

图2-7 二元杂交示意图

2. 三品种经济杂交

又称三元杂交，即先利用两个品种的猪杂交，从杂种一代中挑选优良母猪，再与第二父本品种杂交，二代所有杂种用于育肥生产商品肉猪(图2-8)。三元杂交所使用的猪种，母猪常用地方品种或培育品种，两个父本品种常用引入的优良瘦肉型品种。为了提高经济效益和增加市场竞争力，可把母本猪确定为引入的优良瘦肉型猪，也就是全部用引入优良猪种进行三元杂交，效果更好。目前，在国内从南方到北方的大多数规模化养猪场，普遍采用杜、长、大的三元杂交方式，获得的杂交猪具有良好的生产性能，尤其产肉性能突出，非常受市场欢迎。

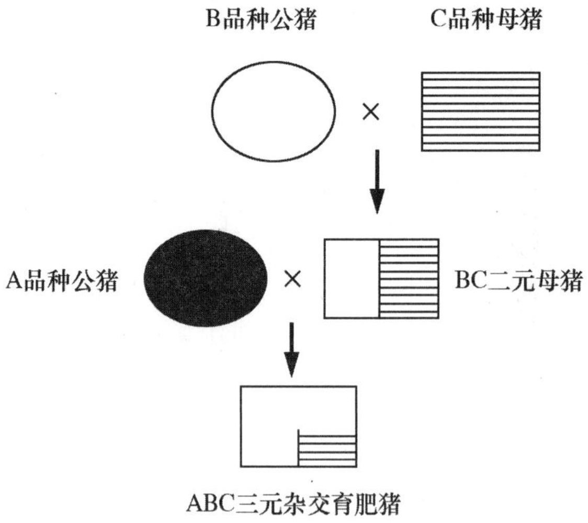

图2-8 三元杂交示意图

3. 轮回杂交

在杂交过程中，逐代选留优秀的杂种母猪作为母本，每代用组成亲本的各品种公猪轮流作为父本的杂交方式叫轮回杂交(图 2-9)。利用轮回杂交，可减少纯种公猪的饲养量，降低养猪成本，可利用各代杂种母猪的杂种优势来提高生产性能，因此不一定保留纯种母猪繁殖群，可不断保持各子代的杂种优势，获得持续而稳定的经济效益。常用的轮回杂交方法有两品种和三品种轮回杂交。

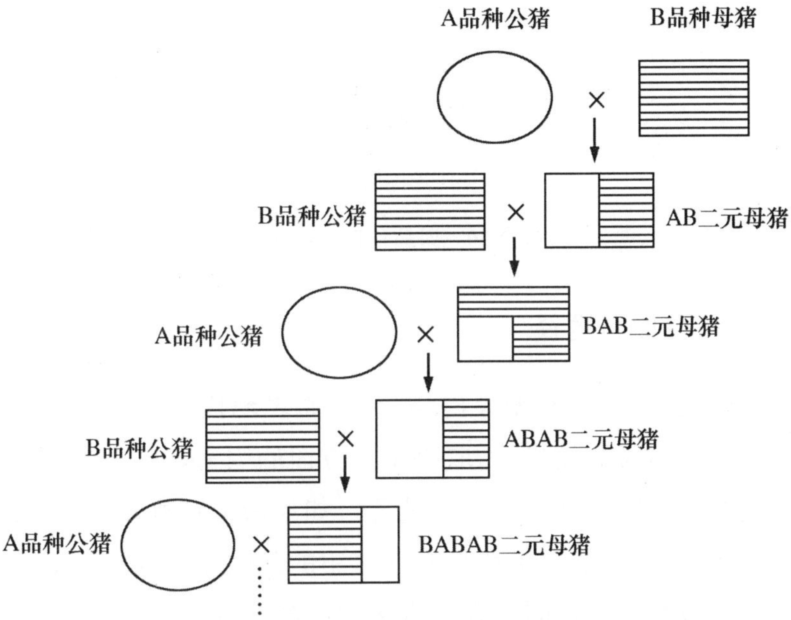

图 2-9　两品种轮回杂交示意图

4. 配套杂交

又叫四品种(品系)杂交，是采用四个品种或品系，先分别进行两两杂交，然后在杂交一代中分别选出优良的父、母本猪，再进行四品种杂交，称配套系杂交(图 2-10)。目前国外所推行的“杂优猪”，大多数是由四个专门化品系杂交而产生。如美国的“迪卡”配套系，英国的“PIC”配套系等。

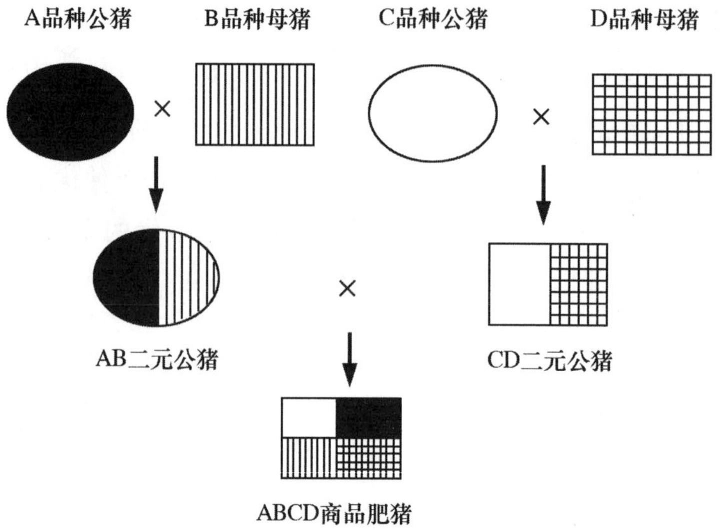

图 2-10　四品种杂交示意图

(三)提高杂种优势途径

杂种是否有优势,有多大优势,在哪些方面表现优势,杂交猪群中每个个体是否都能表现程度相同的优势等,取决于多方面的因素,其中最主要的因素是杂交用的亲本品种群性能及其相互配合情况。如果亲本猪群缺乏优良基因或纯度很差,或在主要性状上两亲本猪群具有起作用的基因显性与上位效应都很小,或两亲本在主要经济性状上基因频率没有多大差异或缺乏充分发挥杂种优势的良好饲养管理条件等,这样均不可能产生理想的杂种优势。

1.杂交亲本的选择

一般选择日增重大、瘦肉率高、生长快、饲料转化率高、繁殖性能较好的品种作为杂交第一父本,而第二父本或终端父本的选择应重点考虑生长速度和胴体品质。例如,第一父本常选择大白猪和长白猪,第二父本常选择杜洛克猪。母本常选择数量多、分布广、繁殖力强、泌乳力高、适应性强的地方品种、培育品种或引进繁殖性能高的品种。

2.杂交亲本的选育提高

常用本品种选育的方法进行选育提高。对我国的地方品种、培育品种和引进品种的一些遗传力高的性状,如胴体性状等,通过本品种选育,可以改进遗传结构,提高生产性能。

3.专门化品系与杂优猪

专门化品系是指按照育种目标进行分化选择具备某方面突出优点、配置在完整繁育体系内不同阶层的指定位置、承担专门任务的品系。分化选择一般分为父系和母系。在进行选择时把繁殖性状作为母系的主选性状，把生长、胴体性状作为父系主选性状。

专门化品系的选择方法有三种：①系祖建系法：是通过选定系祖，并以系祖为中心繁殖亲缘群，经过连续几代的繁育，形成与系祖有亲缘关系、性能与系祖相似的高产品系群。这种方法建立品系，关键是选好系祖，要求系祖不但具有优良的表现型，而且具有优良的基因型，并能将优良性状稳定地遗传给后代。系祖一般为公猪，因为公猪的后代数量多，可进行精选。②近交建系法：是利用高度近交使优良基因迅速纯合，形成性能优良的品系群。由于高度的近交会使性能衰退明显，需要付出很大代价，并且猪的近交系杂交效果不如鸡明显，因此，现代猪的育种已很少采用这种方法建系。③群体继代选育法：该法是选择多个血统的基础群，之后进行闭锁繁育，使猪群的优良性状迅速集中，并成为群体所共有的遗传性稳定的性状，培育出符合品系标准的种猪群。群体继代选育法使建系的速度加快，并且建成的品系规模较大，使优良性状在后代中集中，最终使其品质超过它的任何一个祖先，因此成为现代育种实践中常用的品系繁育方法。

杂优猪是由专门化品系配套繁育生产的系间杂种后裔，我国称为杂优猪，以区别于一般品种间杂交的杂种猪。杂优猪具有表现型一致化和高度稳定的杂种优势，适应“全进全出”生产方式。

三、公猪生殖系统解剖特点

俗话说，母猪好，好一窝；公猪好，好一坡。种公猪的好坏，对整个猪群影响很大：在本交的情况下，一头种公猪以每年配 40～60 头母猪，每头母猪每窝产仔 10 头、年产 2 窝计，共可繁殖仔猪 800～1 200 头；如果人工授精，一头种公猪每年可配 600～1 000 头母猪，共可繁殖仔猪 1.2 万～2.0 万头。我们知道，对仔猪的影响，父母双方各占 50%，那么母猪在所产后代中，只对本窝的二十几头仔猪起作用；而公猪则对几百头甚至上千头乃至上万头母猪的后代产生影响。公猪质量的优劣，不仅影响后代品质，而且还直接影响母猪的受胎率，最终影响到养猪生产的总体水平。因此，公猪在猪群中十分重要，必须养好。养好公猪的标准是：使其有强健的体质、充沛的精力和旺盛的性欲，有密度高、活力强、品质好的精子，具有良好的配种能力和不肥不瘦（七八成膘情）的种用体况。

公猪生殖器官构造主要包括：

1. 睾丸和附睾

猪睾丸较大，椭圆形，位于靠近肛门下方的阴囊内，长轴由前下方向后上方倾斜。睾丸间质形成发达的纵隔和小隔，因此睾丸小叶较明显。附睾发达，附睾头由 14～21 条睾丸输出管组成，附睾管较粗，附睾尾呈钝的圆锥体。

2. 阴囊

猪阴囊较大，位于肛门下方，与周围的界限不明显。因距离肛门很近，会阴部较小。小猪阴囊皮肤柔软而有毛，大猪粗糙且少毛或无毛。

3. 精索和输精管

精索呈扁圆锥形，较长。由睾丸斜向前，经腹股沟管进入腹腔。输精管随精索行走，开口于精阜，末段不形成壶腹。

4. 尿生殖道

尿生殖道骨盆部较长、尿道肌发达，呈半环状包住尿道骨盆部的腹侧和两侧，在背侧以腱组织相连。

5. 副性腺

很发达，去势公猪则显著萎缩。

（1）精囊腺：1 对，十分发达，呈锥体形，淡红色，为柔软的多叶腺。位于膀胱颈和尿道起始部的背侧。每侧腺体有一导管，开口于精阜。

（2）前列腺：分为体部和扩散部。体部位于膀胱颈与尿道移行处的背侧，较小，以许多排出管开口于精阜的外侧；扩散部很发达，位于尿生殖道骨盆部的尿道肌与黏膜之间的海绵层内，以许多导管开口于尿生殖道骨盆部管壁背侧的黏膜上。

（3）尿道球腺：1 对，发达，呈圆柱形，部分被球腺肌覆盖。位于尿生殖道骨盆部后 2/3 的两侧。每侧腺体有一导管，较粗，从腺的后端走出，开口于由半月形黏膜褶围成的盲囊处。

6. 阴茎和包皮

猪阴茎细而长，与反刍动物相似。阴茎根由一对阴茎脚和阴茎球构成。阴茎体呈圆柱形，后部形成“乙”状弯曲，位于阴囊和精索的前方。阴茎头扭曲成螺旋状，在勃起时特别明显。尿道外口为一狭缝，位于阴茎头的腹外侧面。

猪包皮形成较长的包皮腔，以环形褶分为较宽的前部和较狭的后部。在前部背侧有一盲囊，称包皮憩室，以宽 1～2 指的圆孔与包皮腔相通。包皮憩室呈椭圆形，囊内常积有腐败的余尿和脱落的上皮，有特殊腥臭味。包皮口狭，周围有硬毛。

二、公猪的生理特点

1. 交配时间长，体力消耗大

公猪的交配要经过一系列的反射动作才得以完成，而这些动作是按一定的先后次序出现的。大体上分为求偶与勃起反射、爬跨和抽动反射、射精反射，交配结束。一般公猪交配时间为 5～10 min，长的可达 20 min 以上，比其他家畜交配时间长得多。因此，公猪在交配时体力消耗较大。

2. 每次配种射精量大

猪的射精量很大，一般为 150～500 mL，高的可达 900 mL，大大高于其他家畜。公猪在射精的不同阶段，精液组成成分不相同。开始射精时射出的是缺乏精子的水样液体，其容量占射精量的 5%～20%。人工采精时，这部分常不收集。随之射出的是含有大量精子的精液，容量占射精量的 30%～50%。这是采精时应收集的部分。最后是含精子较少以胶状凝团为主的部分，这部分占射精量的 40%～60%。精液中精子的密度较小，每毫升精液中有 10 万～30 万个精子。

3. 精液中蛋白质的含量高

精液中水分占 97.0%，粗蛋白质占 1.2%～2.0%，脂肪占 0.20%，矿物质占 0.92%，其他为 1%左右，其中粗蛋白质占干物质的 60%以上，因此，特别要满足其对蛋白质的营养需要。

三、公猪的饲养管理

(一)公猪的饲养管理目标

饲养管理目标:成功培育种公猪,使其体格和肢蹄强健、维持适宜的膘情,体表卫生干净,性欲旺盛、精液品质良好和性情温顺,能完成配种和受孕任务。做好“营养—运动—配种”三个环节:配种是目的,营养是基础,运动是调节,精液检查是监督。目前种公猪存在问题:品种不纯,疾病较多,肢蹄不强健,繁殖性能较弱,使用寿命短。

(二)公猪的饲养技术

规模化养猪场的种公猪多采用集中配种,负担量也大。因此,必须加强营养。饲养种公猪要求有丰富、全价、平衡的营养配合。当蛋白质、维生素、矿物质等营养物质及能量得不到满足时,精液变稀,精子不成熟,畸形率增高,品质显著变差,严重影响母猪受胎率和公猪的使用年限。中等体况种公猪的日粮中,消化能应控制在24.28~26.40 MJ/kg。一些油饼类蛋白质饲料应占日粮的20%~24%,蛋白质水平应为14%~15%。种公猪日粮中最好不要用棉籽、菜籽饼粕。有条件时,最好在日粮中用5%~8%的动物性饲料,如用鱼粉等代替部分油饼类饲料,或加喂适量的羊奶、鸡蛋、毛蛋、鲜肉、河虾等。种公猪日粮的蛋白质水平不可过高,否则,可能导致种公猪因体格过大而提前淘汰,但应注意氨基酸的平衡,可添加一些必需氨基酸来做补充。维生素A、维生素D、维生素E对繁殖很重要,缺乏时,易致睾丸病变或精子形成遭到破坏;一般可通过饲喂品质较好的青绿饲料、优质干草粉,或在日粮中添加多种维生素添加剂予以满足。此外,在日粮中,食盐供给量应占0.25%~0.50%,骨粉和贝壳粉应各占1.0%,还应补给一些微量元素添加剂(表2-1)。同时注意霉菌毒素对种公猪的影响,采食发霉谷物可降低公猪的性欲,大量摄入玉米赤霉烯酮,导致性成熟晚、睾丸变小、精液质量下降,黄曲霉毒素对种公猪的精液性状和繁殖力有不利影响,会导致精子密度低,存活少,畸形精子比例增大。每头种公猪每天的精料饲喂量,非配种期和配种期一般可分别掌握在2 kg和3 kg左右,但重要的是看膘、看配种任务灵活定量。种公猪的日粮体积不可过大,否则易将种公猪喂成大肚子,造成配种困难，所以最好喂干粉料、颗粒料和干湿料，自由饮水或自动饮水器供水。

表 2-1　种公猪饲料配方参考表

饲料名称	成年公猪		青年公猪	
	配方 1	配方 2	配方 1	配方 2
玉米/%	61.0	56.5	58.0	51.0
豆粕/%	11.0	8.0	13.0	13.5
麦麸/%	13.0	17.5	14.5	17.0
米糠/%	5.6	6.6	4.6	6.6
草粉*/%	5.0	7.0	5.0	7.0
进口鱼粉/%	2.0	2.0	2.0	2.0
骨粉/%	1.0	1.0	1.5	1.5
碳酸钙/%	1.0	1.0	1.0	1.0
食盐/%	0.4	0.4	0.4	0.4
消化能/(MJ/kg)	12.26	12.28	12.11	12.28
粗蛋白质/%	14.83	14.56	15.89	15.88
钙/%	0.89	0.89	0.88	0.89
磷/%	0.69	0.64	0.77	0.76
赖氨酸/%	0.69	0.66	0.71	0.77

注：每 100 kg 配合饲料，另加复合维生素 20 g，微量元素 50 g。*指甘薯藤粉，或花生秧粉，或优质青干草粉，三种草粉混合物更好。

(三)公猪的管理技术

1. 单栏饲养

种公猪必须单栏饲养，否则与其他公猪合养易相互争咬，造成伤害。与母猪混养要么易性情温顺，失去雄威；要么过早爬跨，无序配种受胎。种公猪单栏饲养可避免相互爬跨干扰，以保持生活环境的安宁，杜绝自淫的恶习。

2. 适当运动

运动是增强种公猪体质、提高配种能力、保证精液品质的有效措施。种公猪在非配种期、配种准备期和后备公猪投产前，都要加强运动，一般上、下午各运动 1 次，每次 1～2 h，里程约 2 km。种公猪在配种期间，也要根据配种任务的轻重，进行适度的运动。运动时间安排：一般夏季高温时应在清晨和傍晚进行，冬、春寒冷季节宜在有日照时进行，遇雨、雪等恶劣天气应停止运动。对偏肥的后备公猪和非配种期种公猪，应适当增加运动量。若没有专用牧道运动，可建环形封闭运动场，进行驱赶运动。

3. 夏季降温

高温天气对种公猪的配种能力和精液品质影响很大，要特别注意公猪的热应激(表 2-2)。另据报道：当种公猪发烧时，肛门温度只要提高 1 ℃达 72 h，公猪精子的产生就会减少 70%以上，需 7～8 周的时间才能复原。发烧时，体温在 40 ℃ 以内，应停止配种 3 周，烧至 40 ℃以上时，治愈后需休息 1 个月才能配种。因此，在炎夏高温季节要特别注意给种公猪防暑降温。除了要经常对种公猪冲淋洗澡外，运动时间须避开毒日头，喂料时间要安排在清晨和傍晚气温相对较低时，同时需适当降低日粮的能量浓度，增喂青绿多汁饲料，尽量保持良好的食欲。

表 2-2　夏季高温对杜洛克种公猪精液品质的影响

温度/℃	平均采精量/mL	精子平均密度/(亿个/mL)	精子平均活力/%	精子平均畸形率/%
21.5	237.4	2.88	90	10.6
30.7	208.7	2.82	82	15.4
32.6	190.8	2.67	76	18.4
35.1	169.5	2.48	69	27.0

4. 刷拭、修蹄

平时要坚持对公猪进行刷拭、修蹄，经常用硬毛刷擦刷猪体，除了可防止皮肤病(体外寄生虫)外，更重要的是，通过擦刷皮肤，可增强皮肤的血液循环，促进新陈代谢。对种公猪应每天用硬毛刷擦刷猪体 1～2 次；同时，还要经常注意种公猪的蹄肢健康情况，给它修蹄护理。

5. 定期称重

种公猪应定期称重，了解其体重变化，以便根据体重的变化及时调整日粮水平和饲喂量。成年公猪应维持体重相对稳定，幼龄公猪的体重应逐渐增加。在生产上，一般通过观察膘情目测体重变化。

6. 经常检查精液品质

种公猪无论是本交还是人工授精，都要定期检查精液品质，特别在配种准备期和配种期，最好每 10 d 检查 1 次。应根据精液品质的变化，及时调整营养、运动。要特别注意高温季节精液品质的动态变化，适当增加检查次数，以便及时调整饲养管理。

7. 杜绝自淫恶癖

杜绝种公猪自淫恶癖的主要方法包括单栏饲养，公母猪舍尽量远离，配种点要与猪舍隔开。

8. 建立正常管理制度

对种公猪的饲养管理，最基本的是要做好吃、睡、便三定位工作。要从每天的饲喂次数、每次喂量、喂料时间和运动、保健、利用频率等着手，根据不同季节，制订科学的饲养管理操作规程，建立良好的生活制度，主张人、猪“亲和”，严禁以粗暴的态度对待公猪，以防造成恶癖。调教公猪养成良好的习惯。平时要管理好公猪，防止自淫，关好圈门，经常检查，杜绝偷配和公猪咬架等现象发生。

四、公猪的合理利用

(一)初配年龄及体重

后备公猪过早、过晚开始配种或调教采精均有不利影响。配种过早会影响小公猪的自身发育，缩短利用年限，而且受胎率降低，初生仔猪瘦弱，成活率低；初配过晚会使公猪烦躁不安，影响食欲，不利于正常生长发育，甚至造成自淫等恶癖。公猪一般在8～10月龄、体重达到100 kg左右开始配种为好。地方小型早熟品种应在7～8月龄、体重达60～70 kg时初配；大中型晚熟或培育品种应在10～12月龄、体重90～120 kg时初配(表2-3)。开始配种或调教采精时的体重占成年体重的60%～70%较适宜。

表2-3　公猪适配指标

指标	目标
月龄	大于7月龄
体重	大于110 kg
精子活力	大于0.8
精子密度	中度或以上

(二)利用强度

(1)两岁以上的成年公猪:本交时可 1 d 配种 1 次,必要时可 1 d 配种 2 次。如 1 d 配种 1 次应在早饲后 1～2 h 进行;如 1 d 配种 2 次应在早晚各 1 次。为了使精子有充分成熟的时间,两次交配时间要间隔 11～12 h,但每周应休息 1 d;人工授精时,每 3 d 采精 1 次,必要时可每 2 d 采精 1 次。

(2)青年公猪:本交时可 1～2 d 配种 1 次,必要时可 1 d 配 1 次,但每周应休息 1 d;人工授精时,每 4 d 采精 1 次,必要时可每 3 d 采精 1 次。本交时,公猪每次交配有数次射精过程。当公猪几个交配动作后,趴在母猪身上不动,肛门开始有节奏地收缩为 1 次射精,稍过一会儿再次射精,经数次重复后才会自然结束交配。为了减少公猪体能消耗和增加配种次数,本交时以控制公猪射精 2 次即可。如果使用不合理,不但易使公猪精液稀薄或无精子,导致母猪受胎率降低,而且易使公猪未老先衰,降低使用年限。

(三)利用年限与公母比例

种公猪的最佳使用年限为 2～3 年。及时淘汰不合格的公猪,对老年公猪要及时淘汰。合理确定公母猪比例和种公猪的年龄结构,确定公母猪的合理比例,可防止公猪过多或过少,从而保证配种的正常进行。正常情况下,种猪群中公母比例应以 1∶(20～25)为宜,种公猪的年淘汰率为 30%～40%。有条件的专业户和规模化猪场,可对公猪做精液品质检查,对不育或繁殖力低的个体及时淘汰。

五、采精相关知识

(一)公猪的调教

对于初次用假母猪采精的公猪必须进行调教。调教要有耐心,反复训练,切勿操之过急,严禁强迫、抽打、恐吓等。实践证明,调教公猪时,尽量让公猪熟悉采精人员,保持环境安静,第一次采精成功后,可以给公猪饲喂鸡蛋奖励,并且至少连续 3 d 对其采精,以强化意识,形成条件反射。调教的方法有:

(1)将后备公猪赶至采精栏旁边的栏位饲喂管理,让其平常多观摩其他成年公猪采精,激发性欲。

(2)后备公猪采精前，需要提前将采精栏地面冲洗干净并保持干燥，保证采精栏无其他吸引公猪的杂物。

(3)在假母猪台上涂抹发情母猪的尿液、阴道分泌物等。

(4)赶后备公猪进入采精栏，调教人员发出声音吸引公猪专注假母猪台，刺激公猪爬架。

(5)调教公猪很难一次性成功，当公猪失去兴趣时就需要将公猪赶回栏位，下次再进行重复调教。

(6)调教频率：每周 4～5 次，每次 15～20 min。

(7)如果公猪一直不爬假母猪台，可以将发情母猪赶入采精栏，引诱刺激公猪，待公猪爬上母猪兴奋时，调教人员再将公猪抬到假母猪台，完成采精过程，以后几天再训练公猪自主爬假母猪台。

调教公猪时应特别重视第一次采精，第一次采精要完全并确保公猪不受任何形式的伤害或不良刺激，如果调教公猪 0.5 h 都不成功，应将其友善地赶走，等待合适的时候或多停留在采精台附近使之熟悉后再试。

(二)精液的采集

1. 采精前的准备

(1)操作技术人员。在猪场内选择和培养一位或多位承担人工授精技术工作的人员。该人员需要操作精确、耐心、自信、仔细且热情，具有钻研的精神，必须熟练地掌握怎样清洁、消毒人工授精技术设备、器械，知道怎样调教公猪和采集、处理、储存精液，能精确地对母猪进行发情鉴定、适时配种等。

(2)采精室。采精一般应在采精室内规范进行，当将公猪赶至采精室内即可引起公猪的性兴奋。设计时应保证采精室宽敞、安静、清洁。安设的假母猪台要稳定，最好固定在采精室的中间，为防止个别公猪对人的伤害，应在采精室两边设置保护栏。

(3)假母猪台的准备。公猪采精用的假母猪台，生产中我们也称为假母猪或畜台。假母猪台有多种设计，根据实际情况可设计为单端式、高低可调节的活动式等，最简单的做法是做成一条长凳(采精台)即可，且不一定覆盖猪皮，也不必追求猪的形状，长可以为 1～1.3 m，高 50～65 cm，背宽 20～25 cm，为便于调教公猪，假母猪台还可以短些、矮些、轻巧些，制作中多用钢架加木材板子，上面用粗厚的帆布或麻袋覆盖。

（4）人工授精实验室及相关采精设备、设施的准备。应建立猪场内部的“人工授精实验室”。实际建设中，实验室应尽可能地位于采精室附近，可能的话，应直接同采精室相连以便于快速地处理精液，用一窗口来连接人工授精实验室和采精室有助于增强防疫。人工授精实验室应充分考虑卫生和防疫的要求，房间的地面要易于清洗，墙面可擦洗，布置可清洗的工作台、污水池和晾干架等。水电齐备，室温可调，有冷热水源为佳。实验室的布置要视具体的操作规程而定。采用小房间易于保持清洁和调节室温。根据操作分为三部分，即湿区（准备稀释液、清洗设备、稀释精液）、干区（检查精液）、分装区（分装精液、保存精液等）。人工授精采精用的设备主要包括：采精瓶（各种不同的容器均可，但最好有保温隔热的效果，要能被消毒，便于清洗）；漏斗；消毒外科用纱布；一次性乳胶手套（注意无毒）；显微镜（放大倍数可为100、400、1 000倍，最好配备有2个目镜，载物台可加热；载玻片；滴管；温度计；各种容量的烧杯、量筒和瓶子（玻璃或塑料的均可，用于准备稀释液、稀释精液以及对精液进行分装等）；输精瓶和管嘴；精液保存设施（聚乙烯或聚苯乙烯泡沫保藏箱、冷热水袋等，用于精液的短时间存放；恒温控制柜或保温箱）；消毒设施（消毒盘或电热网、电热输精导管消毒器械、高压消毒锅等）；输精导管；蒸馏水或反渗透水；干燥柜（干燥和存放所有采精和检测设备）。条件好的场还应配备：水软化器、比色计或分光光度计、水浴恒温箱、加热器/磁力搅拌器等。

2. 采精方法

手握法采取公猪精液是目前广泛使用的一种方法，其操作简单、准确、高效。操作过程为采精员戴上消毒手套，立于假母猪台一侧，先用0.1%的高锰酸钾溶液将公猪包皮附近洗净消毒，待公猪爬上假母猪台后，用手揉搓公猪阴茎诱引伸出，并导入空拳的掌心内，让其转动片刻，用手指由轻至紧带着节奏握住螺旋状阴茎龟头部不让其转动。待阴茎充分勃起时，顺势牵伸向前（不要强牵），同时手指有弹性、有节奏地调节压力，结果就会引起公猪射精。射精时停止弹性调节，将手指稍微张开，露出龟头部，让精液射至另一手持的带过滤纱布和保温的集精瓶内。公猪第一次射精停止后，按原姿势不动，又恢复弹性调节挤压即可第二或第三、第四次射精，直至射精全部完结为止。

采精注意事项：

①后备公猪每周采精 1 次，生产公猪采精 2 次，必要时不得超过 3 次，严禁频繁采精。

②采精前先将公猪尿囊中的尿液挤去，然后洗净并消毒公猪的包皮部，如阴毛太长，还须剪短。

③采精过程中，工作人员态度要温和，切忌粗暴，操作要规范，小心损伤公猪的阴茎。

④采精过程中前后的稀精及其间的胶体部分应弃去。

⑤若发现采得的精液品质不好，在保证正常饲养条件下，对该公猪每隔半个月检查一次精液，一个月后再决定去留。

⑥做好采精记录，认真分析和总结精液品质等情况。

分析计划

为了完成这次任务，同学们已经进行了一系列知识的学习和技能的训练，以及信息资讯的收集，接下来需要认真分析，并做出写作计划（流程图）。鱼骨图，指的是一种发现问题"根本原因"的分析方法，可以划分为问题型、原因型及对策型鱼骨图等几类。完成这次任务是因果型分析，一级分析的分类是基于"人、料、机、法、环"，如图 2-11 所示。

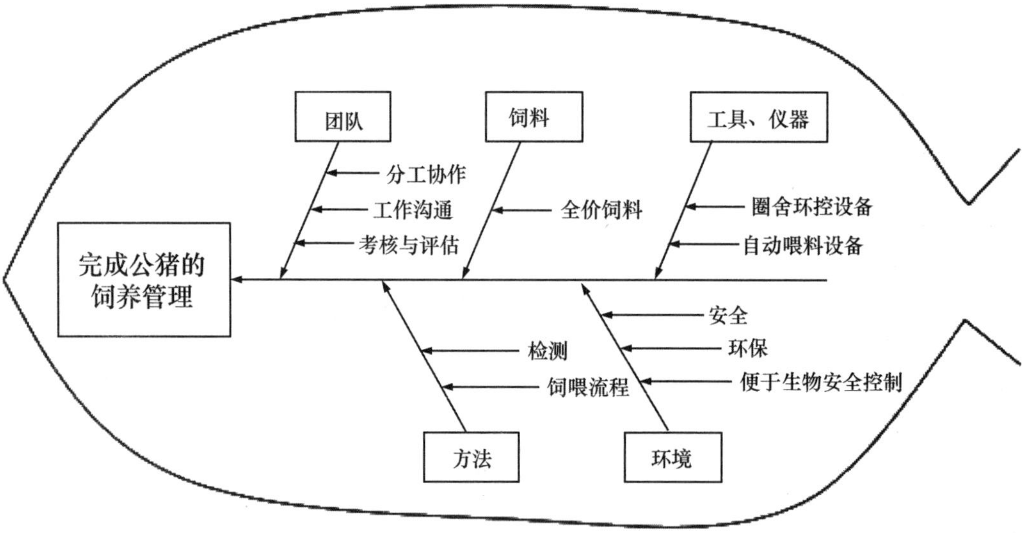

图 2-11　公猪饲养管理鱼骨图

一、任务要求

饲养公猪的目的是使公猪具有良好品质的精液和配种能力，完成采精配种任务。公猪对猪群质量影响很大，把公猪养好，猪群的质量和数量就有了保证。养公猪要领：配种是目的，营养是基础，运动是调节，精液检查是监督。

任务分解(表 2-4)：

表 2-4　任务分解

任务序号	任务内容
任务一	圈舍的清洗、消毒、设备检查
任务二	公猪的饲喂程序
任务三	公猪的采精方法、过程
任务四	公猪舍环境控制
任务五	淘汰公猪标准

二、组织

日常做好如下几项工作：

(1)记录温度，检查舍内设备的运行状况。

(2)打扫舍内卫生。

(3)健康检查。

(4)采精。

(5)午餐、午休。

(6)记录温度，检查舍内设备的运行状况。

(7)打扫舍内卫生。

(8)采精或调教后备公猪。

(9)上料，检查舍内设备，同时清洗工作用具和工作鞋。

三、材料

饲料、药品、疫苗、消毒剂、干净的纸巾、生理盐水、赶猪板、一次性采精手套、集精杯、生鸡蛋等。

四、工具

风机、水帘、温控系统、照明系统、假母猪台等。

五、方法

依据在信息收集中学习到的技能，制定合理的操作流程、免疫程序、保健程序。

六、分析计划，制定操作流程图

使用图形表示算法的思路是一种极好的方法，因为千言万语不如一张图。流程图是流经一个系统的信息流、观点流或部件流的图形代表。在企业中，流程图主要用来说明某一过程。这种过程既可以是生产线上的工艺流程，也可以是完成一项任务必需的管理过程。流程图使用一些标准符号代表某些类型的动作，如决策用菱形框表示，具体活动用方框表示。但比这些符号规定更重要的，是必须清楚地描述工作过程的顺序。流程图也可用于设计改进工作过程，具体做法是先画出事情应该怎么做，再将其与实际情况进行比较(图 2-12)。

流程	责任单位	相关记录
公猪采精	饲养员	采精记录
⇩		
公猪饲喂	饲养员	
⇩		
健康检查	饲养员	
⇩		公猪调教记录
公猪调教	饲养员	
⇩		
公猪护理	饲养员	
⇩		⇩
环境卫生	饲养员	

图 2-12　公猪饲养——日常操作流程图

任务实施

任务实施的要求

(1)任务实施前。再次核查人员分工,工具是否到位;再次确认操作流程和操作方法,熟悉操作要领;再次提醒操作安全。

(2)任务实施中。操作中,严格按照操作流程,遵守操作规定;按照要求填写检测报告并且详细记录;任务实施最大的挑战是操作规范,故操作时要“遵循标准”,填写检验报告单。

(3)任务实施后。每次操作结束后,严格按照5S管理制度进行结尾工作。

任务一　圈舍的清洗、消毒、设备检查

一、圈舍的管理

公猪舍进猪前需要对栏舍进行彻底清洗、消毒、干燥,减少病原微生物的残留,在栏舍消毒前,应该先将电源设备用防水薄膜包裹住,特别是插座、开关等外露设备(图2-13),以免进水漏电发生安全事故,根据栏舍的“清理-清洗-消毒-空置”程序清洗消毒栏舍,以保证足够的空栏干燥时间。对料槽、栏杆的缝隙处等不好冲洗的地方,可以使用钢丝球蘸洗衣粉水进行清洁。清洗完成后需要仔细检查栏舍的清洗消毒是否达标,不达标的重新清洗消毒,消毒完成后需要检查栋舍的设备:风机、水帘、温控系统、照明系统等,如有损坏需要及时维修。

图 2-13　设备洗消

公猪进舍后需要每天清扫猪舍地板上的饲料残屑、猪粪并保持干净卫生，每星期清洗消毒猪舍及猪只，每 2 d 更换进猪舍前消毒盆的水，保持猪舍周围没有垃圾并定期除草。

二、带猪消毒和公猪的体外驱虫

每星期定期冲洗猪舍并喷消毒药，中午冲洗干净，在下班前消毒，定期喷消毒药和外部寄生虫药，特别是除螨虫药。喷消毒药时，减少风扇使用数量或全部关闭，喷药时间控制在 10～15 min 内，然后立即开风扇使空气流通，喷雾 Taktic（体外驱虫药），比例 1∶250，1 L/头（仅喷在身体上）（图 2-14）。

图 2-14　带猪消毒

任务二　公猪的饲喂程序

每天上午和下午分别饲喂公猪一次(表 2-5、表 2-6),需要限饲,从而保证公猪的性欲,如果公猪饲喂过多,公猪的体型会迅速变大而具有攻击性。而在采精后,需要增加饲喂 1～2 枚生鸡蛋,补充蛋白质和使公猪形成良好的采精反射,在饲喂过程中,及时发现病猪并治疗。

表 2-5　公猪饲喂参考方案

体重	饲喂方式	每天饲喂量/kg	目标
20～50 kg	自由采食	1.5～2.0 kg	注重骨骼发育
50～120 kg	日喂两餐	2.0～2.5	控制膘情兼顾生长
120 kg～初配	日喂两餐(限饲)	2.5～3	控制膘情,保持体型
成年公猪	日喂两餐(限饲)	2.5～3	控制膘情,保持性欲

表 2-6　公猪的饮水

项目	指标	要求
饮水要求	每分钟水流量/L	2.0～2.5
	每天饮水量/L	15～20
	每千克饲料消耗水量/L	5～7
	饮水器高度/cm	65～75
	饮水器类型	鸭嘴式饮水器

任务三　公猪的采精方法、过程

采精是人工授精过程中的第一步,在把精液输到母猪生殖道以前需要在人工环境下从公猪体内采集精液(图 2-15)。

因为精子极易受伤,所以我们必须以非常严格的方法来采精和贮存精液,确保所采集的精液没有被污染、活力强。

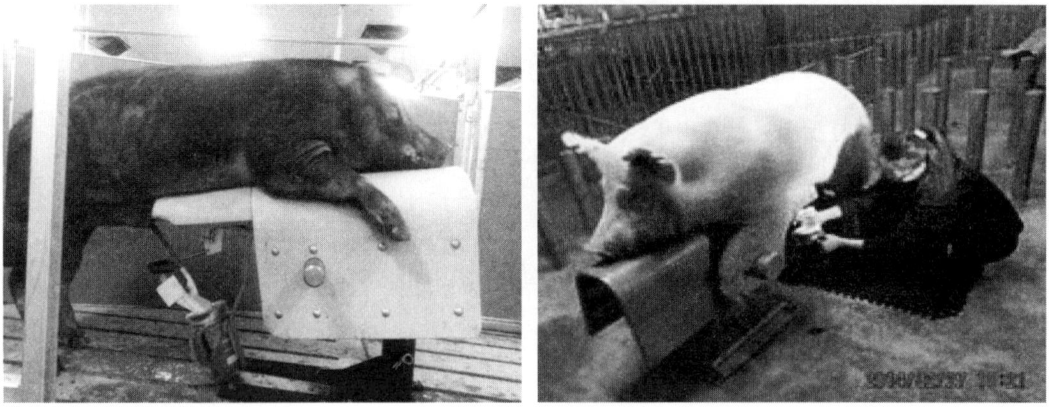

图 2-15　公猪采精

一、采精前准备

(一)工具的准备

干净的纸巾、剪刀、生理盐水、赶猪板、一次性采精手套(图 2-16)。

(二)集精杯准备

集精杯要求事先预热、有过滤纸,且洁净无污染(具体见精液稀释采精前准备)。

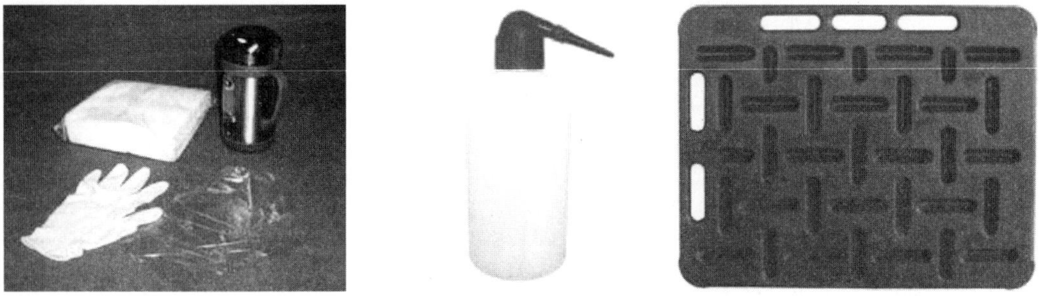

图 2-16　采精前准备

(三)采精栏准备

(1)采精前对采精栏进行卫生清洁。

(2)检查假母猪台是否稳当,认真擦拭假母猪台台面及后躯下部。

(3)根据公猪大小调整假母猪台高度。

(4)确保橡胶防滑垫放在假母猪台后方,以保证公猪爬跨假母猪台时,站立舒适。

(四)公猪准备

(1)打开采精栏门,设置通道。

(2)核对公猪耳号,打开公猪栏门,将公猪赶进采精栏,然后进行公猪体表的清洁,刷拭掉公猪体表尤其是下腹及侧腹的灰尘和污物。

(3)清理包皮积液,并用纸巾擦干净包皮部,避免采精时残液滴或流入精液中导致精液污染。

(4)剪掉阴鞘上的长毛,以防黏附污物。

(5)测量公猪体温,发烧的公猪精液不能使用。

二、精液采集

(一)精液采集流程(图 2-17)

(1)戴上 2～3 层手套。

(2)清理包皮积尿,再次擦拭包皮。

(3)诱导公猪爬假母猪台,当公猪爬跨假母猪台时,辅助公猪保持正确的姿势,避免侧向爬,或阴茎压在假母猪台上。

(4)让公猪尝试几次伸缩,使阴茎变长并出现勃起。

(5)脱掉外层手套。

(6)握住阴茎的螺旋部分,阴茎头不应该在手外,应刚好到手的边缘。

(7)用生理盐水冲洗阴茎。

(8)用纸巾擦拭阴茎,并在手上方用纸巾缠绕阴茎,防止尿液等顺阴茎流下污染精液。

(9)弃去前部的胶体和精清,收集中间富含精子的精液。

(10)当公猪阴茎软缩,试图爬下假母猪台,慢慢松开公猪的龟头。

(11)去掉滤纸,将精液袋束口放于杯沿上,盖上杯盖。

(12)看着公猪安全爬下假母猪台,对于完成采精又不愿意下来的公猪,应赶下假母猪台。

(13)脱下所有手套放入垃圾桶。

(14)迅速将集精杯送入实验室。

(15)将公猪赶回公猪栏。

(16)奖励公猪 100 g 饲料或者奖励一个生鸡蛋。

(17)清理采精栏。

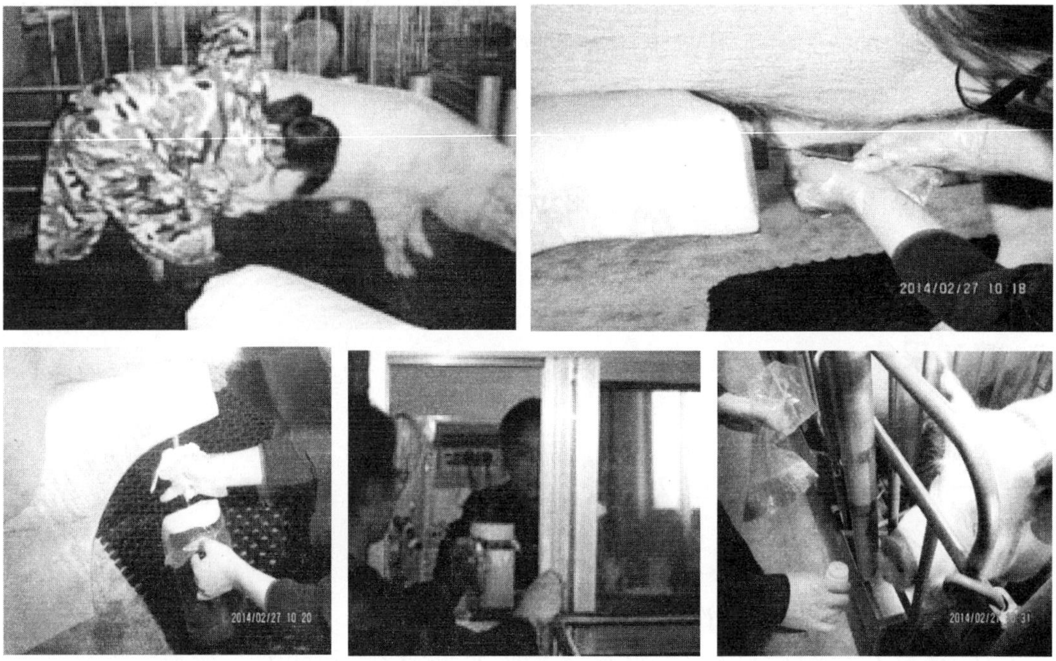

图 2-17　采精过程

(二)注意事项

(1)赶公猪忌粗暴,以免公猪对人产生敌意,具有攻击性。

(2)采精过程始保持警惕,防止公猪攻击。

(3)采精时不要用力挤压或拉拽阴茎,防止阴茎受伤。

(4)不要急躁,在采精完成之前不要松手,保证公猪射精过程完整,不完整的射精会导致公猪生殖疾病而过早被淘汰。

(5)在采精过程不要制造突如其来的噪声,避免引起公猪应激。

(6)避免将无精子的前部精液采集到集精杯中。

(7)整个采精过程要严格注意卫生,防止精液污染。

(8)采精完成后人员及时撤离采精栏。

(9)采精完成后不要让精液接触阳光、其他猪、高温、低温、自来水以及其他能杀死或减弱精子活力的物质。

(10)放好集精杯后,迅速移走公猪。

任务四　公猪舍环境控制

一、温度

公猪的最适温区为18～20 ℃,30 ℃以上就会对公猪产生热应激,公猪遭受热应激后精液品质会降低,并在4～6周后降低繁殖配种性能,主要表现为配种母猪返情率高和产仔数少,因此,在夏天对公猪进行有效的防暑降温,将栏舍温度控制在28 ℃以内是十分重要的。

二、湿度

公猪舍内适宜湿度为60%～70%,夏、秋季节通过风扇、水帘,冬、春季节通过风扇、暖气调节舍内湿度。

三、通风

通风换气是猪舍内环境控制的一个重要手段。其目的是在气温高的情况下,通过空气流动让猪感到舒适,以缓和高温对猪的不良影响;在气温低、猪舍密闭的情况下,引入舍外新鲜空气,排出舍内污浊空气,以改善舍内空气环境质量,达到如下标准:CO_2＜0.3%,NH_3＜10 mg/kg,H_2S＜10 mg/kg。

四、光照

在公猪管理中,光照最容易被忽视,光照时间太长和太短都会降低公猪的繁殖配种性能,适宜的光照时间为每天10 h左右,将公猪饲喂于采光良好的栏舍即可满足其对光照的需要。如果猪舍昏暗,则需要增加人工光照时间和强度。

任务五　淘汰公猪标准

一般猪场公猪每2年更新100%,只有个别优异的公猪会一直使用,只在其精液品质出现明显下降才进行淘汰。公猪淘汰的原因如表2-7所示。

表2-7　公猪淘汰标准

项目	淘汰原因
年限	核心群:配种超过80胎或使用年限超过1.5年的成年公猪
	商品群:使用年限超过2年以上
	超过10月龄仍不能配种的后备公猪
精液品质	长期检验不合格的
性欲	性欲低,无法参与配种经治疗无效的
健康	先天性生殖器官疾病
	肢蹄出现疾病或损伤,影响采精,治疗无效的
	感染严重传染病
	普通疾病治疗无效,长期不能参与采精
性情	不能爬假母猪台和母猪,调教不成功
	性情暴躁,伤人,经常自淫等
其他	不符合品种特征,不合格的公猪
	后代出现变异,畸形率高

评估汇报

(1)根据各数据分析,整理猪群生产成绩报告,对照要求,验收健康猪群。

(2)针对工作过程,依据岗位能力,评价师生。

针对生产过程的五个环节进行评价;

针对生产过程的五个元素进行评价;

依据四个岗位能力进行多元质性评价;

填写教学评估表或在教学系统输入。

岗位课程教学评估表,岗位课程评估指标,参考以下表格(表2-8、表2-9)。

表 2-8 课程教学评估表

<table>
<tr><td colspan="12">班级名称： 月 周：</td></tr>
<tr><td rowspan="3">序号</td><td rowspan="3">学生姓名</td><td rowspan="3">星期</td><td rowspan="3">教师姓名</td><td rowspan="3">课程内容</td><td colspan="6">评分项</td><td rowspan="3">小计</td></tr>
<tr><td rowspan="2">工作页</td><td rowspan="2">视频微课</td><td colspan="2">专业能力</td><td colspan="2">个人能力</td></tr>
<tr><td>理论知识</td><td>实践技能</td><td>社会能力</td><td>独立能力</td></tr>
<tr><td rowspan="9"></td><td rowspan="9"></td><td rowspan="3">1</td><td></td><td></td><td></td><td></td><td></td><td></td><td></td><td></td><td rowspan="3"></td></tr>
<tr><td></td><td></td><td></td><td></td><td></td><td></td><td></td><td></td></tr>
<tr><td></td><td></td><td></td><td></td><td></td><td></td><td></td><td></td></tr>
<tr><td rowspan="3">2</td><td></td><td></td><td></td><td></td><td></td><td></td><td></td><td></td><td rowspan="3"></td></tr>
<tr><td></td><td></td><td></td><td></td><td></td><td></td><td></td><td></td></tr>
<tr><td></td><td></td><td></td><td></td><td></td><td></td><td></td><td></td></tr>
<tr><td rowspan="3">3</td><td></td><td></td><td></td><td></td><td></td><td></td><td></td><td></td><td rowspan="3"></td></tr>
<tr><td></td><td></td><td></td><td></td><td></td><td></td><td></td><td></td></tr>
<tr><td></td><td></td><td></td><td></td><td></td><td></td><td></td><td></td></tr>
</table>

续表 2-8

		4									
		5									
		1									
		2									
		3									
		4									
		5									
		1									
		2									

续表 2-8

		3									
		4									
		5									
		1									
		2									
		3									
		4									
		5									
		1									
		2									

续表 2-8

		3								
		4								
		5								
		1								
		2								
		3								
		4								
		5								

表 2-9　岗位课程评估指标

			理论知识	实操技能	社会能力	独立能力
1.情境描述	1.1	任务的情境完整性				
	1.2	客户解决的问题清晰程度				
2.信息收集	2.1	任务相关的文件资料是否齐全				
	2.2	能否理解任务所需的指标和技术资料				
	2.3	技能点观察动手				
	2.4	课外微课学习质量				
3.分析计划	3.1	是否给出了功能、作用及目的				
	3.2	是否制定了操作流程				
	3.3	是否考虑到经济和环保方面的问题				
	3.4	方案是否注意到安全				
	3.5	是否小组充分沟通、讨论决策				
	3.6	是否有多计划(方案)供选择				
4.任务实施	4.1	该课工作页得分(小计)				
	4.2	小组学习合作能力得分				
	4.3	个人反思、创造力得分				
	4.4	个人学习积极主动性(态度)得分				
5.检验评估	5.1	检验的分工协作				
	5.2	展示安排				
	5.3	需求满足和完善的报告				

策划编辑：张 蕊 张 玉
责任编辑：张 玉
封面设计：ZTSA 中通世奥图文设计

高等职业教育“十四五”规划教材
河南省高水平专业群建设教材

智能化养猪

后备母猪饲养员岗位

公猪饲养员岗位

化验室岗位

配怀舍饲养员岗位

产房饲养员岗位

育肥猪饲养员岗位

ISBN 978-7-5655-2988-7

9 787565 529887 >

定价：65.00 元

高等职业教育“十四五”规划教材
河南省高水平专业群建设教材

智能化养猪

孔媛媛　王　飞◎主编

化验室岗位

中国農業大學出版社
China Agricultural University Press

高等职业教育“十四五”规划教材

河南省高水平专业群建设教材

智能化养猪

（化验室岗位）

孔媛媛　王　飞　主编

中国农业大学出版社
·北京·

内容简介

本书根据现代化养猪场实际工作岗位分为6个分册，即后备母猪饲养员岗位、公猪饲养员岗位、化验室岗位、配怀舍饲养员岗位、产房饲养员岗位、育肥猪饲养员岗位，每个分册均包括情景描述、信息收集、分析计划、任务实施、评估汇报5个过程。本书6个分册均单独装订，方便学生按生产岗位使用。

本书可作为高等农业职业院校智能化养殖专业、畜牧兽医专业教材，也可作为养殖场一线技术人员技能培训教材和从事相关技术工作的参考书。

图书在版编目(CIP)数据

智能化养猪 / 孔嫄嫄，王飞主编. --北京：中国农业大学出版社，2023.6
ISBN 978-7-5655-2988-7

Ⅰ.①智… Ⅱ.①孔…②王… Ⅲ.①智能技术-应用-养猪学 Ⅳ.①S828-39

中国国家版本馆CIP数据核字(2023)第099453号

书　　名 智能化养猪(化验室岗位)
ZHINENGHUA YANGZHU
作　　者 孔嫄嫄　王　飞　主编

策划编辑 张　蕊　张　玉　　**责任编辑** 张　玉
封面设计 中通世奥图文设计中心
出版发行 中国农业大学出版社
社　　址 北京市海淀区圆明园西路2号　　**邮政编码** 100193
电　　话 发行部 010-62733489,1190　　编辑部 010-62732617,2618
出版部 010-62733440　　读者服务部 010-62732336
网　　址 http://www.caupress.cn　　**E-mail** cbsszs@cau.edu.cn
经　　销 新华书店
印　　刷 北京中兴印刷有限公司
版　　次 2023年8月第1版　2023年8月第1次印刷
规　　格 185 mm×260 mm　16开本　2.75印张　45千字
定　　价 65.00元

编审人员

主　　编	孔嫄嫄	南阳农业职业学院
	王　飞	南阳农业职业学院
副主编	郝振芳	河南农业职业学院
	孙攀峰	河南农业职业学院
	李　嘉	周口职业技术学院
	王　安	周口职业技术学院
	路清霞	南阳市动物卫生监督所
	李万太	方城县农业农村局畜牧服务中心
	姚巧珍	内乡县动物疫病预防控制中心
	陈高英	南阳市动物卫生监督所
参编人员	张　扬	南阳农业职业学院
	王艳丰	河南农业职业学院
	孔雪旺	河南农业职业学院
	孙留霞	周口职业技术学院
	刘秀玲	商丘职业技术学院
	付赛赛	商丘职业技术学院
	刘　源	牧原食品股份有限公司
审　　稿	李生涛	南阳农业职业学院
	王国强	南阳农业职业学院
	杨瑞华	牧原食品股份有限公司

前　言

党的二十大报告指出，“全面推进乡村振兴”“强化农业科技和装备支撑”。现代畜牧业的发展离不开科技的助力和人才的支撑。畜禽智能化养殖专业是随着大型养殖企业向着智能化、自动化养殖方向发展而在高等职业院校新设立的一个专业。本专业面向畜牧机械检修维护、养殖场环境控制与污物治理、养殖场与饲料厂自动化控制等岗位，培养掌握畜牧工程技术专业知识和技术技能，能够从事畜牧环境检测、畜禽养殖与饲料加工设备检修维护及自动化控制等工作的高素质人才。智能化养猪技术是畜禽智能化养殖专业的核心课，课程知识目标包括：掌握养猪业形势，熟悉猪的行为与特性，猪品种选择与利用，后备母猪选择与培育，公猪饲养与人工授精，配种舍、妊娠舍、分娩舍、生长育肥舍猪群智能化管理。能力目标包括：具备独立进行不同阶段生产猪群饲养管理的能力，具有熟练操作智能养猪设备的能力，并具有适应市场的应变能力和从事现代化猪场经营管理的发展潜能。

本套手册式教材在形式上更加新颖，在内容上更加强调精炼简洁，降低了学生的理论学习难度。与此同时，又可以让学生的职业操作能力得到充分的锻炼以适应岗位的需求。本套手册式教材适用于在智能化养猪场教学或实习的人员使用，模拟现场环境，以解决实际问题、完成真实任务为学习载体，在工作中学习、在学习中工作，在企业实际的生产功能上叠加教学功能，构建能教学、能训练、能生产的“道场”（学习岗）、“靶场”（训练岗）、“战场”（实战岗）。本书也适用于课堂教学，模拟实际工作中的思维过程，每部分包括情景描述、信息收集、分析计划、任务实施、评估汇报 5 个过程，打破传统的课程知识结构，按岗位需要的知识、技能引导学生自主学习。

本书由相关高职院校与南阳部分市（县）畜牧兽医机构、养殖场专业技术人员联合编写，由于编者水平有限，书中难免有不妥之处，恳请广大读者朋友及同行指出，以便修改。

本书资源码

编　者

2023 年 5 月

目　　录

情境描述

小刘是实验室工作人员，负责采精后精液的处理。一天早上，从公猪舍送过来一份刚采集的精液。要求配制成每毫升含 40 亿个精子，精子活力≥80%、正常精子≥70%、凝胶比例<30%的稀释精液。

为完成这项任务，我们需要进行更多的信息收集，学习 3 项理论知识：①精液的生理特性及活力影响因素；②猪精液品质检查及产品标准知识；③冷冻精液生产技术规程。学习 2 项实操技能：①精液的显微镜检查，②精液的分装。

本分册书中彩图

信息收集

为了专业地完成这次任务，同学们要提前进行一系列知识的学习和技能的训练，需要准备的知识和能力如下面的思维导图，其作用是结构化你学习的知识和技能，它是你学习和复习的联络图(图 3-1)。

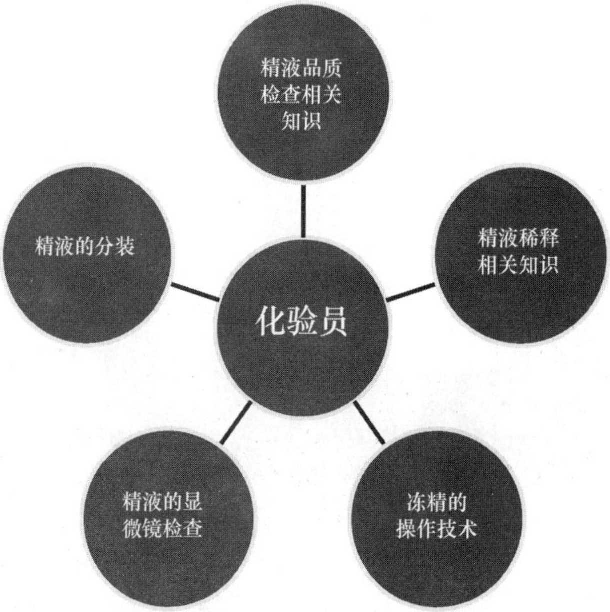

图 3-1　思维导图

一、精液的生理特性及活力影响因素

(一)精液的组成

根据来源,精液由精清与精子组成。精清主要由副性腺与附睾分泌,是精液的主要组成部分。猪副性腺发达,公畜的射精量相对就大。根据所含化学成分,精液由无机物与有机物组成。

1. 无机成分

(1)阳离子。如钾、钠、钙、镁、铁、锌等离子。

(2)阴离子。如氧、磷酸根、碳酸氯根等离子。

(3)水。家畜精液中的水分占精液总量的92%~98%。

2. 有机成分

(1)糖类。主要有果糖,另外还有丙酮酸、乳酸、山梨醇、肌醇等。

(2)蛋白质类。

①组蛋白:是组成精子的主要成分。

②氨基酸:如谷氮酸、缬氨酸、天冬氨酸等,可给精子提供营养。

③酶类:主要有磷酸酶、糖苷酶、三磷酸腺苷酶、乙酰胆碱酶等,它们主要参与精子的各种代谢活动。

④核酸:主要由核蛋白组成,存在于精子的头部,是精子的遗传物质。

(3)脂质。有卵磷脂、缩醛磷脂。卵磷脂有助于延长精子的存活时间及防止冷休克的作用。

(4)维生素。主要有B族维生素、维生素C、泛酸、烟酸等。

(5)柠檬酸。是精液的缓冲物质,可防止或延缓精液的凝固。

(6)甘油磷酸胆碱。可提供精子所需的能量。

(二)精清的作用

1. 稀释精液

在附睾中精液高度浓缩,射精时,当精液通过尿生殖道时,副性腺会分泌大量精清，从而对精液起到稀释作用，未与精清混合的精子无法射精。

2.缓冲作用

精清中有柠檬酸盐和磷酸盐等缓冲物质，对精子所处环境有一定的缓冲作用，以便更好地保护精子。

3.可提供精子所需的能量及营养物质

精清中含氨基酸及果糖、山梨醇和甘油磷酸胆碱等，都是精子代谢的外源营养物质。所以当精子在体外或在母畜阴道中，可及时补充其所需要的营养与能量。

4.有利于精子的运输和防止精液倒流

猪的精液进入母畜阴道后，精清所形成的絮状物可阻止部分精液外流。

5.凝固作用与液化作用

猪的精液进入母畜阴道或采集到体外时，精清会形成一些絮状物。

(三)精子的生理特性

1.精子的代谢

精子的代谢方式包括无氧呼吸（又名果糖分解作用）与有氧呼吸两种。在无氧条件下，精子对果糖等糖类进行分解而获得能量，这种代谢作用消耗能量物质相对较少；而在有氧条件下，可对能量及营养物质进行分解作用，其消耗相对较大。且代谢受精子所处环境温度影响较大，如在适宜的温度下，精子活力较好，其消耗能量及营养物质则较多。如能通过温度控制精子活力，则其消耗能量及营养物质较少，因此，精液在超低温环境中（如－196 ℃）可储存较长时间。

2.精子的运动

由于有尾部这一运动结构，故在一定的条件下，精子可以进行运动。其运动主要有 3 种方式：

(1)直线运动。其运动的幅度较大，运动的轨迹趋于直线。这种精子的活力最好。

(2)旋转运动。精子运动的轨迹趋于圆圈。这种精子活力相对较差。

(3)摆尾运动。精子在原地只有尾部在摆动。这种精子已趋于死亡。

(四)影响精子生存的外界因素

1. 物理因素

(1)温度。精子在超过 40 ℃的高温条件下很快死亡;在 1～39 ℃的温度条件下,随着温度的升高,精子的活动性则逐渐增大;在超低温环境条件下(如 -196 ℃),如处理得当,精子活动几乎停止,但可较长时间存活;精子对变温环境适应性较差。

(2)光线与辐射。日光、紫外线、辐射对精子均有一定的杀伤作用。

(3)烟气味。烟气味对精子有杀灭作用。

(4)振荡。较剧烈的振荡易导致精子畸形率上升。

2. 化学因素

(1)pH。偏弱碱性可增强精子的活力,偏弱酸性可降低精子活力。

(2)渗透压。等渗环境最有利于精子存活。

3. 生物因素

所有微生物对精子都有不良的影响,有的植物花粉也可危害精子。

4. 药品

凡是有刺激性的药物对精子都有害,但适量使用抗生素对精子有一定的保护作用。

二、猪精液品质检查及产品标准知识

(一)精液品质检查相关知识

精液检查的目的在于鉴定精液品质的优劣,以便于进一步处理或用于授精和保存。采精后应立即进行检查,检查要迅速、准确、全面及操作科学、规范。实际生产中,没有必要对每头公猪每次采集的精液都进行精子形态检查,但应对新公猪的最初几次精液进行形态检查,以后每头公猪每半个月检测一次。

1. 射精量

通常一头公猪的射精量为 150～300 mL，但因品种、年龄、性准备情况以及采精方法、技术水平、采精频率和营养状况等差异很大，变化范围一般为 50～500 mL。相应地，也可以称量精液的重量（1 g 约等于 1 mL）来衡定其射精量的大小。一般测定公猪的射精量时，不能仅凭一次的采精记录，应以一定时期内多次射精量总和的平均数为准。

2. 颜色、气味

公猪的精液呈淡乳白或浅灰白色，精液乳白程度越高，表明精子数量越多，如色泽异常，应检查其生殖器官是否有疾病。干净的精液只有一点儿气味，如受包皮的污染或精液品质异变，则气味很大。

3. pH（酸碱度）

猪的精液 pH 为 7.3～7.9，测定 pH 最简单的方法是用万用试纸比色即可。

4. 活力

（1）显微镜观察。活力的检查是精液品质检查的重要项目，活力用来测定精子的运动，活力检查包括评估直线运动的精子比例。操作方法为：用一经过预热到 35 ℃的载玻片，用滴管吸一滴精液，再用盖玻片均匀地盖住液面，这样在检查这一薄层精子细胞时就能看到精液的清晰画面。用 100 倍或 400 倍的显微镜来检查并评定精子的活力（表 3-1），如果精子活力很差，就评分为 0 或 1，评分为 0 或 1 的精液就应弃去。实际操作中为保证测定评估的准确，一般都要重复检查一次。

表 3-1　活力评分表

活力评估	评分
很好（运动波出现）	5
好至很好（出现一些运动波或成群运动）	4
好（出现成群运动）	3
一般	2
差（只有蠕动）	1
死精或无精	0

(2)显微成像系统。采用 OlympusCX-41 相差显微成像系统(图 3-2),参照陈清森等(2005)的标准进行检测。分别测定以下性状:精子活力、细菌污染等级、结团等级。

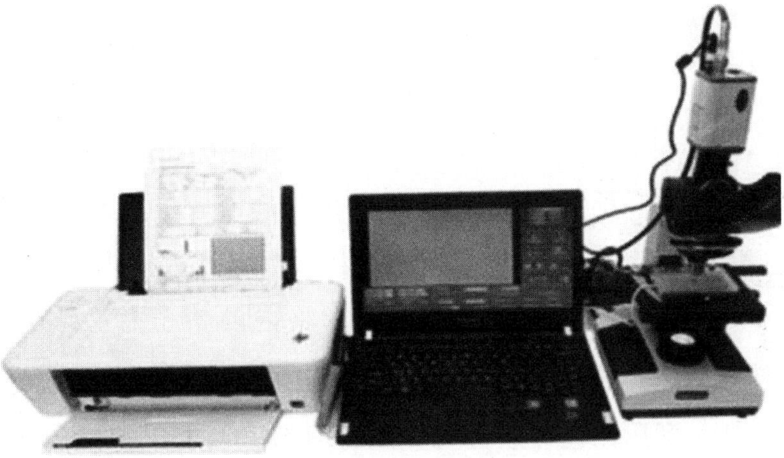

图 3-2 显微成像系统

5. 密度

精子密度指 1 mL 精液中所含的精子数,是确定稀释倍数的重要标准。精子密度的检查可采用估测法、精子计数法或利用精子的透光性(混浊度)测定。生产中常与检查精子活力同步进行。

(1)估测法。在显微镜下根据精子稠密程度的不同,将精子密度粗略地分为“稠密”“中等”“稀薄”,简略为“密”“中”“稀”三级(图 3-3)。镜检下,精子密集,精子间的距离不到 1 个精子长度,其密度就为“密”;若精子间能容纳 1～2 个精子,就为“中”;精子间间隙大,能容纳 2 个以上的精子,则为“稀”。这种评定,与精子

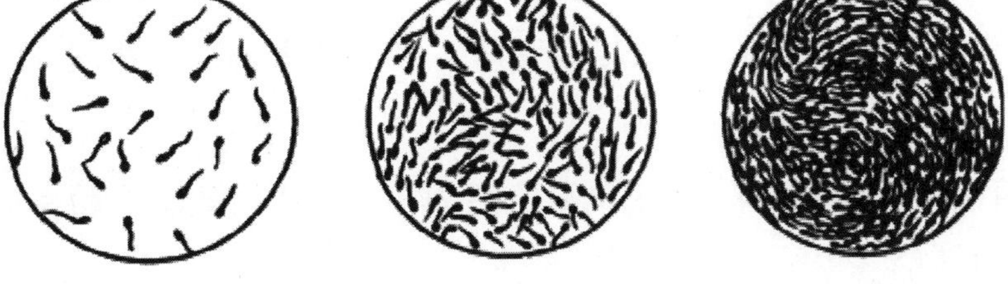

稀　　中　　密

图 3-3 精子密度分级

活力的评定一样，需要有一定的评定经验，但简单易行，可粗略地确定稀释倍数。稠密：每毫升精液中精子数在10亿个以上；中等：每毫升精液中精子数在2亿～10亿个；稀疏：每毫升精液中精子数在2亿个以下。

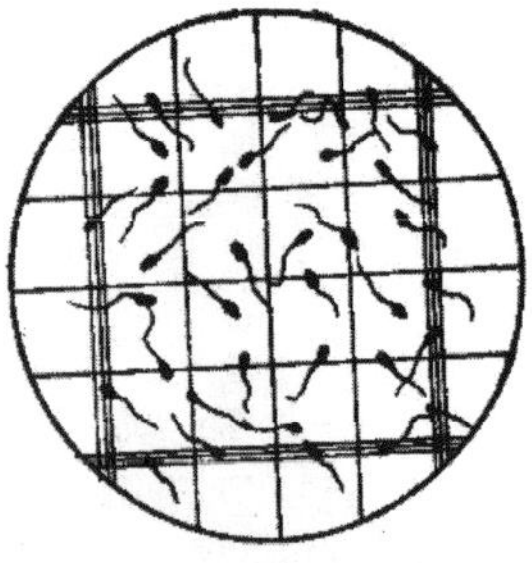
图3-4 血细胞计数板测精子密度

（2）计数法。用血细胞计数板计数或精液密度仪测定（图3-4）。血细胞计数方法：①以微量加样器取具有代表性原精液200 μL，用3% NaCl稀释10倍；②在血细胞计数板上放一盖玻片，取1滴稀释液后精液置于计数板的槽中，靠虹吸将精液吸入计数室内；③在高倍镜下计数5个中方格内的精子总数，将该数乘以50万，即得原精液每毫升的精子数（即精液密度）。

（3）比对法。利用比色计或分光光度计对精子密度进行准确测定。分光光度计按照说明书进行操作。具体操作步骤如下：用标准板对光度计进行3次读数校正，3次读数应完全一致；测定时移取20 μL精液于一次性加样板中，避免产生气泡或溢出，将加样板置于光度计中读出精子浓度，读取3次，取平均值。

6.精子形态

精子畸形率是指异常精子的百分率，一般要求畸形率不超过18%，品质普通的精液精子畸形率也应不超过20%，如超过20%则表示精液品质不良，应弃去，不做输精用。

其测定可用普通显微镜，但需伊红或吉姆萨染色，相差显微镜可直接观察活精子的畸形率，公猪使用过频或高温环境会出现精子尾部带有原生质滴的畸形精子。畸形精子种类很多，如巨型精子、短小精子、双头或双尾精子，顶体膨胀或脱落、精子头部残缺或尾部分离、尾部变曲。要求每头公猪每两周检查1次精子畸形率。

正常精子：形态像蝌蚪，形态异常的活力不高，为了保证受胎率必须检查精子的形态（图3-5）。

头部异常：头部巨大、瘦小、细长、圆形、轮廓不明显、皱缩、缺损、双头等。

颈部异常：颈部膨大、纤细、曲折、不全、双颈等。

尾部异常：弯曲、短小、缺损、双尾等。

顶体异常：顶体不完全、异形。其中顶体完整率对受精影响最大。

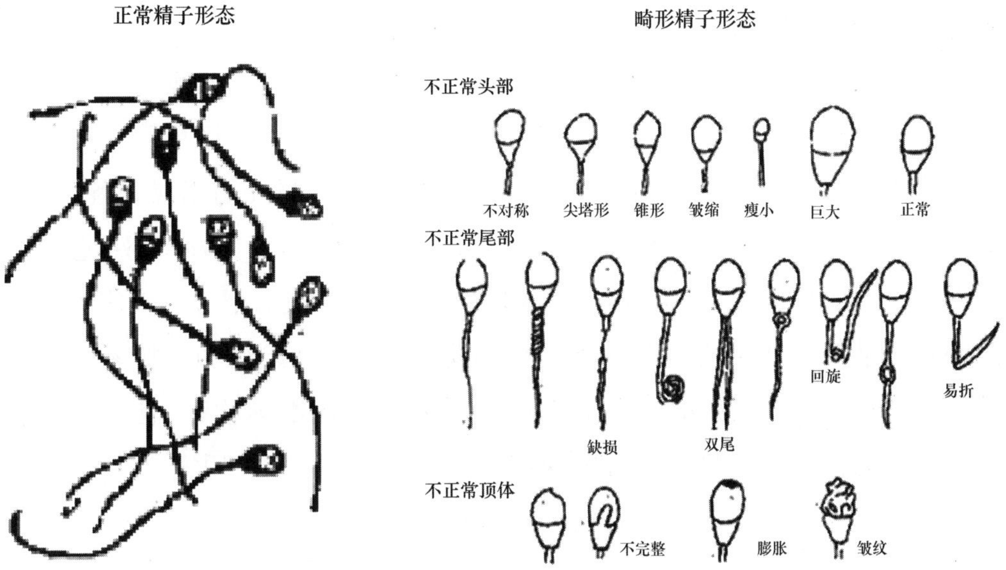

图 3-5　精子形态

7. 其他检查

包括细菌学检查、精子染色涂片、精子存活时间等的检查，这些可根据各生产场的具体条件和生产规模等要求选择开展。

(二)精液稀释相关知识

对精液进行品质检查后，为增加精液容量，以生产更多的输精头份，同时也为精液的保存提供良好的营养环境，应立即对精液进行稀释。

1. 背景与目的

新采集的精液精子浓度高，温度也较高，精子的代谢强度大，很快就会产生大量的代谢产物，并使其自身的生命耗尽。即使在很短的时间内，都可能因精子的代谢产物而造成对精子的毒害，使得精子保存的时间缩短。使用合理的稀释液稀释精液，可给精子提供营养，中和代谢产物，并且允许精液降温，从而大大延长精子的存活时间，同时保持精子的受精能力。所以，对精液尽快进行稀释十分重要，这也是为什么要将实验室建在采精室隔壁的原因。另外，原精液的精子浓度高，而一次输精所需的总精子数仅几十亿个，只相当于几毫升到十几毫升的原精，而母猪受精时需要的总精液量又不能低于 80 mL，这也是为什么必须稀释的另一个原因——增加精液容量，以确保每头母猪输精的总精液量。

2. 稀释液介绍

可以配制多种适用的稀释液，其中几种相对比较复杂，需借助实验室技术来准备，一般只用于商业化人工授精站。生产中常用的是那些简单且只有一次混合的稀释液，可以购买已配备好的精液稀释液粉剂，按照说明书操作配制即可。比如 BTS、Guelph、Kiev、Merck、Zorpva、Reading、Modena 等稀释液，它们有的可保存 3 d，有的可保存 5～7 d，表 3-2 列举了一些稀释液的配方供大家参考。实际配制稀释液时应注意所用的各种化合物都必须是“分析纯”的，加入的蒸馏水必须纯净，条件允许的应用双蒸水稀释；各种物料都应准确称量，且一定要完全溶解，充分混合；稀释液最好是现配现用，最长也应在 24 h 内用完。

表 3-2　稀释液配方参考

配制项目	稀释液名称				
	BTS	Guelph	Zorpva	Reading	Modena
葡萄糖/g	37.15	60.00	11.50	11.50	27.5
柠檬酸钠/g	6.00	3.75	11.65	11.65	6.9
EDTA/g	1.25	3.70	2.35	2.35	2.35
碳酸氢钠/g	1.25	1.20	1.75	1.75	
氯化钾/g	0.75			0.75	
青霉素钠/g	0.60	0.60			
硫酸链霉素/g	1.00	0.50	1.00	0.50	
聚乙烯乙醇(PVA)/g			1.00	1.00	
TRIS(甲胺) /g			5.50	5.50	
柠檬酸/g			4.10	4.10	2.9
半胱氨酸/g			0.07	0.07	
苯甲基氢霉素/g			0.60		
海藻糖/g				1.00	
Lincospectin/g				1.00	
二羟甲(基)氨甲烷/g					5.65
硫酸多黏霉素(B)/g					0.0167
可保存精液的天数/d	3	3	5	5	7

3.精液的稀释倍数

目前，尚无每头份精液的最低精子数标准和体积标准，但一般认为一次输入15亿个以上精子，对受胎率和产仔数是有保证的，但也没有必要每头份超过60亿个精子。人工授精的正常剂量一般为30亿～50亿个精子/剂量，体积为80～100 mL。美国采用30亿个/头份(80 mL)；我国一般采用40亿个左右/头份(100 mL)。一般情况，同一种稀释液，精子密度越大，所消耗能量越多，保存时间越短。

在原精液的活力(≥0.6)合格的前提下，决定精液最终稀释倍数的因素有三个方面：原精液的精子浓度；用于输精的每份精液的体积或重量；每份精液的总精子数。计算精液的稀释倍数并不是最终目的，最终目的是得到原精液经过稀释最终达到的体积以及可分装的份数。但最大稀释的倍数最好不超过原精液体积的10倍。

4.精液的稀释计算方法

总有效精子数＝原精液体积×原精液精子密度×精子活力

⇓

稀释后精液分装份数＝总有效精子数÷每份精液的有效精子数

⇓

原精液稀释后的体积＝可分装的份数×每份精液的体积

注：1 g精液约等于1 mL。

三、冷冻精液生产技术规程

(一)猪冻精技术简介

猪常温精液人工授精技术作为一项非常成熟的实用技术，在养猪生产中广泛使用，但由于常温精液不适宜长期保存和长途运输，在使用上存在一定的局限性。

猪冻精集成技术能提高优秀种公猪精液的利用效率，闲时大量储备，需时随时取用，打破时空限制，有效避免病毒潜伏期和精液运输带来的病毒传播隐患，保障快速扩繁配种所需的精液，是应对非洲猪瘟疫情以及加快恢复生猪生产更具生物安全性、更能保质保量、更加节本增效的人工授精方式。猪冻精技术价值优势可以概括为：①提升效益：可助力养殖企业比使用鲜精繁殖提升30%以上的遗传效益；②降低成本：可降低养殖企业80%的引种及饲养成本；③方便运输：更方便企业优质种猪基因的运输、储存和使用；④数量相当：冻精产品已达到鲜精的分娩率及产仔数水平；⑤助力扩繁：助力扩繁场和商品场的种猪永远在高起点的基因轨道上腾飞。

从意大利人 Spallanzani 最早开始哺乳动物精液冷冻研究开始至今，已有200多年的历史。猪的精液冷冻研究是从1949年英国人 Polge 等发现甘油（丙三醇）对牛精子具有抗冻保护作用后开始的。1956年，他首次报道了应用这个原理进行猪精液的冷冻操作并进行人工授精。1957年，Hess 等将猪冻精经子宫颈输入，受精母猪产下仔猪。1975年，Pursel 等发明了简便的猪精液冷冻和解冻方法，从此打开了猪冷冻精液的商品化之路。我国从20世纪70年代初期开始对猪精液冷冻技术进行探索。1975年，西安市草滩农场试配了8头母猪，1977年，成立了全国猪冻精协作组。1986年，用冷冻精液累计配种母猪6万余头，近几年，国内研究学者越来越多，技术也越来越成熟。

（二）冻精标准化生产工艺相关知识

精液冷冻保存主要是利用液氮（－196 ℃）作为冷源，将精液处理后置于超低温环境下，达到长期保存的目的。精子在超低温下，其代谢基本停止，生命处于相对静止状态，当温度回升时，又能复苏且具有受精能力。

猪的冻精有多种规格，如5 mL大管、0.5 mL细管、袋装等，这里以生产0.5 mL细管、含精子总数5亿个来介绍生产流程。

1. 鲜精的采集与检测

操作方法如精液的采集、品质检查和稀释。

2. 精液的稀释与离心

（1）计算好用量，将与精液等温的专用稀释液混合到精液中，混匀。

(2)把混合液放进 17 ℃恒温箱,液体温度达 17 ℃平衡后,进行离心操作。

(3)把混合液装入 50 mL 的离心瓶里,在 17 ℃和离心力 800g 的条件下离心 20 min。

(4)吸走上清液,测量上清液的体积和浓度,计算出上清液中总精子数并减掉,即可算出可用精子数。

3. 加冷却营养稀释剂与冷却

(1)加冷却营养稀释剂,最后要调到 10 亿个/mL 精子的最终浓度,把 17 ℃的冷却营养稀释液缓慢地加到沉淀精液中,以吸吐方式混合均匀,合并。此时当中大约一半是冷却营养稀释液,另一半是冻凝营养稀释液。

(2)把精液瓶置于 17 ℃的水浴杯里,再一同放进 5 ℃冰箱冷却 1.5 h,要观测精液温度,达到 5 ℃时,再继续冷却 45 min。

4. 加冻凝营养稀释剂,装管封口

(1)按计算好的量,把 5 ℃的冻凝营养稀释剂缓慢地加到 5 ℃的精液中,轻轻晃动使其混合均匀。

(2)在 5 ℃的冷却室或操作箱里,加入冻凝剂后 15 min 内,把精液装入 0.5 mL 事先打印好标记的吸管里,封口。把吸管里的气泡摇到中间,以防吸管解冻时发生泄漏,甚至爆裂。

5. 冻凝精液细管

(1)在程序降温仪的冻腔里,以 1 min 下降 30 ℃的速度充液氮把精液细管冻凝。

(2)用夹钳把冻好的精液细管从冻腔里拿出,立即将细管全身浸入液氮中并整理到细管架中,迅速把细管架转移到液氮罐中。

6. 冻精成品的日常管理要点

(1)冻精必须时刻储藏在液氮罐中,并保持液氮罐中有充足的液氮,以维持足够合适的低温。通过监测液氮罐的重量变化,与确定好的最小重量进行比对,一旦液氮罐接近最小重量,需要马上补充液氮。通常各种类型的液氮罐每天挥发的液氮重量是 0.14～0.5 kg,需要 4～20 d 补充 1 次液氮。

(2)备份并打印出液氮罐中各个细管架上各细管的信息，与公猪的系谱信息相对应，才能在需要时方便快速地取出所需要的冻精。

(3)操作过程当中，要注意通风、防冻伤等，严格按照各种规范要求操作。

7.液氮及其容器

目前，冻精保存普遍采用液氮作为冷源，以液罐为容器贮存和分发冻精。

(1)液氮及其特性。液氮是氮气经分离、压缩形成的一种无色、无味、无毒的液体，沸点温度为 −195.8 ℃。在常温下，液氮沸腾、吸收空气中的水汽形成白色烟雾。液氮具有很强的挥发性，当温度升至 18 ℃时，其体积可膨胀 680 倍。此外，液氮是不活泼的液体，渗透性差，无杀菌能力。针对液氮的上述特性，使用时要注意防止冻伤、喷溅、窒息等，用氮量大时，保存液氮的房间要保持空气通畅，防止升温。

(2)液氮容器。包括开放式(常压)与密闭式(耐压)两种类型。前者专门用于保存冻精，后者用于贮存和运输液氮。

(3)液罐的结构。冷冻精液一般用开放式专用液氮罐，其型号较多，但其结构基本相同。

①罐壁。由内外两层构成，一般由坚固的合金制成。

②夹层。指内外壳之间的空隙。为增加液氮罐的保温性，要求抽成真空。在夹层中装有活性炭、硅胶及镀铝涤纶薄膜等，以吸收漏入夹层的空气，并增加绝热性。

③罐颈。由高热阻材料制成，是连接罐体和罐壁的部分，较坚固。

④罐塞。由绝热性好的塑料制成，有固定提筒手柄和防止液氮过度挥发的作用。

⑤提筒。是存放冻精的装置。提筒的手柄由绝热性能良好的塑料制成，既能防止温度向液氮传导，又能避免取冻精时冻伤。提筒的底部有多个小孔，以便液氮渗入其中。

液氮罐在使用中要防止撞击、倾倒，定期刷洗保养。为保证贮精效果，要定期检查的消耗情况，当液氮减少 2/3 时，需及时补充。

8.冻精解冻

使用冻精进行输精前，必须对冻精进行解冻，且要检查精子的活力，只有活力不低于 0.3 时，方可用于配种。

（1）细管冻精的解冻。有温水（30～40 ℃）解冻法和室温解冻法两种。温水解冻将细管冻精投放在 30～40 ℃温水中，待冻精一半融化、细管颜色开始发生变化时即取出备用，此法解冻后精子活力高。室温解冻则取适量蒸馏水置于操作室内的烧杯中，数分钟后，将细管冻精投放在其中，待冻精一半融化、细管颜色开始发生变化即可取出备用。实践证明，室温解冻法效果相对较好。

（2）颗粒冻精解冻。解冻时需要预先准备解冻液，解冻液常用 2.9%二水柠檬酸钠溶液。解冻方法有湿解法与干解法两种。湿解法：解冻时取一小试管，加入 1 mL 解冻液，放在盛有 37～40 ℃温水的烧杯或水浴锅中，当解冻液与水温相同时，取一粒冻精于小试管内，轻轻摇晃使冻精融化，当冻精即将化完时，取出装入输精枪待用。

9. 精液的运输

精液的运输有远有近，要根据不同的距离、不同的运输量，采用适当的运输工具与运输方法。一般远距离运输及运输量较大时，应用专用车辆、专用液氮罐进行运输，近距离运输则可用广口瓶装入液氮后进行运输，或者将冻精解冻后在低温保存状态下进行运输。运输时，要注意以下几个问题：

（1）运输时应将装运冻精的容器拴系牢靠，四周最好用柔软材料铺塞。

（2）运输过程中要防止颠簸与振荡，要避免阳光照射或与热源接触，防止升温。

（3）要尽量缩短运输时间。

（4）运输过程中要随时注意检查液氮情况及运输容器的安全状态。

分析计划

为了完成这次任务，同学们已经进行了一系列知识的学习和技能的训练，以及信息资讯的收集，接下来需要认真分析，并做出写作计划（流程图）。鱼骨图（又名因果图、石川图），指的是一种发现问题“根本原因”的分析方法，可以划分为问题型、原因型及对策型等几类。完成这次任务是因果型分析，一级分析的分类是基于“人、料、机、法、环”，如图 3-6 所示。

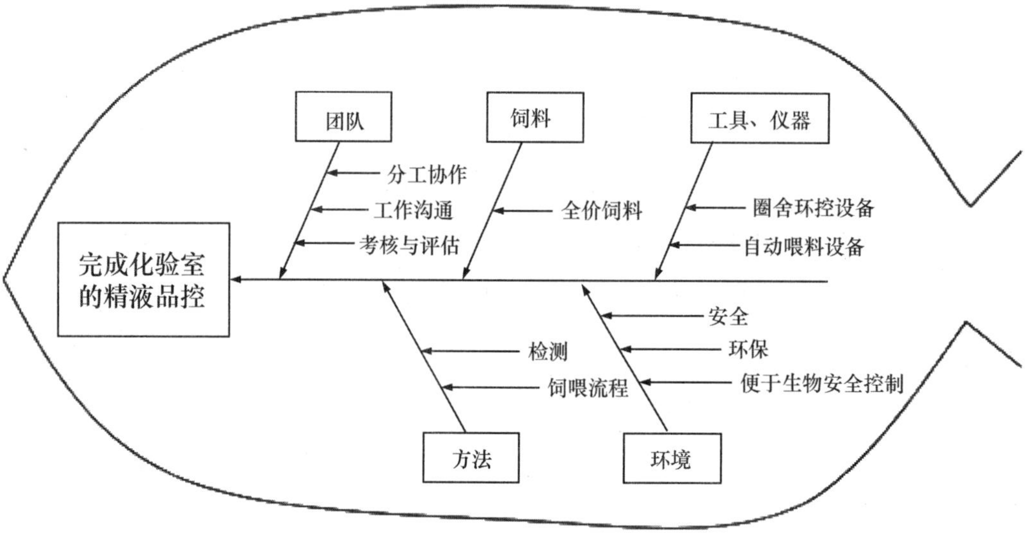

图 3-6　化验室鱼骨图

一、任务要求

做好采精计划，保证全场发情母猪输精所需精液的正常供应；做好精液的检测、分装、储存保管工作；保证工作舍所有在用公猪每月至少精检 1 次，把好精液质量关；要求配制成每份（瓶/袋）含精子 40 亿个，精子活力≥80%、正常精子≥

70%、凝胶比例<30%的稀释精液。

任务分解(表 3-3)：

表 3-3 任务分解

任务序号	任务内容
任务一	实验室采精前准备
任务二	精液的检查
任务三	精液的稀释
任务四	精液的分装、保存

二、组织

日常做好如下几项工作：

(1)记录保温箱温度,对前一天保存的精液进行检查。

(2)准备上午用精液及授精器材。

(3)准备好采精器材,配合采精员采精后做好精液的检查、稀释、分装、保存,做好记录。

(4)人工授精器具的清洗、消毒、保存备用。

(5)清洁卫生、各种设备的检查。

三、材料

稀释液、蒸馏水、精液袋。

四、工具

空调、精子密度检测仪、显微镜、恒温箱、载玻片、量筒、分光光度计、集精杯、电子秤等。

五、方法

依据在信息收集中学习到的技能,制定合理的操作流程。

六、分析计划，制定操作流程图

使用图形表示算法的思路是一种极好的方法，因为千言万语不如一张图。流程图是流经一个系统的信息流、观点流或部件流的图形代表。在企业中，流程图主要用来说明某一过程。这种过程既可以是生产线上的工艺流程，也可以是完成一项任务必需的管理过程。流程图使用一些标准符号代表某些类型的动作，如决策用菱形框表示，具体活动用方框表示。但比这些符号规定更重要的，是必须清楚地描述工作过程的顺序。流程图也可用于设计改进工作过程，具体做法是先画出事情应该怎么做，再将其与实际情况进行比较（图 3-7）。

流程	**责任单位**	**相关记录**
环境温度准备	化验员	
⇩		
精液检查	化验员	检查记录
⇩		
稀释	化验员	
⇩		
精液分装	化验员	
⇩		
按生产计划发放	化验员	
⇩		精液使用记录
剩余精液保存、报表填写	化验员	

图 3-7　精液检查、分装——日常操作流程图

任务实施

任务实施的要求：

(1)任务实施前：再次核查人员分工，工具是否到位；再次确认操作流程和操作方法，熟悉操作要领；再次提醒操作安全。

(2)任务实施中：操作中，严格按照操作流程，遵守操作规定；按照要求填写检测报告并且详细记录；任务实施的最大挑战是操作规范，故操作时要“遵循标准”，填写检验报告单。

(3)任务实施后：每次操作结束后，严格按照5S管理制度进行结尾工作。

任务一　实验室采精前准备

一、仪器清洗与高压消毒

(1)将双蒸水、玻璃仪器、采精杯(图3-8)等物品用清水清洗干净，然后放入高压灭菌锅内进行高压蒸汽灭菌。

(2)高压条件：121 ℃下灭菌20 min。

(3)灭菌结束后，待高压锅温度降至一定温度，压力表的压力降至0时，打开高压锅，取出灭菌物品放入干燥箱中进行干燥。

(4)干燥条件：80 ℃，40 min。

图 3-8 采精前仪器准备

二、稀释液的配制与保存

(1)稀释粉(图 3-9)要根据其要求的温度进行保存。取出稀释粉,将稀释粉倒入灭菌好的烧杯中,加入一定量的灭菌好的双蒸水,在磁力搅拌器上进行充分溶解。

(2)将溶解后的稀释液倒入容量瓶中,根据稀释粉的稀释要求进行定容。

(3)将配制好的稀释液倒入广口瓶中备用。

(4)剩余的稀释液放入 17 ℃的冰箱内保存(一般在配制后 24 h 内用完)。

(5)注意事项:稀释液要在使用前一个小时配制好。具体参见不同稀释粉的使用说明。

图 3-9 精液稀释粉

三、仪器的准备与预热

1. 采精杯的准备

将一次性采精袋放进灭菌后的保温杯中，人员只接触留在杯外的袋的开口处，将袋口打开，环套在保温杯口边缘（图 3-10），并将精液过滤纸（1～2 层）罩在杯口上，并使其向下凹陷 2～3 cm，用橡皮筋套住边缘，盖上盖子，放入 37 ℃的恒温箱中预热。

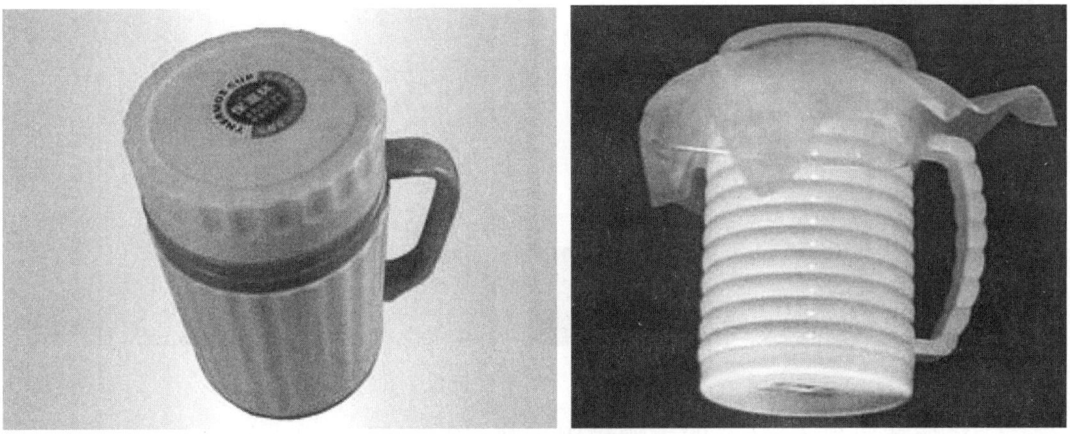

图 3-10　采精杯

2. 仪器准备及预热（图 3-11）

①打开恒温载物台，与显微镜连接，温度设定在 35～37 ℃，并在其上放置载玻片与盖玻片。

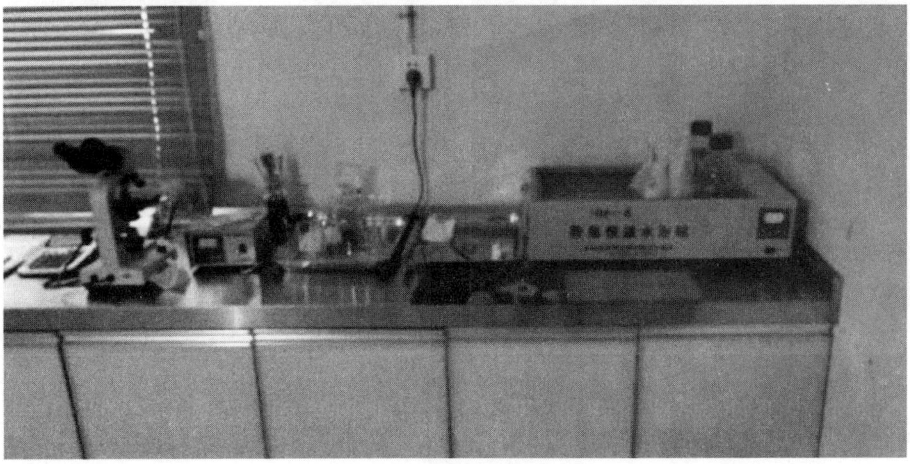

图 3-11　仪器准备及预热

②打开水浴锅，将配制好的稀释液放入水浴锅中加热至 35～37 ℃，并在稀释液中放置两个温度计。

③打开精子密度仪(图 3-12)，准备好检测片。

图 3-12　精子密度仪

④将输精瓶放入 37 ℃的干燥箱中预热(图 3-13)。

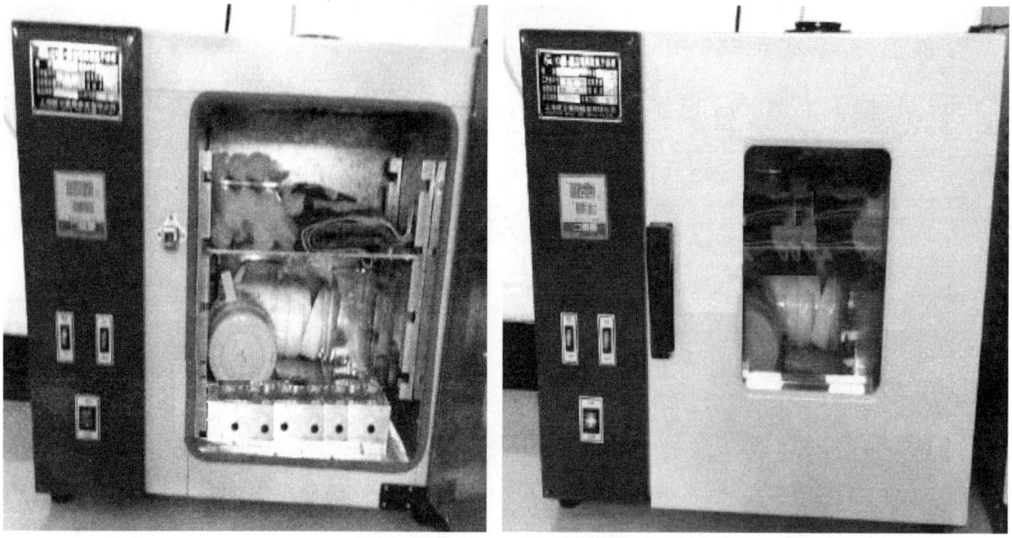

图 3-13　精液瓶预热

精液对温度很敏感，在各项操作中，需要对温度有很好的把控。一般需要牢记以下几个温度数值(表 3-4)。

表 3-4　温度数值

场所	温度/℃
室内(开空调)	23～25
恒温箱	17
干燥箱	37 左右
水浴锅	37 左右

任务二　精液的检查

一、精液的视觉检查

(1)精液被送进实验室之后，首先去掉采精容器上的薄纱布，确保不要有残渣和尘土混入，以免影响精液的质量。

(2)将精液袋从采精杯中拿出，并将精液倒入测量杯中。

(3)对精液进行外观检查：

①颜色：正常精液应该是乳白色或灰白色，就像脱脂乳。如果精液呈微红或棕色，则说明混有血液；如果精液呈淡黄色，则说明可能混有尿液。变色精液应该弃用。

②气味：正常精液应该呈中性，略带腥味，没有不良气味。如果精液中有氨味和尿味，就说明精液中可能混有氨气和尿液，应该弃去不用。

二、精液的仪器检查

对精液进行外观检查之后，要对精液做进一步检查：

(1)质量：使用电子秤对精液质量进行称量(图 3-14)。精液体积＝精液质量×0.95(大部分养殖场为方便计算，默认精液体积等于精液质量)。

图 3-14　精液称重

(2)活力:使用显微镜对精子活力进行检测(图 3-15)。

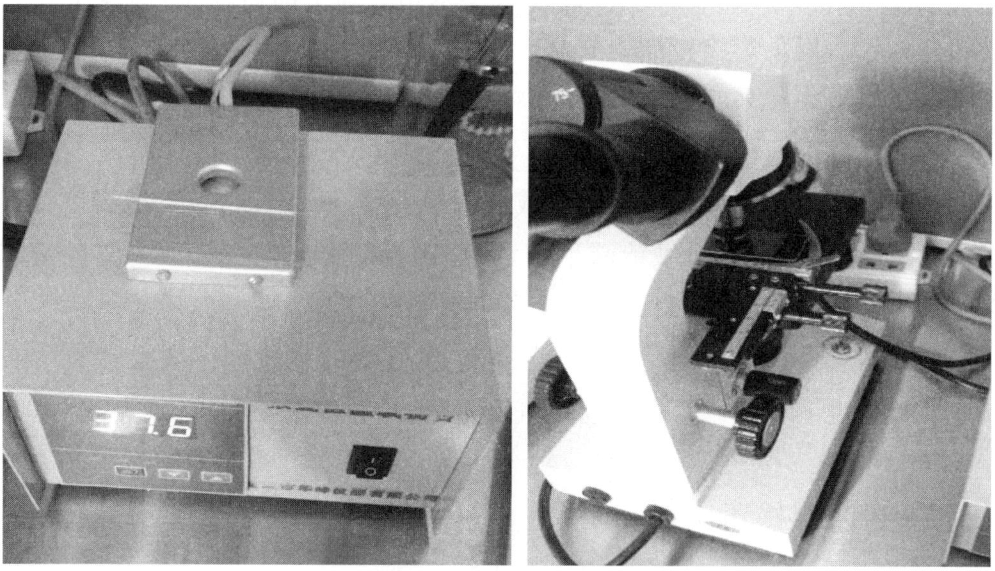

图 3-15　精子活力检测

(3)密度:使用精子密度测定仪对精子密度进行测定。

操作流程:用玻璃棒取少量精液,将精液滴在密度仪载玻片前端的空隙内,然后将密度仪载玻片放入精子密度测定仪进行测定,读取读数(图 3-16)。则该精液的密度为:读数$\times 10^6$,比如一份精液检测后精子密度仪的读数为 225,则这份精液的密度就是 225×10^6。

(4)精子畸形检查:每次精液检测合格后都要留样,在载玻片上进行抹片,经过干燥、脱水、染色等处理，然后在显微镜下观察(图 3-17)。

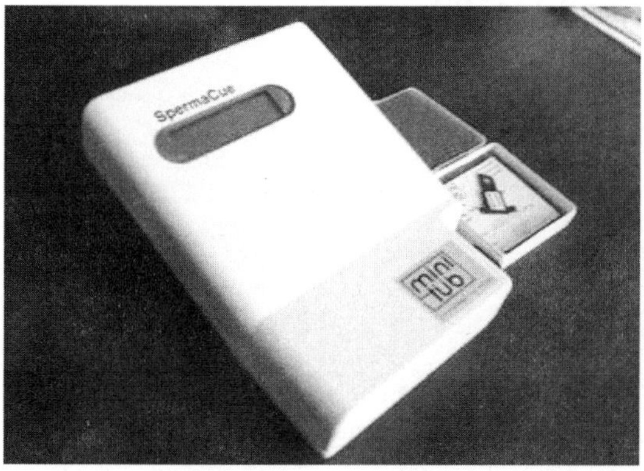

图 3-16　精子密度检测

图 3-17　精子畸形检查

一份合格的精液应该符合表 3-5 要求：

表 3-5　精液质量标准

精子特征	最低标准
精子活力	≥80%
正常精子	≥70%
畸形精子比例	<15%
凝胶比例	<30%

三、注意事项

(1)精液检测全程必须避光进行。

(2)检查精液活力时受人为影响比较大，要求操作者技术熟练。

(3)检测精子密度时，等精子密度仪完全归零后再推入载玻片，待读数稳定后再读取数据。

(4)在精液稀释后再进行一次精液活力检测，确保精液质量。

(5)精子畸形必须定期进行检测，检测时视野要具有随机性，不能挑选检测。

(6)每次检测之后要对设备进行清理检查。

任务三　精液的稀释

一、精液的稀释过程

(1)把空塑料杯或大烧杯放在电子秤上除去皮重。

(2)将原精液从集精杯中提出放入塑料杯或烧杯中。

(3)将稀释液的温度调至与精液(35～37 ℃)等温(温差≤1 ℃)。

(4)将与精液等温的稀释液缓缓加入杯中,边注入边轻轻搅匀,直到达到根据计算得到的稀释总重量为止。

(5)稀释过程中先进行 1∶1低倍稀释,搅拌均匀后再将余下的稀释液缓慢加入。不能将稀释液直接倒入精液,因精子需要一个适应过程。

(6)稀释完后再次进行精子活力检测(图 3-18)。

图 3-18　精子稀释过程示意图

二、注意事项

(1)精液和稀释液的温差应尽可能小或是在等温情况下进行稀释,精液稀释关键是温度，在精液稀释前，必须使精液和稀释液尽可能等温，两者的温度最多相差 1 ℃。否则就可能对精子的活力产生不良影响。

（2）应将稀释液加入精液中，而不应该相反。

（3）稀释液应尽量沿杯侧壁缓慢流入原精液中，避免将稀释液直接倒下，形成冲击。

（4）精液稀释的成败，与所用仪器的清洁卫生有很大关系。所有使用过的烧杯、玻璃棒及温度计，都要及时用蒸馏水洗涤，并进行消毒，这是稀释后的精液能保存、利用的重要条件。

（5）精液稀释后要进行活力检测，活力下降必须查明原因并加以改进。

任务四　精液的分装、保存

一、精液分装

（1）精液稀释好后，应再一次检查精子活力，活力应无明显下降，否则弃用。

（2）调好精液分装机（图 3-19），以 80 mL 为单位（根据需要而定），将精液分装至精液瓶或袋。如果没有精液分装机，则需要人工分装（图 3-20），注意将精液沿精液瓶内壁缓缓倒入。

图 3-19　精液分装机

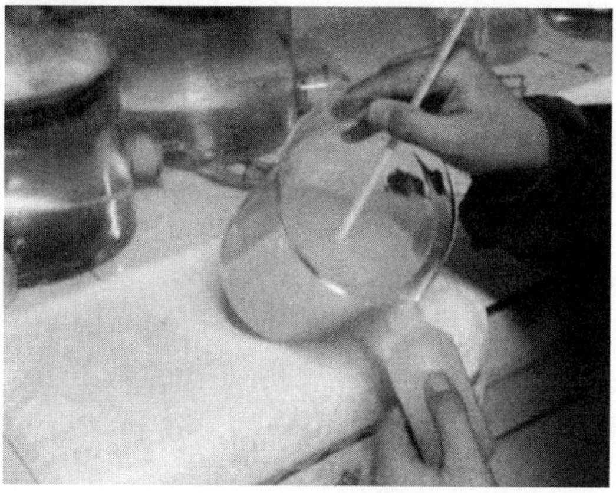

图 3-20　人工分装

（3）空气中的氧气不利于精子的保存，因此在封装时应尽可能将其中存留的空气排出。

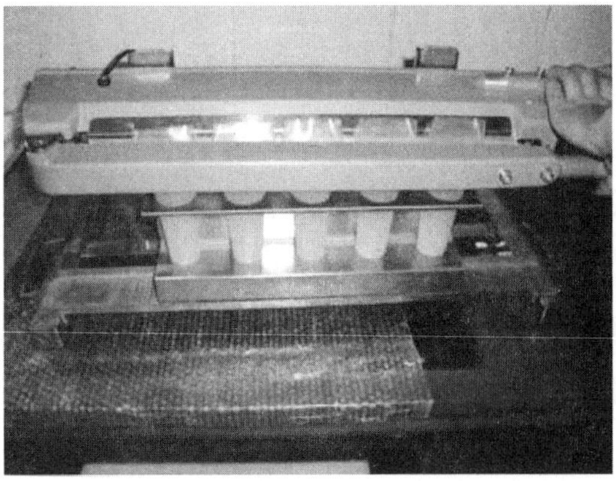

图 3-21　封口机热封

①精液瓶在拧上盖子时，先将瓶盖旋大半圈左右，然后挤压瓶体使精液液面上升至瓶口，再旋紧，以排出瓶中空气。

②袋装精液在封口时，也应该先将其中空气挤出，使精液面上升到接近封口处的高度，再用封口机热封(图 3-21)。

(4)精液标记(图 3-22)：标记便于确认精液的来源、是否在保质期内，也便于进行与配母猪的相关配种资料登记。每个品种的精液用不同颜色的精液瓶或袋区分，并贴上标签，标明品种、公猪耳号、采精日期、总精子数和活力等。

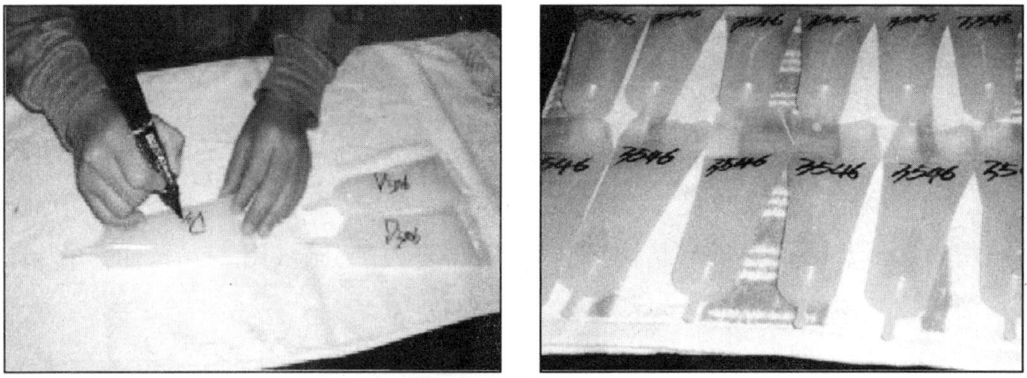

图 3-22　精液标记

二、精液的贮存

(1)确定并核对需要贮存的精液信息。

(2)分装好的精液，不能立即放入 17 ℃恒温水箱，应置 22～25 ℃室温 1 h 左右，以免温度下降过快而刺激精子，造成死精增多。

(3)待精液温度下降接近室温，把精液置于 17 ℃的恒温冰箱中进行保存(图 3-23)。

(4)填写精液保存报表。

(5)从精液放入冰箱开始，每隔 12 h 需要小心摇匀一次(上下颠倒)，防止精子沉淀引起死亡。

(6)每次摇匀时,填写时间与冰箱温度。

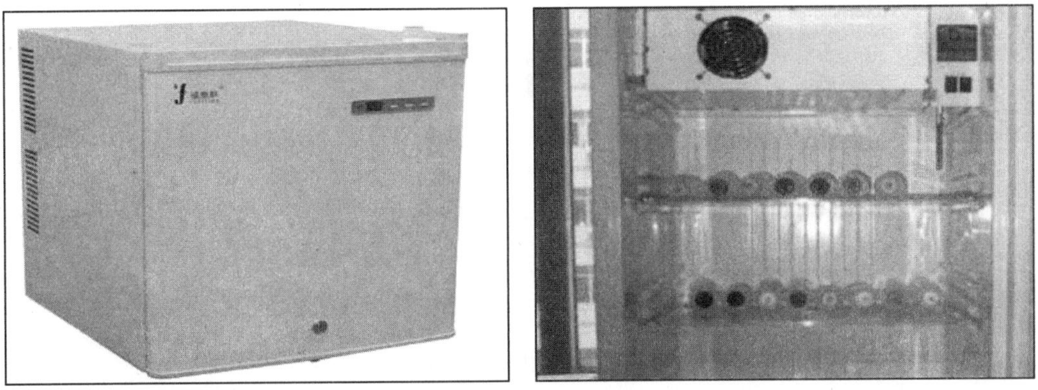

图 3-23　精液储存

三、精液的分装与储存注意事项

(1)分装室应定期进行消毒,保持干净卫生,室内无菌。

(2)操作人员进入实验室前需在准备间完成更衣、消毒程序。

(3)装精液用的瓶子和袋子必须为对精子无毒害作用的塑料制品。

(4)精液放入恒温冰箱时,不同品种精液应分开放置,以免拿错精液。

(5)精液贮存时应该平放置于恒温冰箱中,不可叠放。

(6)恒温冰箱必须放置灵敏的高低温度计,以便准确检查其温度。

评估汇报

(1)根据各数据分析，整理猪群生产成绩报告，对照要求，验收健康猪群。

(2)针对工作过程，依据岗位能力，评价师生。

针对生产过程的五个环节进行评价；

针对生产过程的五个元素进行评价；

依据四个岗位能力进行多元质性评价；

填写教学评估表或在教学系统输入。

岗位课程教学评估表，岗位课程评估指标，参考以下表格(表 3-6、表 3-7)。

表 3-6 课程教学评估表

<table>
<tr><td colspan="12">班级名称：　　　　　　　　　　月　　周：</td></tr>
<tr><td rowspan="3">序号</td><td rowspan="3">学生姓名</td><td rowspan="3">星期</td><td rowspan="3">教师姓名</td><td rowspan="3">课程内容</td><td colspan="6">评分项</td><td rowspan="3">小计</td></tr>
<tr><td rowspan="2">工作页</td><td rowspan="2">视频微课</td><td colspan="2">专业能力</td><td colspan="2">个人能力</td></tr>
<tr><td>理论知识</td><td>实践技能</td><td>社会能力</td><td>独立能力</td></tr>
<tr><td rowspan="9"></td><td rowspan="9"></td><td rowspan="3">1</td><td></td><td></td><td></td><td></td><td></td><td></td><td></td><td></td><td rowspan="3"></td></tr>
<tr><td></td><td></td><td></td><td></td><td></td><td></td><td></td><td></td></tr>
<tr><td></td><td></td><td></td><td></td><td></td><td></td><td></td><td></td></tr>
<tr><td rowspan="3">2</td><td></td><td></td><td></td><td></td><td></td><td></td><td></td><td></td><td rowspan="3"></td></tr>
<tr><td></td><td></td><td></td><td></td><td></td><td></td><td></td><td></td></tr>
<tr><td></td><td></td><td></td><td></td><td></td><td></td><td></td><td></td></tr>
<tr><td rowspan="3">3</td><td></td><td></td><td></td><td></td><td></td><td></td><td></td><td></td><td rowspan="3"></td></tr>
<tr><td></td><td></td><td></td><td></td><td></td><td></td><td></td><td></td></tr>
<tr><td></td><td></td><td></td><td></td><td></td><td></td><td></td><td></td></tr>
</table>

续表 3-6

		4									
		5									
		1									
		2									
		3									
		4									
		5									
		1									
		2									

续表 3-6

		3									
		4									
		5									
		1									
		2									
		3									
		4									
		5									
		1									
		2									

续表 3-6

		3								
		4								
		5								
		1								
		2								
		3								
		4								
		5								

表 3-7　课程评估指标

			理论知识	实操技能	社会能力	独立能力
1. 情境描述	1.1	任务的情境完整性				
	1.2	客户解决的问题清晰程度				
2. 信息收集	2.1	任务相关的文件资料是否齐全				
	2.2	能否理解任务所需的指标和技术资料				
	2.3	技能点观察动手				
	2.4	课外微课学习质量				
3. 分析计划	3.1	是否给出了功能、作用及目的				
	3.2	是否制定了操作流程				
	3.3	是否考虑到经济和环保方面的问题				
	3.4	方案是否注意到安全				
	3.5	是否小组充分沟通、讨论决策				
	3.6	是否有多计划(方案)供选择				
4. 任务实施	4.1	该课工作页得分(小计)				
	4.2	小组学习合作能力得分				
	4.3	个人反思、创造力得分				
	4.4	个人学习积极主动性(态度)得分				
5. 检验评估	5.1	检验的分工协作				
	5.2	展示安排				
	5.3	需求满足和完善的报告				

策划编辑：张　蕊　张　玉
责任编辑：张　玉
封面设计：ZTSA 中通世奥图文设计

高等职业教育“十四五”规划教材
河南省高水平专业群建设教材

智能化养猪

后备母猪饲养员岗位

公猪饲养员岗位

化验室岗位

配怀舍饲养员岗位

产房饲养员岗位

育肥猪饲养员岗位

ISBN 978-7-5655-2988-7
9 787565 529887
定价：65.00 元

高等职业教育“十四五”规划教材
河南省高水平专业群建设教材

智能化养猪

孔嫄嫄　王　飞◎主编

配怀舍饲养员岗位

中国农业大学出版社
China Agricultural University Press

高等职业教育"十四五"规划教材

河南省高水平专业群建设教材

智能化养猪

（配怀舍饲养员岗位）

孔嫄嫄　王　飞　主编

中国农业大学出版社

·北京·

内容简介

本书根据现代化养猪场实际工作岗位分为6个分册，即后备母猪饲养员岗位、公猪饲养员岗位、化验室岗位、配怀舍饲养员岗位、产房饲养员岗位、育肥猪饲养员岗位，每个分册均包括情景描述、信息收集、分析计划、任务实施、评估汇报5个过程。本书6个分册均单独装订，方便学生按生产岗位使用。

本书可作为高等农业职业院校智能化养殖专业、畜牧兽医专业教材，也可作为养殖场一线技术人员技能培训教材和从事相关技术工作的参考书。

图书在版编目(CIP)数据

智能化养猪 / 孔嫄嫄，王飞主编. -- 北京：中国农业大学出版社，2023.6

ISBN 978-7-5655-2988-7

Ⅰ.①智…　Ⅱ.①孔…②王…　Ⅲ.①智能技术-应用-养猪学　Ⅳ.①S828-39

中国国家版本馆 CIP 数据核字(2023)第 099453 号

书　　名　智能化养猪(配怀舍饲养员岗位)
ZHINENGHUA YANGZHU

作　　者　孔嫄嫄　王　飞　主编

策划编辑　张　蕊　张　玉　　**责任编辑**　张　玉

封面设计　中通世奥图文设计中心

出版发行　中国农业大学出版社

社　　址　北京市海淀区圆明园西路2号　　**邮政编码**　100193

电　　话　发行部 010-62733489，1190　　编辑部 010-62732617，2618

出版部 010-62733440　　读者服务部 010-62732336

网　　址　http://www.caupress.cn　　**E-mail**　cbsszs@cau.edu.cn

经　　销　新华书店

印　　刷　北京中兴印刷有限公司

版　　次　2023年8月第1版　　2023年8月第1次印刷

规　　格　185 mm×260 mm　　16开本　　4.5印张　　75千字

定　　价　65.00元

编审人员

主　　编	孔嫄嫄	南阳农业职业学院
	王　飞	南阳农业职业学院
副 主 编	郝振芳	河南农业职业学院
	孙攀峰	河南农业职业学院
	李　嘉	周口职业技术学院
	王　安	周口职业技术学院
	路清霞	南阳市动物卫生监督所
	李万太	方城县农业农村局畜牧服务中心
	姚巧珍	内乡县动物疫病预防控制中心
	陈高英	南阳市动物卫生监督所
参编人员	张　扬	南阳农业职业学院
	王艳丰	河南农业职业学院
	孔雪旺	河南农业职业学院
	孙留霞	周口职业技术学院
	刘秀玲	商丘职业技术学院
	付赛赛	商丘职业技术学院
	刘　源	牧原食品股份有限公司
审　　稿	李生涛	南阳农业职业学院
	王国强	南阳农业职业学院
	杨瑞华	牧原食品股份有限公司

前　言

党的二十大报告指出，“全面推进乡村振兴”“强化农业科技和装备支撑”。现代畜牧业的发展离不开科技的助力和人才的支撑。畜禽智能化养殖专业是随着大型养殖企业向着智能化、自动化养殖方向发展而在高等职业院校新设立的一个专业。本专业面向畜牧机械检修维护、养殖场环境控制与污物治理、养殖场与饲料厂自动化控制等岗位，培养掌握畜牧工程技术专业知识和技术技能，能够从事畜牧环境检测、畜禽养殖与饲料加工设备检修维护及自动化控制等工作的高素质人才。智能化养猪技术是畜禽智能化养殖专业的核心课，课程知识目标包括：掌握养猪业形势，熟悉猪的行为与特性，猪品种选择与利用，后备母猪选择与培育，公猪饲养与人工授精，配种舍、妊娠舍、分娩舍、生长育肥舍猪群智能化管理。能力目标包括：具备独立进行不同阶段生产猪群饲养管理的能力，具有熟练操作智能养猪设备的能力，并具有适应市场的应变能力和从事现代化猪场经营管理的发展潜能。

本套手册式教材在形式上更加新颖，在内容上更加强调精炼简洁，降低了学生的理论学习难度。与此同时，又可以让学生的职业操作能力得到充分的锻炼以适应岗位的需求。本套手册式教材适用于在智能化养猪场教学或实习的人员使用，模拟现场环境，以解决实际问题、完成真实任务为学习载体，在工作中学习、在学习中工作，在企业实际的生产功能上叠加教学功能，构建能教学、能训练、能生产的“道场”（学习岗）、“靶场”（训练岗）、“战场”（实战岗）。本书也适用于课堂教学，模拟实际工作中的思维过程，每部分包括情景描述、信息收集、分析计划、任务实施、评估汇报5个过程，打破传统的课程知识结构，按岗位需要的知识、技能引导学生自主学习。

本书由相关高职院校与南阳部分市（县）畜牧兽医机构、养殖场专业技术人员联合编写，由于编者水平有限，书中难免有不妥之处，恳请广大读者朋友及同行指出，以便修改。

编　者

2023年5月

本书资源码

目　录

情境描述

小刘是配怀舍的饲养员，负责配种怀孕猪的饲喂管理。一天，从产房转来1 000头断奶二元母猪，要求：①完成每周配种（根据自己的母猪群和配种计划）头数；②年产活仔数23头以上；③年产窝数2.4胎以上；④窝产活仔10头以上；⑤受胎率95%、分娩率85%以上；⑥初生重平均1.5 kg以上；⑦种用公母猪年淘汰率33%～50%；⑧断奶母猪断奶后7 d内发情率达90%以上。

为完成这项任务，我们需要进行更多的信息收集，学习11项理论知识：①发情周期激素分泌特点；②生殖激素的功能和作用；③母猪发情周期；④查情公猪选择；⑤适时配种；⑥人工授精技术规程及深部受精技术；⑦超期不发情母猪处理方法；⑧妊娠鉴定相关知识；⑨母猪妊娠生理特点；⑩妊娠母猪的饲养；⑪批次生产。学习3项实操技能：①诱情、查情操作；②母猪配种；③妊娠鉴定。

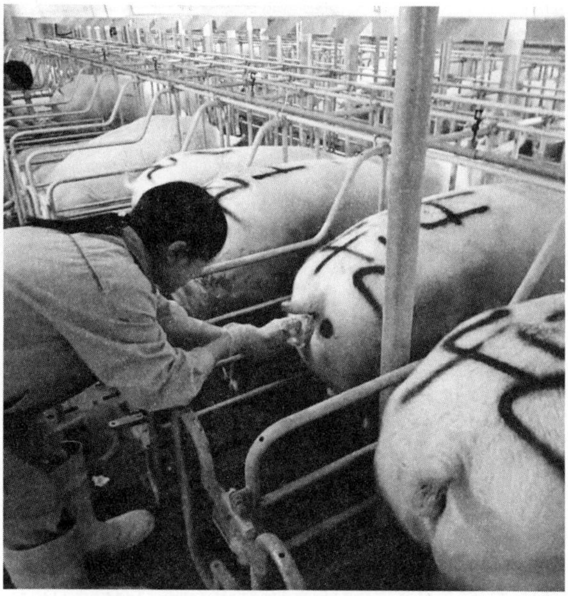

本分册书中彩图

信息收集

为了专业地完成这次任务，同学们要提前进行一系列知识的学习和技能的训练，需要准备的知识和能力如下面的思维导图，其作用是结构化你学习的知识和技能，它是你学习和复习的联络图（图 4-1）。

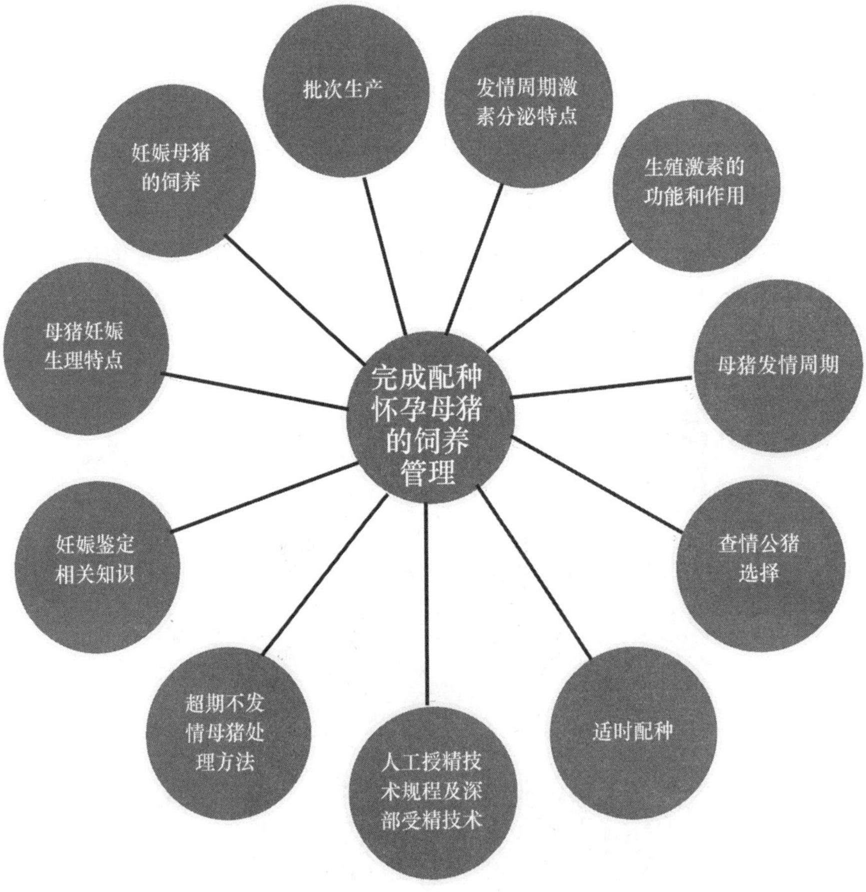

图 4-1　思维导图

一、发情周期激素分泌特点

(一)生殖激素的概念

激素是由动物机体内分泌腺产生、经体液循环或空气传播等方式作用于靶器官或靶细胞,具有调节动物机体生理机能的一系列微量生物活性物质。直接作用于动物生殖器官、对生殖活动有直接作用的激素,统称为生殖激素。生殖激素由动物内分泌腺分泌,故又称为生殖内分泌腺激素。生殖激素分泌紊乱常常是家畜不育的重要原因。

(二)生殖激素的种类

生殖激素的分类方法很多,根据不同的分类依据可以分成不同的种类,如根据来源和功能的不同可将生殖激素大致分为以下 5 类。

1. 脑部激素

由脑部各区神经细胞核如下丘脑、松果体、脑垂体等分泌,主要调节下丘脑和垂体生殖激素的分泌活动。

2. 性腺激素

由雄性动物性腺睾丸和雌性动物性腺卵巢分泌产生。

3. 胎盘激素

由雌性动物胎盘产生,对于妊娠维持和分娩启动具有直接作用。

4. 外激素

由分泌腺分泌产生,主要借助于空气和水传播作用于靶器官或靶细胞,从而影响动物的性行为和性机能。“外激素”不是激素,而是动物不同个体间的“化学通讯物质”,在动物繁殖中有重要意义,因此,也将它们列入生殖激素。

5. 其他组织器官分泌的激素

生殖系统外的所有组织器官均可分泌,有很多激素对卵泡发育、黄体消退具有直接的作用。

根据化学性质,又可将生殖激素分为 3 类:蛋白质类激素、类固醇类激素、脂肪酸类激素。

(三)生殖激素的作用特点

(1)生殖激素必须与其受体结合后才能产生生物学效应。各种生殖激素均有一定的靶细胞或靶器官,并且是一一对应的,生殖激素必须与靶器官或靶细胞中的异性受体结合后才能产生生物学效应。受体与激素的结合能力影响生殖激素的生物学活性水平。通常来说,结合能力越强,激素的生物学活性越高,受体水平或结合能力下降时,激素的生物学活性受到影响。

(2)在动物机体中,生殖激素由于受裂解酶的作用,其活性丧失很快。生殖激素的生物学活性在体内消失一半所需的时间,称为半存留期或半衰期。半存留期短的生殖激素,一般呈脉冲式释放,在体外必须多次提供才能产生生物学效应。相反,半存留期长的激素,一般只需一次供药就可产生生物学效应。

(3)微量生殖激素即可产生巨大的生物学效应。正常生理状况下,动物体内生殖激素的含量极低,但其所起的生理作用十分明显。

(4)生殖激素的生物学效应与动物所处的生理时期及激素的用量和用法有关。同种激素在不同的生理时期或不同使用剂量和使用方法条件下,所起的作用不同。例如,在动物发情排卵后一定时期连续使用孕激素,可诱导发情;但在发情时使用激素,则可抑制发情。在妊娠期使用低剂量的孕激素,可以维持妊娠;但如果大剂量使用,突然停止,则可终止妊娠,导致流产。

(5)生殖激素间具有协同或拮抗作用。某种生殖激素在另一种或多种生殖激素的参与下,其生物学活性显著提高,这种现象称为协同作用。相反,一种激素如果抑制或减弱另一种激素的生物学活性,则该激素对另一种激素具有拮抗作用。

(6)分子结构类似的生殖激素一般具有类似的生物学活性。

二、生殖激素的功能和作用

见后备母猪饲养员岗位——→信息收集——→七、生殖激素的功能和作用。

三、发情周期

(一)母猪发情周期

大部分母猪都有一个规律的发情周期,平均为 21 d。母猪在这个周期内的大部分时间都性欲不活跃,母猪接受公猪且接受配种的时间仅仅只有该周期中的 3 d时间。这 3 d 就是发情期。在发情期间,后备母猪和经产母猪会非常敏感,会非常积极地寻找公猪。尽管在不同季节会有不同,但是后备母猪和经产母猪在整年都能生育。这些行为表现主要由动物体内的内分泌系统调控,其中参与调控的主要激素如图 4-2 所示。

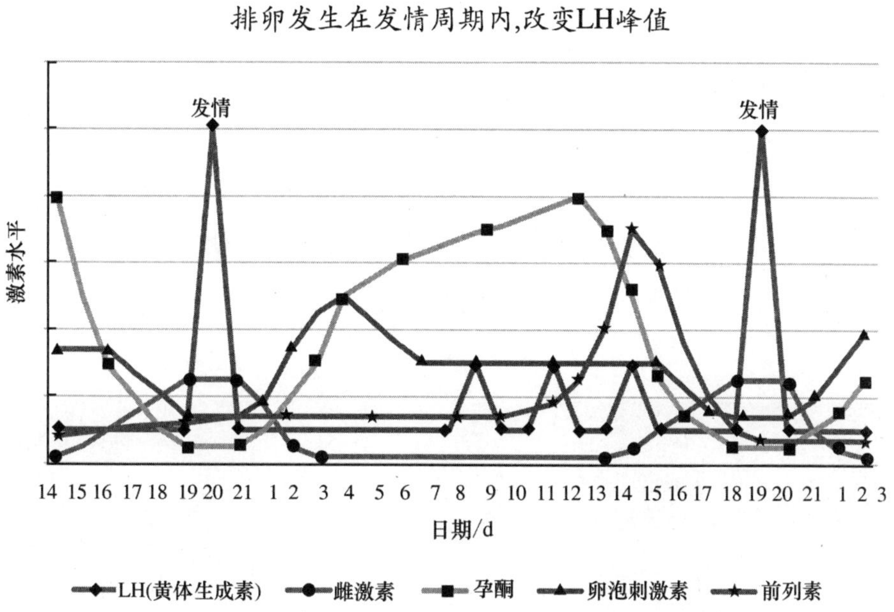

图 4-2　发情周期内体内激素变化

(二)发情各阶段表现及鉴定方法

1. 发情前期

发情前期是在后备母猪或经产母猪发情之前,当母猪变得焦躁不安且非常活跃时,这是生育期的第一个迹象。在这个时期,母猪的外阴部肿大且变红

(图 4-3),还有其他与完全发情时相同的表现,但是母猪通常不会静立不动。在发情前期,后备母猪/经产母猪经常会爬到隔栏上或者栏舍边上,并且咬猪舍隔栏。在发情期之前的发情前期,后备母猪或经产母猪会变得焦躁不安,并且外阴经常会产生水样分泌物。母猪会发出尖锐的呼噜声或哼声。后备母猪或经产母猪可能会爬跨其他的母猪,但是不会完全静立不动接受配种。发情前期通常会持续 1 d。

2. 发情中期

发情中期是静立发情期。后备母猪的发情中期持续 1～2 d,经产母猪的发情中期持续 2～3 d,有的经产母猪甚至长达 4 d。发情中期是后备母猪或经产母猪接受配种或授精的时期。与后备母猪相比,经产母猪发情更容易预测,因为经产母猪会受到断奶过程的刺激而发情。在断奶时移走仔猪会改变激素平衡。当黄体酮因黄体的萎缩而迅速下降时,经产母猪的发情周期开始。通常,经产母猪会在断奶后的 4～7 d 开始发情。在发情前期出现的外阴红和肿大的情况会慢慢开始减弱,发情前期时的水样分泌物会变成透明黏性分泌物。通常母猪的食欲会减退。后备母猪的发情中期或静立发情期会持续 1～2 d,经产母猪会持续 2～3 d。在发情中期,母猪会发出尖锐的呼噜声或哼声。母猪静立不动接受压背,尤其是公猪在场时尤为明显。在公猪的刺激下,母猪可能会颤抖或上下摆尾。母猪的耳朵可能会向上竖起,外阴仍然会肿大,发红并且分泌透明黏液(图 4-4)。

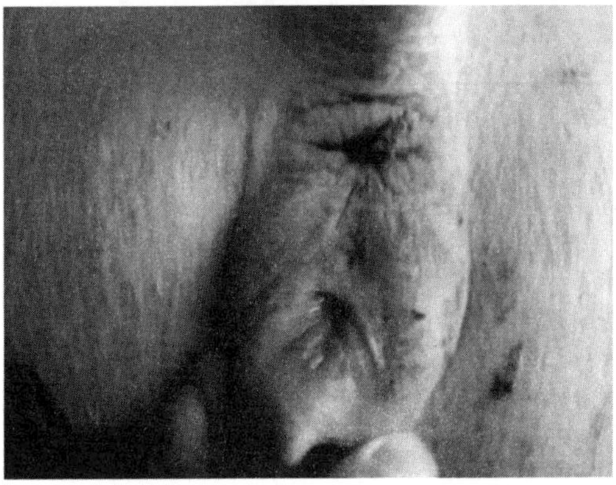

图 4-3　发情前期外阴表现

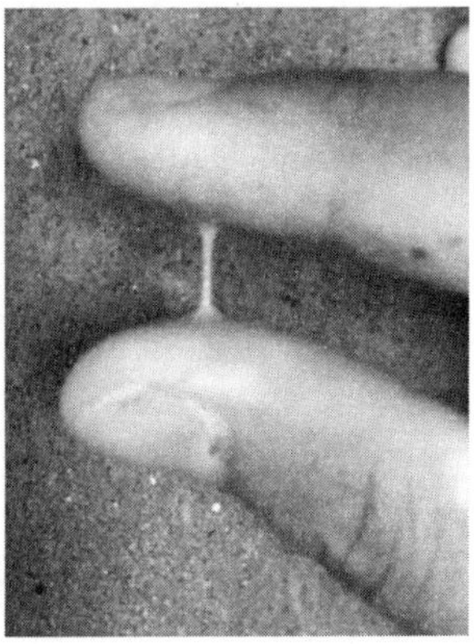

图 4-4　黏液流出

在发情中期,母猪可能会被饲养员吸引,并且摩擦饲养员,尤其是当饲养员靠近过公猪之后。母猪对公猪唾液中产生的信息素有反应,寻找与公猪的直接接触。发情中期的母猪将会闻嗅其他母猪或公猪的肚子和两侧。发情中的母猪在其他母猪或公猪爬跨时会静立不动(图 4-5)。最重要的是发情中期的母猪允许对其配种。

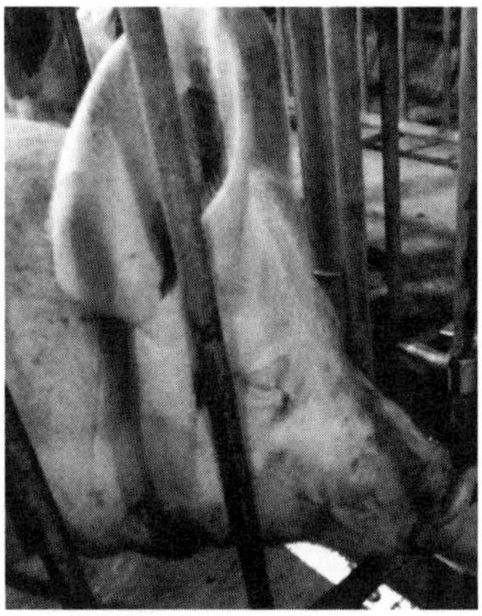

图 4-5　静立表现

当发情中的母猪与公猪直接接触或是在有公猪在场的情况下给母猪后背施加压力时,母猪会让你知道它已经为公猪的配种或人工授精做好了准备。此时,后备母猪或经产母猪会出现静立反应。用于生产的卵细胞被释放或者排卵通常是在发情期的 2/3 时间点完成的。理想状态下,这头母猪将会在排卵之前的 6～8 h 受精。

3. 发情后期

发情后期经产母猪或后备母猪将不会静立不动,外阴颜色消退,没有发情表现,而且不能进行配种。

四、查情公猪选择

查情公猪的选择不需要其具有遗传上的优势,但原则上应该是健康的、成熟的、并且具有很高的性欲水平。研究表明,性欲"高"的公猪比性欲"低"的公猪在刺激后备母猪初情期上(即第一次发情期)更有效。这种水平的性欲效应也可以应用于断奶母猪发情和处于发情期母猪的刺激上。

有时会选择未成熟的公猪来查情,因为它们体重轻,更容易操作和训练,对养殖技术人员的威胁也较小。12 月龄以下的公猪与年长公猪相比,其刺激水平较低,可能会使查情准确率降低。公猪提供的身体接触(即触觉暗示)和嗅觉(即嗅觉刺激)是刺激母猪发情和表现发情症状的两个主要组成部分。公猪从唾液和尿液发出的信息素(3-烯醇和 5-雄烯酮)是嗅觉刺激发情的主要组成部分。分泌这些成分的腺体直到 6～8 个月才开始发育。因此,日龄较大的公猪比日龄较小的公猪,在准确查情上更有效。当无公猪可用时,可以用装在喷雾器中的人造公猪激素或浸泡在公猪包皮液、尿液中的布片作为查情的辅助工具,但不能取代公猪所提供的更直接的刺激。

对查情公猪要有耐心和爱心，以使其成熟后保持良好的工作状态。被虐待过的公猪会对人类产生恐惧和逆反心理。任何有暴力攻击行为的公猪都应该被淘汰。

查情公猪需要能量来维持性欲和生长，但也不宜过多。普遍的共识是，适度限制食量有助于避免种公猪变得越来越胖和慵懒，可以帮助它们保持较高的性欲。在查情期间，查情公猪经常会吃到洒在过道上的少量残留饲料。这种觅食行为有助于降低公猪的移动速度，因为它使公猪的头部与被查情的母猪密切接触。但是，如果有太多分散的饲料，可能会分散公猪的注意力，最好在查情之前清扫通道。

五、适时配种

生产上很难预测何时排卵，故通常采用多次配种的方法(最佳配种次数为2.0～2.3次)(图4-6)，以确保母猪生殖道中有精液存在，并且精子已经做好在适当时候进行受精的准备。

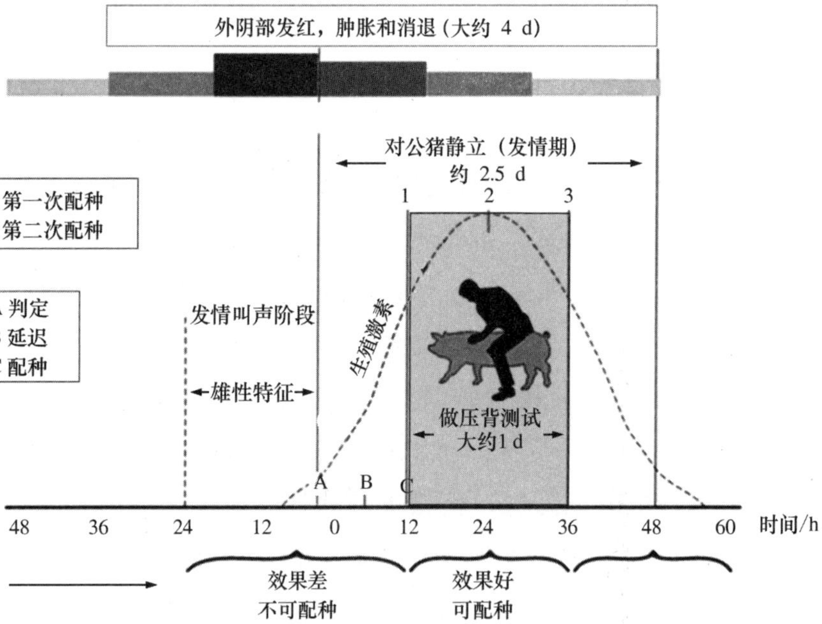

图 4-6 排卵与配种时间

无论采用何种计划，重要的是只要母猪处于静立发情期，就应考虑重复进行授精。母猪的最佳输精时间需要根据断奶后发情间隔的长短、母猪出现静立反应时间的早晚进行确定(图4-7)：

(1)静立反应早的母猪,多是在断奶后 3～4 d 发情的母猪,可在出现静立反应后的 24～36 h 第一次配种,第一次配种后的 12～16 h 第二次配种,若仍有静立反应可在第二次配种后 12～16 h 再配一次。

(2)静立反应正常的母猪,多是断奶后 5 d 发情的母猪,第一次配种在静立反应后的 12～24 h,第一次配种后 12 h 再配种一次。

(3)静立反应晚的母猪,一般是断奶后 7 d 及以上才发情。母猪、后备母猪及返情母猪,在有静立反应后应立马配种,若配种后 12 h 仍有静立反应可再配种一次。

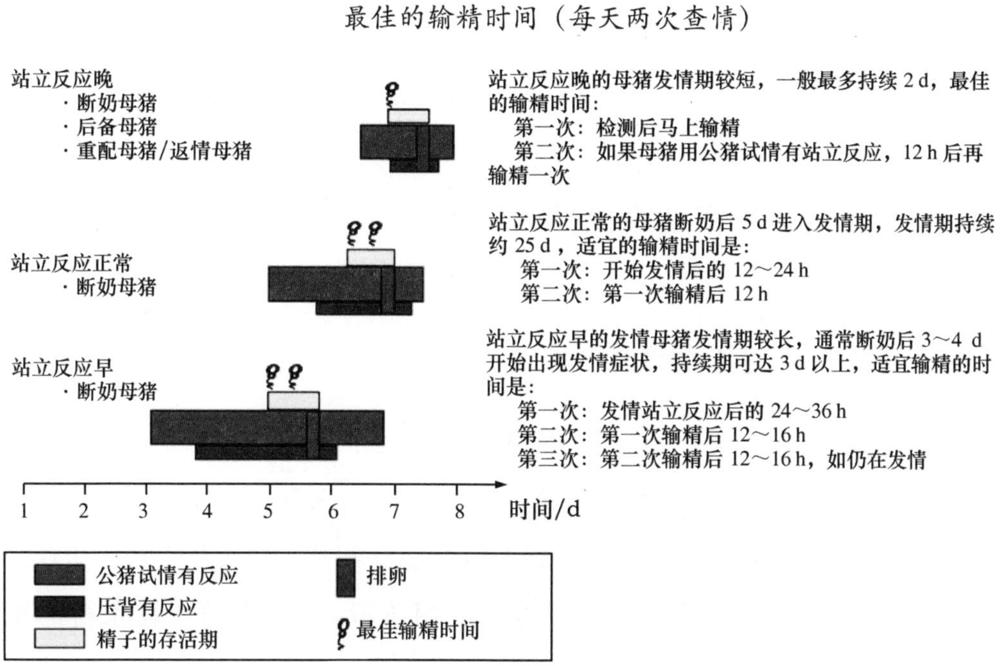

图 4-7　静立反应时间对配种时间的影响

资料来源:Dr. K. Weitze，德国,1994

发情母猪在遇到公猪时会表现出强烈的静立反应,而这个强烈的静立反应通常只会持续 5～15 min,超过 15 min 后母猪在 1 h 之内就会进入抑制期(图 4-8)。这就要求配种员在配种前应做好各项准备工作,然后再将公猪赶至待配母猪处,从母猪见到公猪开始,配种员需要在 10 min 左右的时间内完成配种工作,才能达到最佳的配种状态。

A: 试情后马上输精
B–C: 站立反应高峰，最佳输精时间

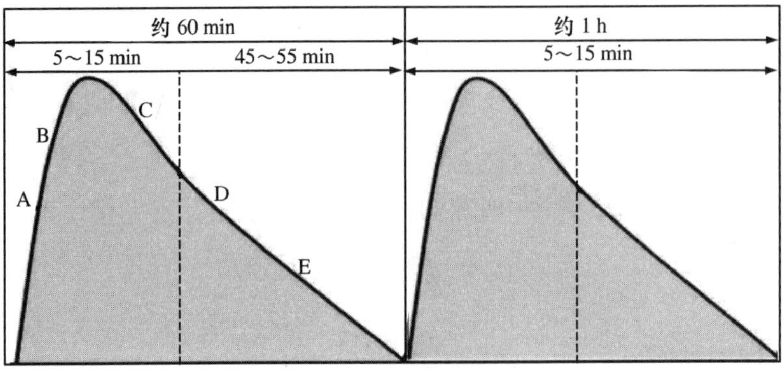

站立反应开始　D: 不太接受，非输精最佳时间
E: 站立反应结束，不能输精

图 4-8　静立反应周期

六、人工授精技术规程及深部受精技术

(一)猪人工授精技术简介

人工授精研究，始于公元 1780 年意大利生理学家司拜伦瑾尼(Spallanzani)第一次成功地对犬进行人工授精试验，直到 19 世纪末和 20 世纪初对马试验成功，然后用于牛、羊、猪及其他家畜。到 20 世纪 30 年代，才初步形成一套较完整的人工授精操作方法，并从试验阶段进入实用阶段，成为繁殖改良家畜的重要手段。

猪人工授精是指用人工辅助器械采取公猪精液，经过试验室检查、处理和保存，再用器械将公猪精液输入到发情母猪生殖道内的一种配种方法。猪人工授精技术是以种猪的培育和商品猪的生产为目的而采用的最简单有效的方法，是进行科学养猪、实现养猪生产现代化的重要手段。20 世纪 30 年代在苏联的集体农庄已经广泛地开展猪的人工授精。在 20 世纪 50 年代受苏联的影响，我国南方各省也广泛地开展了猪的人工授精。20 世纪 90 年代初，由于大量引进国外品种，传统的人工授精技术不能适应新猪种的要求，而使许多养猪场重新回到本交配种。直到 20 世纪 90 年代末，由疫病控制、引种和降低配种成本需要，在广东省首先引进国外最新人工授精技术，并取得良好效果。它的优点体现在：

第一，提高优秀引进种公猪的利用率，节省饲养公猪的饲料和费用。

自然交配一次，公猪的射精量只能配一头母猪，采用人工授精技术，公猪的一次射精量可以配母猪 10～30 头。在自然交配的情况下，一头公猪一年负担 25～30 头母猪的配种任务，繁殖仔猪 600～800 头；而采用人工授精技术，一头优秀的引进种公猪可负担 400～1 500 头母猪的配种任务，繁殖仔猪 1 万头以上。

第二，猪人工授精对猪遗传及联合育种的优势。

保存优良种公猪或濒危猪种的精液，使公猪的使用不受其生理年限的限制，实现遗传资源的保存；可使种公猪跨群或跨地区使用更为方便、经济、安全，便于引入外源群体的基因；对公猪需求量的减少可增加公猪的选择强度；可以获得大量优良公猪的后代，将它们的优秀基因迅速推广，从而加快遗传进展的扩散速度；通过控制公猪的使用建立一个均衡的群体结构，提高遗传参数及育种值估计效率，和自然交配相比，50%、100%人工授精分别使 10 年选择的累积遗传进展提高 14%及 17%。因此，人工授精在技术上可以解决我国种猪场数量多、规模小的问题，实现猪的联合育种，也是当前我国养猪业提高猪育种效率、完善良种繁育体系的最经济、最有效的手段之一。总之，通过地方优秀公猪的精液进行人工授精，可以加速猪育种的遗传进展，加大优良基因在猪群中的覆盖率，提高猪群生长速度，降低料肉比，提高出栏猪的均匀度和整齐度，最终把产品质量提升到更高的档次，使我国的猪种在国际养猪业竞争中争得一席之地。大力开展引进种猪人工授精技术的应用与推广研究能很迅速安全地使猪场与猪场之间优良种猪以精液的形式进行遗传资源的交流，这样即可在最短的时间内实现较大范围的场与场间猪的联合育种。

第三，有利于品种布局。

人工授精能充分发挥优良瘦肉型公猪的作用，加快商品瘦肉型猪生产步伐，统一供精可以科学地调整品种布局，做到杂而不乱。

第四，克服体格大小的差别，充分利用杂种优势。

在自然交配的情况下，一头大的公猪很难与一头小的母猪配种，反之亦然。有的猪有喜好性，相互不喜欢的公母猪也很难进行配种，这样，对于优秀公猪的保种(要指定配种时)和种猪品质的改良,都会造成一定的困难。对于商品猪场来说,利用杂种优势,培育肥育性能好、瘦肉率高、体型优秀的商品猪,特别是出口猪,也会面临一定的困难。而利用人工授精技术,只要母猪发情稳定,就可以克服上述困难,根据需要选择配种,这有利于优质种猪的保种和杂种优势作用的充分发挥。

第五,减少疾病的传播。

进行人工授精的公母猪,一般都是经过健康检查的猪只,只要严格按照操作规程配种,减少采精和精液处理过程中的污染,就可以减少部分疾病,特别是生殖道疾病的传播,从而提高母猪的受胎率和产仔数。

第六,克服时间和区域的差异,适时配种。

自然交配时可能会出现母猪发情但没有公猪可利用,或需进行品种改良但引进公猪又较困难的情况,而采用人工授精,则可将公猪精液进行处理,保存一定时间,可随时给发情母猪输精配种。猪场可以不引进公猪而购买精液(或冻精),能做到保证质量和适时配种,从而促进养猪业社会效益和经济效益的提高。

第七,节省人力、物力、财力,提高经济效益。

人工授精和自然交配相比,饲养公猪数量相对减少,节省了部分人工、饲料、栏舍及资金,即使重新建立一座合适的公猪站,总的经济效益还是会提高;若单纯购买猪精,将会创造出更高的经济效益。同时,人工授精还是猪场集中断奶、集中配种的重要条件,好的猪人工授精技术条件还可以提高母猪受胎率,因为人工授精所使用的公猪都是经过严格挑选的,且每次采精后都要经过镜检,这是自然交配很难做到的。

(二)母猪生殖系统

1.母猪生殖系统解剖

(1)卵巢。猪卵巢的形状、大小、位置和内部结构因发育程度和机能状态不同而有明显的差异,4 月龄以前未达到性成熟的小母猪,卵巢呈椭圆形,大小约 0.4 cm×0.5 cm,表面平滑,淡红色,多位于荐骨岬两旁腹侧面的稍后方,腰小肌腱附近。接近性成熟时的 5~6 月龄的小母猪,卵巢表面因有突出的小卵泡而呈桑葚形。大小约 2 cm×1.5 cm,位置稍移向前下方,位于髋结节前缘横切面上部。性成熟后和经产的母猪,卵巢长约 5 cm,位于髋结节前缘约 4 cm 横断面上,因有许多较成熟的卵泡而使表面呈起伏不平的结节状,卵巢前端与输卵管伞相连,后端以卵巢固有韧带与子宫角相连。卵巢系膜与卵巢固有韧带间由输卵管系膜形成宽大的卵巢囊,性成熟时卵巢大部分藏于囊内。

(2)输卵管。长 15～30 cm,前端形成宽大的输卵管漏斗,可包住整个卵巢。输卵管的前段弯曲而粗,无明显的输卵管壶腹。后段直而细,称为峡部,连于宫角,与子宫角之间无明显分界。

(3)子宫。属双角子宫。子宫角特别长,弯曲如小肠。经产母猪可达 1.2～1.5 m。子宫体很短,约 5 cm。子宫颈长,成年猪长 10～15 cm,子宫颈为子宫体的 3 倍,是子宫最狭窄的部分。其黏膜褶在两旁集拢形成两行半球形隆起,称子宫颈枕。子宫颈枕交错相嵌,使子宫颈管呈狭窄的螺旋形。猪子宫颈与阴道无明显分界,也不形成子宫颈阴道部。子宫系膜发达,含有大量平滑肌纤维。

(4)阴道。长 10～12 cm,较狭,前端不形成阴道穹隆,后端与阴道前庭相接。阴道与阴道前庭以腹侧壁的尿道外口为界。在尿道外口前方有环形的阴瓣,幼猪稍发达。

(5)阴道前庭。黏膜形成两对纵褶,纵褶间有多个前庭小腺的开口。

(6)阴门。阴唇皮肤有稀疏的毛。背侧连合钝圆、腹侧连合呈锐角,并垂向下方。阴蒂体位于前庭底壁内、略弯曲,末端形成不发达的阴蒂头突出于阴蒂窝内。

2.母猪的生殖生理特点

(1)排卵。母猪在一次发情中排出的卵子数量是恒定的,一般为 10～25 个。卵子通过输卵管的时间约为 50 h。其中卵子到达壶腹部的时间仅为 6～12 h,而卵子保持受精能力的最长时间约为 12 h。

(2)受精。猪子宫颈管开放的程度较大,精液可直接射入子宫。壶腹部是卵子受精的部位,也是精子将要到达的终极目标。输卵管是成对存在的,长度 10～25 cm。精子从母猪子宫颈出发,穿过子宫颈,游过子宫体、子宫脚,最后到达输卵管壶腹部,全程将近 1～1.7 m。对于微小的精子来说,这是一段漫长的路程。猪的精子比较小，50～60 μm，形状像蝌蚪。精子的运动速度比较慢，大概在 1 cm/h，主要需要靠子宫的收缩和液流的流动来加快它到达受精部位。大部分精子于射精后 2 h 到达子宫和输卵管连接处，并在 24 h 内不断向输卵管运动。最先到达输卵管壶腹的精子需 15～20 min。

(三)子宫颈输精

子宫颈输精俗称常规人工授精(AI)，是指用器械采取公猪的精液，经过检查、处理和保存，再用器械将精液输入到发情母猪的生殖道内以代替自然交配的一种配种方法。

(四)子宫体输精

子宫体输精又称子宫颈后人工授精、新型子宫内深部输精、深部授精技术(PCAI)，与常规子宫颈内授精相比，在将常规输精管插入子宫颈皱褶后，再插入一个细的和半软的输精内管，它比常规输精管长 15～20 cm，可以通过子宫颈皱褶进入子宫体(图 4-9、表 4-1、表 4-2)。

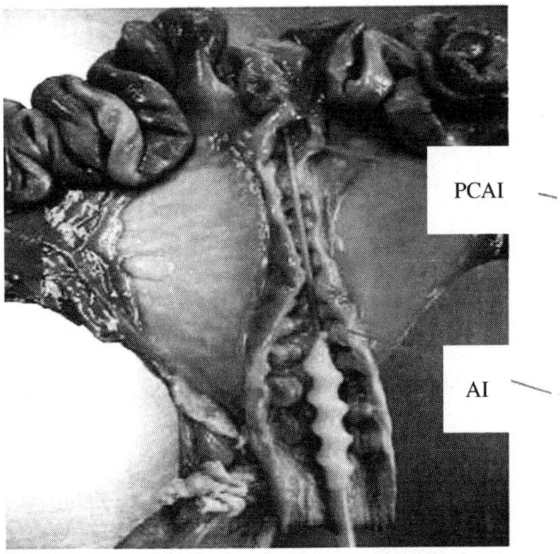

图 4-9　子宫颈输精与子宫体输精

表 4-1　不同配种方式的对比实验

类别	本交	AI	PCAI
公猪数量	1∶40	1∶100	1∶200
精液量/(mL/剂)	250～400	80	40
有效精子数/(亿个/剂)	600～800	30	15～20
精液输入位置	子宫颈	子宫颈	子宫体
输精所用时间	5～10 min	5～10 min	3～5 s
生产表现		无明显差异	

表 4-2 PCAI 在 1 胎猪应用的生产指标比较

项目	AI	PCAI	*P* 值
母猪	165	165	
精子	3	2.4	
体积	90	45	
平均使用剂量	2.5	2.4	
分娩率	89.1%	91.5%	ns
出生总仔数	11.9	12.5	ns
配种时公猪接触	需要	不需要	
导管通过困难/个	0	96	
出血/个	4	38	
人工授精过程中返流/个	75	38	

引自 Sbardella et al. Reprod. Dom. Anim. 2013 in press.

七、超期不发情母猪处理方法

母猪不发情是导致淘汰的常见原因，这增加了对母猪的需求和母猪的成本。为了开始一轮生殖周期，母猪必须表现出发情的迹象，以便进行授精，并开始妊娠。无论是后备母猪还是断奶母猪，总有一小部分动物没有发情的迹象，或者它们发情的时间比正常情况要晚。如果它们没有表现出发情的迹象，问题就很严重，因为不可能开始繁殖周期；但是如果它们表现出发情的延迟迹象（通常在断奶后发生），则会影响批次的结构，从而影响每批产下的产仔数，除了增加生产成本外，农场还有一定比例的非生产性母猪。

诊断病因的第一步是找出卵巢是否真的无效或已经损坏；为此，我们可以在屠宰场进行检查。另一种检查方法是测量黄体酮水平，它在发情周期的黄体期达到最高水平，因此也是周期性的。

1. 无效卵巢

无效卵巢会导致初情期延迟，因此有必要检查所有可能导致初情期延迟的因素：

（1）在饲养阶段生长缓慢。每天少于 550 g 的生长与初情期延迟有关。

(2)缺乏脂肪。瘦素是脂肪细胞分泌的一种激素，在调节能量平衡中起重要作用。高浓度的瘦素对促性腺激素释放激素（GnRH）的释放起积极作用，从而刺激垂体，随后释放促卵泡激素（FSH）和黄体生成素（LH）激素，这将对卵巢的活动起作用。缺乏脂肪会降低瘦素的循环水平，对初情期产生负面影响。由于基因型增加了它们的瘦肉率，严重定量配给的母猪可能会看到它们的初情期受损。寒冷、潮湿、通风导致使用脂肪储备的情况将不利于初情期。

(3)缺乏刺激。公猪的出现是初情期发作的最有力刺激。一旦后备母猪达到 180 日龄，并且每天受到公猪的刺激，它们应该在大约 10 d 内发情。公猪接触不能达到预期效果的一些原因：①与公猪不规则接触；②在数量过多的后备母猪的情况下进行接触；③缺乏光照；④过度竞争。

(4)遗传原因。已发现一些遗传问题，可能与 GnRH 释放不良有关。

2. 活跃的卵巢

在卵巢活跃的情况下，我们将面临发情检测问题或发情不明显的问题，在这种情况下，有必要进行以下检查：

(1)公猪刺激。应每天接触，并保持规律（15～20 min/d）（图 4-10）。避免使生长中的后备母猪与公猪直接连续接触，因为这可能导致后备母猪习惯于公猪，从而导致失去刺激效果。与公猪的接触必须直接有效。

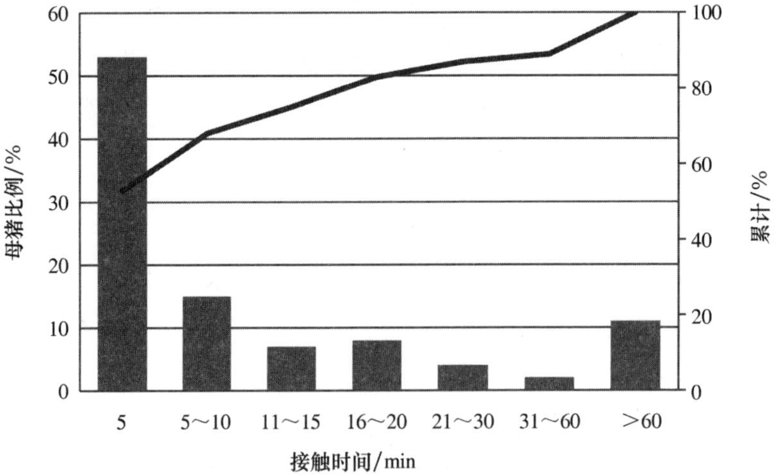

图 4-10 公猪在被引入圈舍后检测发情的母猪所花费的时间

(2)环境条件。避免过冷、过热、过湿或影响正常行为的通风。

(3)组的大小。4～6只母猪的小群是理想的,不要与多头母猪混合。

(4)适当的喂养。经常提供妊娠饲料,其蛋白质和能量仍然很低的后备母猪仍在增长。

3. 体况不达标

营养水平过低,导致后备母猪体质偏瘦,体蛋白和体脂贮存不足,不能发挥正常的内分泌机能和生殖机能;营养水平过高,导致后备母猪过度生长和脂肪沉积,出现体况偏肥而抑制生殖机能,引起不发情。

处理措施:①后备母猪在60 kg以后饲喂专门的后备母猪饲料。②后备母猪在100 kg前自由采食,100 kg至配前2周适当限饲。③定期进行背膘测定,体况偏瘦的增加营养(如增加饲喂量、增加鱼粉等),体况偏肥的控制饲喂量并加强运动。

4. 生殖营养缺乏

据猪场统计数据显示,34%以上的超期后备母猪都是由于生殖营养缺乏引起的(表4-3),尤其是在“肥猪种用”的大环境下生殖营养缺乏已经成为猪场的共性问题。

表4-3　超期后备母猪的原因

因素	调查母猪头数	占总调查母猪头数/%
与繁殖相关功能性成分缺乏	310	34.07%
疾病因素	250	27.47%
膘情不合理	125	13.74%
配种时机	85	9.34%
气候与水土	60	6.6%
繁殖技术	40	4.4%
其他因素	40	4.4%

5. 饲养密度

生产实践表明,高密度(<1 m^2/头)大群(>10头/栏)饲养后备母猪可以引起个体间采食不均、频繁打斗和运动受限,严重影响其生殖机能的发育和性成熟。尤其是很多新建猪场使用定位栏饲养后备母猪，改变了其自然生活习性，造成了心理压力和明显不安，影响内分泌机能的正常运转而造成后备母猪不发情。

处理措施：①后备母猪宜大栏饲养，1.5～2 m^2/头，5～8 头/栏；②待配母猪配种前 2 周再转至定位栏进行优饲管理；③每周至少 2 次运动，1 h/次。

6.舍内环境控制不合理

当舍内温度过高（＞33 ℃，尤其是闷热高温）或过低（＜8 ℃，特别是阴冷潮湿）、通风不良（氨气等有害气体超标）、采光不良（每日光照时间＜16 h）时，后备母猪就会有相当一部分不发情或发情不正常。

处理措施：①温度控制在 18～22 ℃较好，减少冲栏，多以“铲、扫”的方式清理卫生；②每天定时打开窗户进行通风，或安装通风设备（排风扇）；③舍内安装灯管或灯带，保证每天 16 h 光照时间（强度为 200～250 lx）。

7.人为误判

猪场工作人员对于发情鉴定技术掌握不到位，加上缺乏责任心（如观察、记录不详细），再遇上发情状态不明显的后备母猪，就很容易出现误判。如果多次没有鉴定到发情而不能适时参与配种，则后备母猪就会形成持久黄体从而真的不再发情了。

处理措施：①发情鉴定人员要不断学习，提升自身的技术水平；②平时没有公猪诱情时，也要观察后备母猪的发情状态（如阴户红肿、黏液和静立情况等）；③针对发情不明显的后备母猪，要加强关注并采取措施。

8.疾病性因素

包括先天性缺陷（小外阴、阴阳猪等）、卵巢囊肿（如黄体性囊肿）、持久黄体及相关疾病（如子宫内膜炎等）、慢性消耗性疾病（如消化疾病、呼吸疾病和寄生虫病等）以及能够引起后备母猪繁殖障碍的传染病（如蓝耳病、圆环病毒病等）。

处理措施：①加强引种关把控，不合格的后备母猪不留种；②针对有卵巢囊肿或持久黄体类疾病的后备母猪需要及时治疗和处理；③后备母猪（稳定状态下）回场后第 3 周开始进行隔离驯化（药物保健、疫苗免疫和驱虫），实现疾病的净化或压制。

八、妊娠鉴定相关知识

(一)母猪早期妊娠诊断技术

妊娠诊断是母猪繁殖管理中的一项重要内容。配种后,应尽早检出空怀母猪,及时补配,防止空怀。这对于保胎、缩短产仔间隔、提高繁殖力和增加经济效益具有重要意义。除传统的观察法外,现将近年来较成熟、简便,并具有实际应用价值的早期妊娠诊断技术介绍如下。

1. 超声诊断法

超声诊断法是利用超声波的物理特性,将其和动物组织结构的声学特点密切结合的一种物理学诊断法。其原理是利用孕体对超声波的反射来探知胚胎的存在、胎动、胎儿心音和胎儿脉搏等情况来进行妊娠诊断。目前用于妊娠诊断的超声诊断仪主要有 A 型、B 型和 D 型。

(1)B 型超声诊断仪。B 型超声诊断仪可通过探查胎体、胎水、胎心搏动及胎盘等来判断妊娠阶段、胎儿数、胎儿性别及胎儿状态等。具有时间早、速度快、准确率高等优点,但价格昂贵、体积大,只适用于大型猪场定期检查。

(2)多普勒超声诊断仪(D 型)。该仪器可通过测定胎儿和母体血流量、胎动等做较早期诊断。

(3)A 型超声诊断仪。这种仪器体积较小,如手电筒大,操作简便,几秒钟便可得出结果,适合基层猪场使用。据报道,这种仪器准确率在 75%~80%。

2. 激素反应观察法

(1)孕马血清促性腺激素(PMSG)法。母猪妊娠后有许多功能性黄体,抑制卵巢上卵泡发育。功能性黄体分泌孕酮,可抵消外源性 PMSG 和雌激素的生理反应,母猪不表现发情即可判为妊娠。方法是于配种后 14~26 d 的不同时期,在被检母猪颈部注射 700 IU 的 PMSG 制剂,以判定妊娠母猪并检出妊娠母猪。判断标准:以被检母猪用 PMSG 处理,5 d 内不发情或发情微弱及不接受交配者判定为妊娠;5 d 内出现正常发情,并接受公猪交配者判定为未妊娠。

(2)己烯雌酚法。对配种 16~18 d 母猪,肌肉注射己烯雌酚 1 mL 或 0.5% 丙酸己烯雌酚和丙酸睾酮各 0.22 mL 的混合液,如注射后 2~3 d 无发情表现,说明已经妊娠。

(3)人绝经期促性腺激素(HMG)法。HMG是绝经后妇女尿中提取的一种激素,主要作用与PMSG相同。据报道,使用南京农业大学生产的母猪妊娠诊断液,在猪场试用1 000胎次,诊断准确率达100%。

3. 尿液检查法

(1)尿中雌酮诊断法。用2 cm×2 cm×3 cm的软泡沫塑料,拴上棉线做阴道栓塞。检测时从阴道内取出,用一块硫酸纸将泡沫塑料中吸纳的尿液挤出,滴入塑料样品管内,于−20 ℃贮存待测。尿中雌酮及其结合物经放射免疫测定,小于20 mg/mL为非妊娠,大于40 mg/mL为妊娠,20～40 mg/mL为不确定。

(2)尿液碘化检查法。在母猪配种10 d以后,取其清晨第一次排出的尿放于烧杯中,加入5%碘酊1 mL,摇匀,加热、煮开,若尿液变为红色,即为已怀孕;如为浅黄色或褐绿色说明未孕。本法操作简单,准确率达99%。

4. 血小板计数法

文献报道,血小板显著减少是早孕的一种生理反应,根据血小板是否显著减少就可对配种后数小时至数天内的母畜做出超早期妊娠诊断。该方法具有时间早、操作简单、准确率高等优点。尤其是为胚胎附植前的妊娠诊断开辟了新的途径,易于在生产实践中推广和应用。在母猪配种当天和配种后第1～11天从耳缘静脉采血20 μL置于盛有0.4 mL血小板稀释液的试管内,轻轻摇匀,待红细胞完全破坏后再用吸管吸取一滴充入血细胞计数器内,静置15 min后,在高倍镜下进行血小板计数。配种后第7天是进行超早期妊娠诊断的最佳血检时间,此时血小板数降到最低点$(250\pm91.13)\times10^3/mm^3$。试验母猪经过2个月后进行实际妊娠诊断,判定与血小板计数法诊断的妊娠符合率为92.59%,未妊娠符合率83.33%,总符合率93.33%。该方法虽有时间早、准确率高等优点,但应排除某些疾病所导致的血小板减少。例如,肝硬化、贫血、白血病及原发性血小板减少性紫癜等。

5. 其他方法

(1)公猪试情法。配种后18～24 d,用性欲旺盛的成年公猪试情,若母猪拒绝公猪接近,并在公猪2次试情后3～4 d始终不发情,可初步确定为妊娠。

(2)阴道检查法。配种10 d后,如阴道颜色苍白,并附有浓稠黏液,触之涩而不润,说明已经妊娠。也可观看外阴户,母猪配种后如阴户下联合处逐渐收缩紧闭，且明显地向上翘，说明已经妊娠。

(3)直肠检查法。要求为大型的经产母猪。操作者把手伸入直肠，掏出粪便，触摸子宫，妊娠子宫内有羊水，子宫动脉搏动有力，而未妊娠子宫内无羊水，弹性差，子宫动脉搏动很弱，很容易判断是否妊娠。一般妊娠后 30 d 可以检出。但该法操作者体力消耗大，又必须是大型经产母猪，所以生产中较少采用。

除上述方法外，还有血或乳中孕酮测定法、红细胞凝集法、掐压腰背部法和子宫颈黏液涂片检查等。母猪早期妊娠诊断方法有很多，它们各有利弊，生产中应根据实际情况选用。

(二)B超检查相关知识

1.返情检查知识

母猪配完种后，会有一定返情或未能怀孕的，一般来说，早检查可以尽快把没有怀孕的母猪查找出来，而晚检查可以尽可能把早期胚胎死亡的母猪也查找出来。

(1)妊娠检查的时间节点。①18～24 d 重点返情检查，并规范返情检查标准。②25～28 d B 超检查。③30～35 d 对疑似妊娠阴性的母猪进行 B 超重检。④30 d 保胎期过后，进入大栏饲养的母猪可根据母猪的表现和视觉检查进行抽检。

所有配过种的母猪都应经常查情，直到妊娠 60 d 左右能明显看出妊娠为止。在配种后着床(12～23 d)前胚胎全部死亡，母猪就会返情，有规律地间隔为 18～24 d。

(2)原因分析。母猪配种后返情的原因分析(一切以详细的发情记录及配种记录为计算依据)：①母猪在配种后 20 d 内返情(18～19 d)，说明配种太迟。②母猪在配种 22 d 后返情(23～24 d)，说明配种过早。③在配种后 21 d、22 d、23 d 内返情，说明配种失败，需要考虑母猪是否有病情、精子质量是否合格等问题。④配种后 39～45 d 内返情，说明上一次发情周期没有查到，需要对返情检测方法进行检查。⑤配种后 25～38 d 内返情，在正常范围之外。母猪怀孕但不能怀胎，可能由于应激、发霉的饲料、有怀孕能力的受精卵子太少或是子宫感染等。⑥在配种 45 d 后返情，在正常范围之外。母猪怀孕但不能怀胎，可能为流产、发霉的饲料、疾病、应激或打架等因素。⑦在 3～18 d 内返情，可能为卵巢囊肿、子宫感染、发霉的饲料等扰乱了正常的繁殖循环。

发情周期约 21 d。在授精后 18～24 d 发情的母猪(没有怀孕)称为规律性返情母猪(图 4-11)。依此类推,在 42 d 或者 63 d 左右返情的母猪也称为规律性返情母猪,返情高峰期分布在这些天。分散在其他天数的称为非规律性返情母猪。

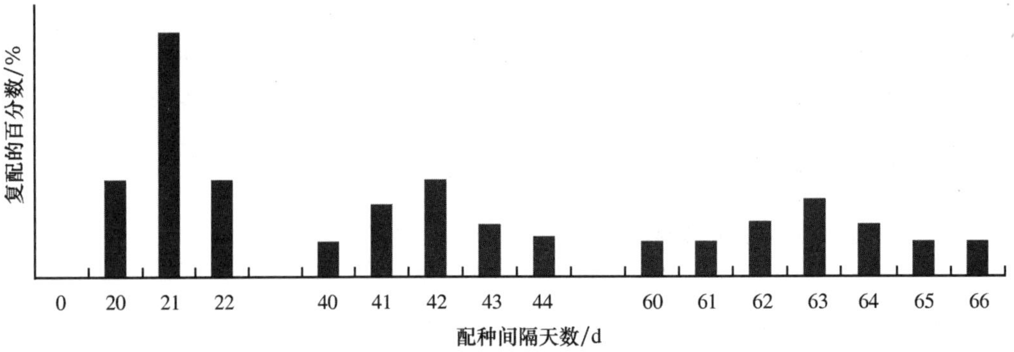

图 4-11 规律性返情的复配

(3)返情母猪的输精规则:①检查母猪阴道分泌物或其他阻碍配种的正常行为。②若一切都正常,一出现站立发情,就得进行输精。③隔 8～12 h 再输精一次,直到母猪不再接受背部按压。

配种后 30～40 d 即着床后到钙化前的胚胎死亡,会导致返情推迟或返情不规则。骨骼钙化开始后胎儿的死亡会造成木乃伊,如果全窝都是木乃伊可能与伪狂犬病有关,且不会返情。整个妊娠期都可能发生流产,流产 5～10 d 后会出现发情或保持乏情状态。

2. B 超使用的原理

(1)B 超原理。兽用怀孕探测仪是利用换能器(探头),经压电效应,发射出高频超声波透入机体组织产生回声,回声又能被换能器接收,变成高频电信号后传送给主机,经放大处理于荧光屏上显现出被探查部位的切面声像图的一种高科技影像诊断仪器。

(2)成像原理。①黑色:主要是液体,包括体内血液、羊水、组织间隙液体、炎症病灶等。②白色:主要指密度较高的物体,包括骨骼、结石等。③灰色:主要指实质性组织,包括肌肉、体内脏器等。

(3)探头检测的位置。由于猪是双孕角,所以左右均可以进行检测。具体位置在母猪腹部和后腿连接的三角区,最后两对乳头中间(图 4-12)。

如果一侧检测到有胚胎的话,就不用再检测另一边了;如果没有检测到胚胎，需左右两边都检测，避免单侧怀孕。

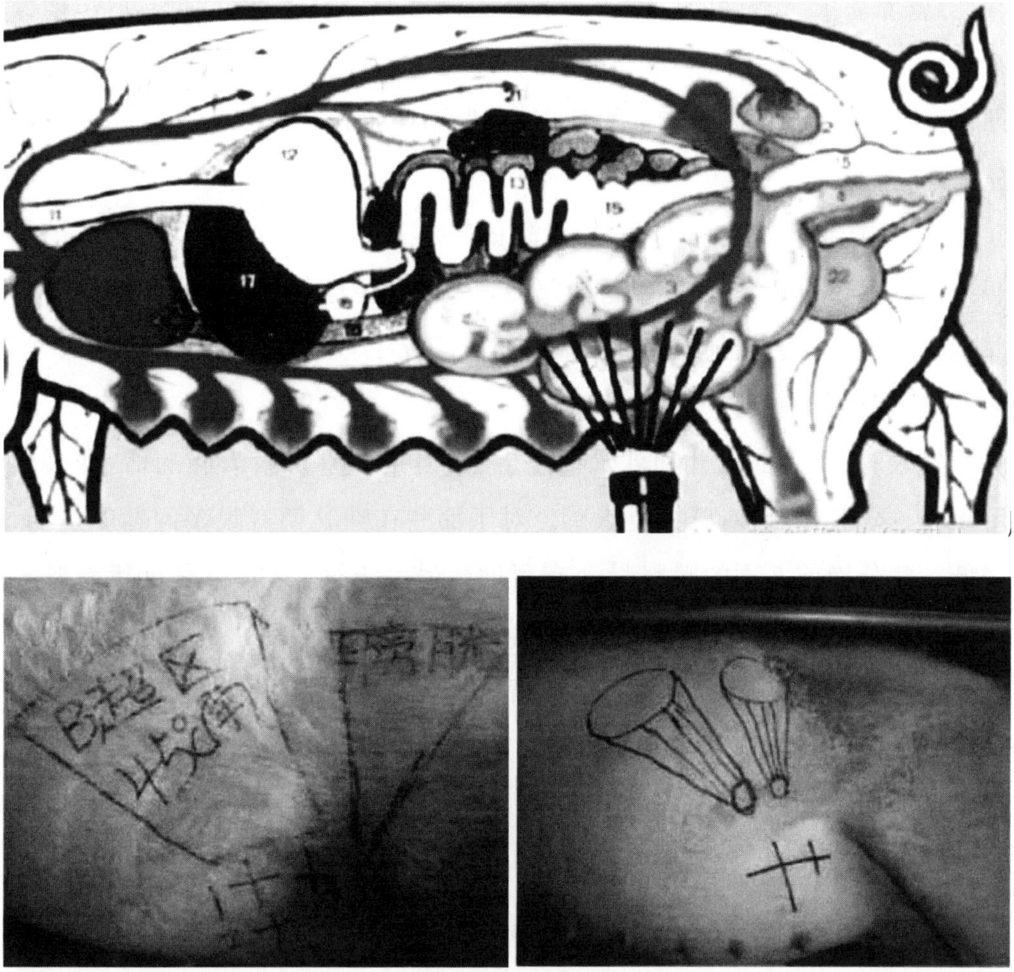

图 4-12　探头位置

膀胱及卵巢检测图检测呈扇形，在 1 点和 2 点位置清晰看到胚胎羊水。

3. 妊娠期胚胎死亡与存活关键点

(1)胚胎死亡发生的阶段。①排卵：卵子少或质量低(营养不良)。②受精：授精不佳，原因：配种员操作不当或公猪问题。③胚胎死亡：胚胎可能死于各种原因，如疼痛、转运应激、喂料站工作不正常、疥螨、为争夺统治地位而打斗、环境不良、能量负平衡。④胎儿死亡(妊娠 35 d 以后)：子宫内空间不足(胎儿太多)或者死于发烧/疾病(不常见)。

(2)胚胎存活的关键。在妊娠 35 d 之前保持平和、安静是必不可少的，因为此前胚胎对子宫内环境变化还非常敏感。从妊娠后第 12 天到第 18 天，胚胎发出雌激素信号，所以黄体完整保留，妊娠继续。骨骼的形成始于妊娠后第 30 天。

(3)营养需求。最好的育种者是最好的饲养者。不要克扣饲料数量，确保母猪在分娩舍背膘损失不太多(3～5 mm)，根据每头母猪的体况进行饲喂，在妊娠早期，母猪恢复体况优先。在妊娠后期，确保胎儿生长和母猪在哺乳期的采食量优先。

如果舍内温度低于 19 ℃，增加母猪的喂料量。低于这一临界温度，饲料将用于维持体温。瘦母猪更快感觉到寒冷，因此这些母猪的临界温度更高一些。有漏缝地板的话，临界温度也会提高。群养情况下，临界温度会稍微降低一些，因为母猪之间挨得很近。

在妊娠的后 40 d，胎儿和乳头快速生长，但是如果母猪太胖的话，乳头就会保留水分，这使得乳头对感染更敏感。对于那些在哺乳期有很多问题的猪场，稍微降低一些分娩前 2 周的喂料量会有帮助。另一方面，此时也是母猪需要大量能量、维生素和矿物质用于未出生的仔猪生长的时刻。

没有饱腹感的母猪很少躺下，并且表现出模式化行为(假咀嚼)。纤维能够确保饱腹感，但不是所有的纤维都一样。例如，稻草纤维很难消化，因此饱腹感效果很低。相反，甜菜渣是一种高度易发酵的营养性纤维，有很好的饱腹感效果。大豆皮和棕榈仁粕饱腹感介于稻草和甜菜渣之间。

4.查返情注意事项

(1)查返情时最好用成年公猪，公猪在母猪栏前行走，并与母猪鼻对鼻地接触。群养时可把公猪赶到母猪栏内，饲养人员要注意发现 3 周外的不规则返情。

(2)查返情时，饲养员要注意查看正常的返情症状，即压背、竖耳、鸣叫、阴户肿胀、红肿。栏养时发情的母猪会在其他母猪躺下时独自站着。

(3)可用拇指测阴户温度，翻查阴户是很有用的：清晰的黏性分泌物、阴户温度增加或其他发情症状。对公猪感兴趣的母猪，应赶到靠近公猪栏的地方观察。

(4)返情前，有些母猪外阴会流出像脓一样的、绿色的或黄色的恶露。这说明子宫或阴道有炎症，因此应注射抗生素并给予特殊照顾。如果分泌物是化脓的、难闻的，应予以反复治疗。对这类母猪的配种只能采用人工授精。

(5)返情母猪的保留和重配决定必须考虑许多因素，例如，淘汰母猪的价格、后备母猪补充的情况和造成返情的原因等。不只是母猪的原因，还要考虑公猪或人工授精操作的影响。

九、母猪妊娠生理特点

(一)母猪的妊娠生理

1.早期胚泡的附植

早期胚胎转移至母体子宫角后，开始呈游离状态，随着胚胎的生长发育，会逐渐与母体子宫内膜发生组织和生理上的联系，这种联系从疏松到紧密的渐进过程称为附植(又称植入、嵌植、着床)。

(1)附植时间。胚胎结束游离期后，胚胎与子宫内膜开始疏松附着，而两者发生密切联系的时间大体是在受精后 20～30 d。

(2)附植的部位。一般胚胎会选择在最有利于其生长发育的部位进行附植。猪的胚胎一般平均附植在两侧的子宫角内。胚胎在附植牢固之前，如果因为饲养管理不当、用药不慎或者外界突然刺激等，都容易导致动物的早期胚胎死亡或早期流产。

2.胎膜和胎盘

(1)胎膜。胎膜即胎儿的附属膜，它是胎儿体以外的几层膜(绒毛膜、尿膜、羊膜、卵黄囊)的总称。其作用是与子宫黏膜交换气体(氧气、二氧化碳)、养分及代谢产物，对胚胎的发育极为重要。胎膜在胎儿出生后即被摒弃，故它是一个暂时性功能器官。

①卵黄囊。是胚胎外的原肠部分，胚胎发育的初期开始发育，是胚胎发育初期从子宫中吸收养分和排出代谢废物的原始胎盘。卵黄囊随着尿囊的发育逐渐萎缩退化，最后在脐带只留下一点痕迹。

②羊膜。是包围在胎儿外面最内的一层透明薄膜，由胚胎的外胚层和中胚层形成。在胚胎和羊膜之间有一充满液体的羊膜腔，腔内充满羊水，能保护胚胎免受振荡和压力的损伤。

③尿膜。是构成尿囊的薄膜，由胚胎的后肠向外延伸而成。其功能相当于胚体外的临时膀胱，对胎儿的发育起缓冲保护作用。随着尿液的增加，尿囊也增大。尿膜分内外两层，内层与羊膜黏连在一起，称为尿膜羊膜。外层与绒毛膜黏连在一起，称为尿膜绒毛膜。尿膜上分布有大量来自脐动脉、脐静脉的血管。

④绒毛膜。是胚胎最外层膜，它包围着尿囊、羊膜囊和胎儿。绒毛膜的外表分布着大量富含血管网的绒毛，并与子宫黏膜相结合。

⑤脐带。是胎儿和胎盘联系的纽带。脐带内含有脐动脉、脐静脉、脐尿管和卵黄囊残迹。

(2)胎盘。胎盘是由胎膜绒毛膜和妊娠子宫黏膜发生联系的组织。其中胎盘中的绒毛膜部分称胎儿胎盘，而子宫黏膜部分称母体胎盘。胎儿通过胎盘从母体器官吸取氧和养分，排出二氧化碳和代谢废物。

猪的胎盘为弥散型胎盘，该类型胎盘的绒毛膜分布较分散而均匀，绒毛膜上的绒毛从各处分散伸出指状突起，插入子宫内膜的腺窝中而将母体与胎儿进行紧密联系。分娩时，绒毛易于从子宫内膜的腺窝中脱出，胎儿胎盘和母体胎盘分离较快，对子宫内膜损伤较小。

(二)母猪妊娠期的生理变化

母猪妊娠后，采食、睡眠、行为和体形等方面都发生一系列变化，表现为食欲旺盛、喜欢睡眠、行动稳重、性情温顺、喜欢趴卧，尾巴常下垂、不爱摇摆，被毛日渐有光泽，体重有增加的迹象。观其阴门，可见收缩紧闭成一条线，这些均为妊娠母猪的综合表征。但个别母猪在配种后 3 周左右出现孕后发情现象，发情持续时间短，一般只有 1～2 d。对公猪不敏感，虽然稍有不安，但不影响采食。

母猪妊娠后新陈代谢旺盛，饲料利用率提高，蛋白质的合成增强，青年母猪自身的生长加快。给妊娠母猪和空怀母猪吃相同数量的同一种饲料，妊娠母猪会比空怀母猪增重明显。

1. 母体增重

妊娠母猪体重变化在正常饲养管理情况下，整个妊娠期经产母猪可增重 40～50 kg，初产母猪可增重 50～60 kg。妊娠期间母体的增重由两部分组成。

(1)子宫及其内容物的增长。妊娠母猪随胎儿的生长发育其子宫也在增长。妊娠母猪子宫的黏膜和浆液膜均发生变化，肌纤维加大，肌肉层急剧增长，结缔组织和血管扩大，结果使胎衣和胎水(羊水)迅速增长。妊娠期间，母猪子宫及其内容物增长情况如表 4-4 所示。

表 4-4　母猪妊娠期间子宫、胎衣和胎水的重量

妊娠天数	子宫		胎衣		胎水	
	重量/g	与 47 d 比/%	重量/g	与 47 d 比/%	重量/g	与 47 d 比/%
47	1 300	100	800	100	1 350	100
63	2 450	189	2 100	420	5 050	374
81	2 600	200	2 550	510	5 650	419
96	3 441	265	2 500	500	2 250	207
108	3 770	290	2 500	500	1 890	140

随着妊娠期的增进，母猪子宫、乳腺和胎儿内沉积的营养物质也随之增加，约有 50%的蛋白质和 50%以上的能量是在最后的 1/4 时期沉积的，钙、磷的沉积率亦以末期为最高。

(2)母体本身营养物质的沉积。妊娠期间，母猪具有较强的贮存营养物质的能力，母猪增重中 15%是蛋白质，25%是脂肪，其贮存部分一般为胎儿的 1.5～2 倍，高的可达 4 倍。这种贮存对分娩后母猪的营养具有重要意义。母猪的增重以前期为主，而妊娠中、后期，由于胎儿发育超过母体增重，此时母体的能量和营养物质的沉积量会显著下降。

2. 孕期合成代谢

妊娠母猪喂以与空怀母猪相等水平的饲粮时，妊娠母猪除能保证其胎儿和乳腺组织增长外，母体本身的增重高于空怀母猪(表 4-5)。这表明，在同等营养水平下，妊娠母猪比空怀母猪具有更强的沉积营养物质的能力，这种现象称为“孕期合成代谢”。事实上，妊娠促进母体增重是生物的一种适应性，其他哺乳动物也可能存在“孕期合成代谢”这种现象。“孕期合成代谢”的机理尚不清楚，目前多半认为，妊娠期间由于甲状腺和脑下垂体等内分泌腺机能的加强，提高了合成新组织的能力。

表 4-5　在相同采食量下妊娠母猪与空怀母猪的体重对比　　kg

妊娠或空怀		采食量	配种体重	临产体重	产后体重	净体重	相差
Ⅰ	妊娠	225	230	274	250	20	16
	空怀	224	231	235	235	4	—
Ⅱ	妊娠	418	230	308	284	54	15
	空怀	419	231	270	270	39	—
Ⅲ	妊娠	233	197	233	211	14	9
	空怀	233	196	201	201	5	—

母猪“孕期合成代谢”的强度随营养水平不同而异，低营养水平时的合成强度高于高营养水平。有研究报道，在能量供应水平较低时，妊娠母猪的能量和蛋白质的利用率分别提高 9.2%和 6.4%。妊娠期间，由于胎儿的生长发育和母体变化，在母猪物质代谢加强的同时，能量代谢也有提高，妊娠后期更加明显。母体在整个妊娠期内代谢率平均增加 11%～14%，妊娠后期可达到 30%～40%。

(三)胎儿发育规律

卵子在输卵管壶腹部受精后，受精卵沿着输卵管向两侧子宫角移动，附植在子宫黏膜上，在它周围逐渐形成胎盘，母体通过胎盘给胎儿供应营养。胎重的增长特点是前期慢，后期快，最后更快(图 4-13)。猪的妊娠期 114 d(108～120 d)，妊娠 1～90 d 胎儿重 550 g，而最后 24 d 增重很快，体重可达 1 300～1 500 g。胎重的 2/3 是在妊娠最后的 1/4 期内增长的，妊娠最后 1 个月胎儿增重占出生重的 60%，而胎高、胎长的增长相对较平缓。

随着胎龄的增加，胎体化学成分亦不断变化。水分含量逐渐减少，蛋白质、能量和矿物质则逐渐增加。在胎体成分中，约有一半的蛋白质和一半以上的能量、钙、磷是在妊娠的最后 1/4 时期内增长的。根据胎儿的发育变化，常将 114 d 妊娠期分为两个阶段，妊娠前 84 d 为妊娠前期，妊娠 85 d 到出生为妊娠后期。虽然妊娠前期胚胎体重、体长增长较慢，但却是胚胎组织器官分化发育最旺盛、激烈的阶段；而妊娠后期不但生长迅猛，而且发育激烈。因此，前期对营养需要量不多，但必须全价，而后期所需营养物质不但量要大，品质也要好。

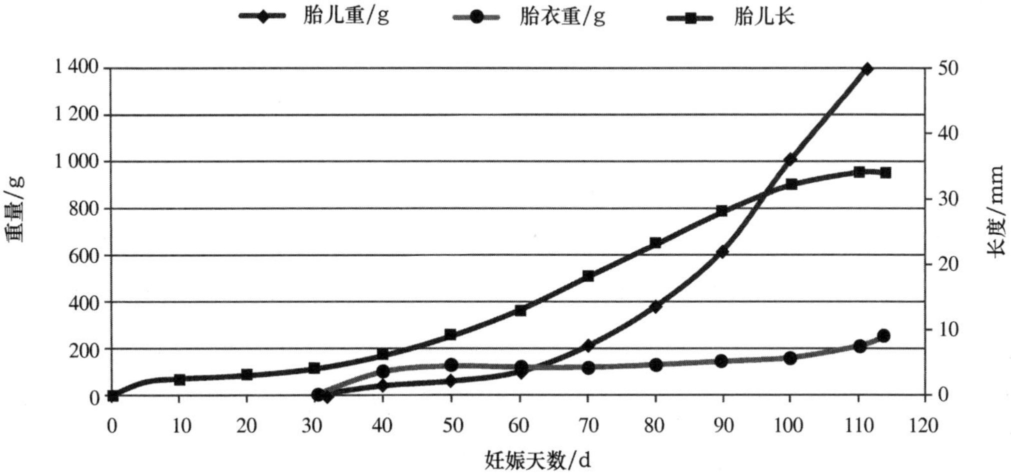

图 4-13　妊娠期胎儿发育规律

十、妊娠母猪的饲养

(一)妊娠母猪的营养需要

妊娠母猪吸收的营养，首先要满足母猪的维持需要，其次是供给胎儿生长发育的营养需要，这是妊娠母猪营养需要的主导部分，还有在妊娠后期乳房组织、子宫增生肥厚的营养需要。对青年母猪来讲，其自身发育尚未结束，也需要营养供给。妊娠母猪的营养需要根据母猪品种、年龄、体重、胎次有所不同。

1. 能量

妊娠母猪需要的能量包括母猪维持需要、母体增重需要和妊娠产物需要三大部分。妊娠母猪的维持能量需要占总需要量的 75%～80%。1998 年 NRC 推荐的妊娠母猪消化能为 25.56～27.84 MJ/d。妊娠母猪能量供给过多会影响母猪繁殖成绩和将来的泌乳，乃至整个生产。过高的能量水平会降低胚胎的存活。试验表明，高能量日粮[ME 38.08 MJ/(d·头)]会增加胚胎死亡，配种后 4～6 周胚胎的存活率为 67%～74%(表 4-6)；而低能量日粮[ME 20.90 MJ/(d·头)]存活率为 77%～80%。同时，能量水平，特别是妊娠后期能量水平对仔猪初生重影响较显著，如果母猪日粮消化能在 20.90 MJ/(d·头)以下，会降低仔猪初生重；但当超过 20.90 MJ/(d·头)时，初生重增加并不明显。

表 4-6 配种后 4～6 周能量高低对胚胎的存活率

组别	高能量日粮	低能量日粮
能量水平	ME38.08/(d·头)	ME20.90/(d·头)
存活率为	67%～74%	77%～80%

妊娠母猪能量水平对将来泌乳影响较大，妊娠期间能量水平过高，母猪体重增加过多，泌乳期间母猪体重就会失重过大，不但浪费饲料增加饲养成本，而且还会出现泌乳母猪产后食欲不旺，泌乳性能下降，并且断奶后发情配种也受影响。因此，合理掌握妊娠母猪营养水平，控制母猪妊娠期间增重比较重要(表 4-7)。

表 4-7 母猪妊娠期营养水平对体重的影响 kg

营养水平	配种体重	产后体重	妊娠期增重	断奶体重	哺乳期失重	净增重
高	230.2	284.1	53.9	235.8	48.3	5.6
低	229.7	249.8	20.1	242.2	7.4	12.7

注：高、低营养水平的饲喂量分别为 1.8 kg/(100 kg·d)和 0.87 kg/(100 kg·d)。

2.蛋白质

蛋白质水平略低对母猪的产仔数、仔猪初生重和仔猪将来的生长发育影响不大，但蛋白质水平过低时将会影响母猪产仔数和仔猪初生重。妊娠母猪长期缺乏蛋白质，母猪就利用蛋白质储备来满足胚胎生长和发育，这样会导致母猪繁殖力下降，卵巢功能失常，不发情或发情不规律，排卵数量减少或不排卵；母猪产后泌乳量下降，仔猪易患下痢等。为了使母猪正常进行繁殖泌乳，并且身体不受损，保证正常产仔，按要求妊娠母猪粗蛋白质水平应为 12%～12.9%。蛋白质的利用率取决于必需氨基酸的平衡，玉米-豆粕型日粮，赖氨酸是第一限制性氨基酸，在配制日粮时不容忽视，NRC 推荐赖氨酸水平为 0.52%～0.58%，同时还要注意其他氨基酸的含量和平衡。

3.矿物质

矿物质对妊娠母猪的身体健康和胚胎生长发育影响较大。无论是常量元素还是微量元素，缺乏后都容易导致母猪繁殖障碍，具体表现：发情排卵异常，母猪流产，畸形和死胎增加。现代养猪生产多为封闭式猪舍，更应注意矿物质饲料的使用。推荐用量为：钙 0.75%、总磷 0.60%、有效磷 0.35%、氯化钠 0.35%左右。在考虑数量的同时还要考虑质量，配合日粮时要选择容易被吸收、重金属等杂质含量低的矿物质原料。因为母猪将繁殖7～8胎才能淘汰，存活时间4年左右，容易导致重金属蓄积性中毒，影响母猪繁殖生产。其他矿物元素也要按标准酌情添加。

4. 维生素

妊娠母猪日粮中缺乏维生素将会出现繁殖障碍乃至终生不育，可选用对应的预混料补充。长年供应青绿饲料能满足水溶性维生素的需要。

5. 水

妊娠母猪日粮量虽较少，但为了防止饥饿增加饱腹感，粗纤维含量相对较高，一般为8%～12%，所以对水的需要量较多，一般每头妊娠母猪日粮需要饮水12～15 L。供水不足往往导致母猪便秘，老龄母猪会引发脱肛等不良后果。

(二)妊娠母猪的饲养方式

根据母猪妊娠特点，对待不同的母猪，因其所处的生殖生理状况不同，应该采取不同的饲养方式。主要饲养方式有下列几种(图4-14)。

1.“抓两头顾中间”

对断奶后膘况差的经产母猪，从配种前几天开始至怀孕初期阶段加强营养，前后共约1个月，加喂适量精料，特别是富含蛋白质的饲料。通过加强饲养，使其迅速恢复繁殖体况，待体况恢复后再回到青粗饲料为主饲养。到妊娠80 d后由于胎儿增重速度加快，再次提高营养水平，增加精料喂量，既保证胎儿对营养的要求，又使母猪为产后泌乳贮备一定量的营养。

2.“步步登高”

对处于生长发育阶段的初产母猪和生产任务重的哺乳期间配种的母猪，整个妊娠期的营养水平及精料使用量，按胎儿体重的增长，随妊娠期的增进而逐步增高。

3.“前粗后精”

对配种前膘况好的经产母猪可以采取这种饲养方式。即在妊娠前期胎儿发育慢，母猪膘情又好者可适当降低营养水平，日粮组成以青粗饲料为主；相应减少精料喂量；到妊娠后期胎儿发育加快，营养需要增多，再按标准饲养，以满足胎儿迅速生长的需要。

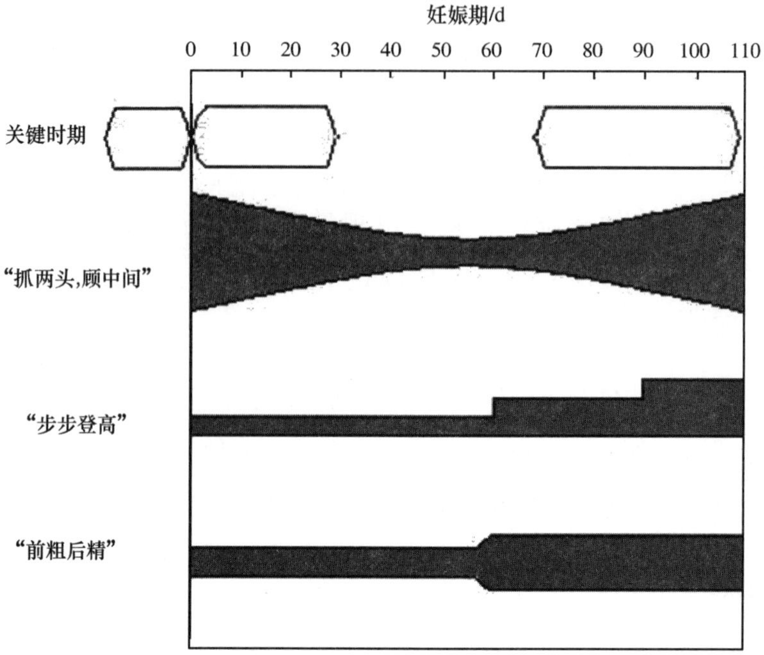

图 4-14 妊娠母猪的饲养方式

(三)妊娠母猪的饲养要点

1. 坚持"低妊娠、高泌乳"原则

即在整个妊娠期,营养水平要相对低,泌乳期营养要相对高。控制妊娠期精料的供给量,妊娠期精料留着加在泌乳期。通常情况下,供应妊娠母猪的营养物质,除保证胎儿的生长发育需要外,还用于增加母体重量,也就是说母猪体内还要储存一部分营养物质以增补泌乳不足的需要。假如妊娠期营养水平过高,会带来三方面的不利影响:一是母猪增重过多,体内就会有大量脂肪沉积,到产后泌乳时,再将体内营养转为奶供给仔猪,就是饲料→体脂→奶模式,从饲料到母奶要经过 2 次转换,饲料利用率低,从而造成饲料的浪费,增加饲养成本,没有在乳泌期直接把饲料转化成奶更经济;二是妊娠母猪过于肥胖,引起产后泌乳期食欲不旺、泌乳性能下降、产奶减少;三是母猪肥胖后,会造成难产发生率增加,导致母猪的分娩困难、仔猪生后体弱、泌乳期失重大和断奶后发情延迟等不良后果。此外,妊娠母猪采用较低营养水平,还可增加胚胎的存活率,减少乳腺炎的发生率，减少母猪哺乳期间的体况消耗和增加使用年限等。

2. 灵活掌握日粮饲喂量

妊娠母猪日粮饲喂量应根据母猪年龄、胎次、体况、体重、舍内温度等灵活掌握。一般 175～180 kg 经产妊娠母猪为：前期（40 d 内）2 kg 左右，中期（41～80 d）为 2.1～2.3 kg，后期（82 d 后）2.5 kg 左右。青年母猪可相应增加日粮量 10%～20%，以确保自身继续生长发育的需要；圈舍寒冷可增加日粮 10%～20%。整个妊娠期间母猪的增重要求控制在 35～45 kg 为宜，其中前期一半，后期一半。青年母猪第 1 个妊娠期增重达 45 kg 为宜。

3. 抓住两个关键期

对妊娠母猪的饲养应抓住两个关键。第一个关键时期是在母猪妊娠后的 20 d 左右。这一时期是受精卵附植到子宫角的不同部位，并逐渐形成胎盘的时期。在胎盘未形成前，胚胎很容易受环境条件的影响，在饲养管理上要给予特殊照顾。如日粮营养要全面，不要喂霉烂变质、有毒饲料，禁饮冰水或喂以冰冻饲料，预防患高烧性疾病；第二个关键时期是在母猪妊娠期的 90 d 到产前的 3～5 d。这一时期胎儿的生长发育与增重特别迅速，母猪消化能力特别强，体重增加很快，所需营养显著增加。另外，由于胎儿体积迅速增加，子宫膨胀，消化器官受到挤压，消化机能受到影响。因此，这个时期要逐渐减少青粗饲料，增加精饲料，这样才能满足母猪体重与胎儿生长发育迅速增长的需要。蛋白饲料和能量饲料用在妊娠后期，尤其是最后 20～30 d，应尽量加料。

4. 全期供应全价平衡日粮

在妊娠后 20 d 内应对母猪加强营养，使母猪迅速恢复体况，这个时期胚胎需要的营养虽不多，能量水平可以稍低些，但各种营养成分要平衡，最好供给全价配合饲料，必须保证蛋白质、矿物质、微量元素及维生素的供给，在保证日粮全价性的基础上，可根据母猪的膘情降低精料给量。妊娠 20 d 后母猪体况已经恢复，食欲增加，代谢旺盛，在日粮中可适当增加一些青饲料、优质粗饲料和糟渣类饲料替代精饲料。而妊娠后期，胎儿发育很快，除了保证日粮的全价性以外，需要增加精料量，保证蛋白质及能量的供给。否则，必然会导致死胎、弱胎增多，使产仔数减少，产后泌乳不佳。要防止限饲过度或饲料单一，使母猪孕期营养贮备不足，仔猪初生重轻、生活力弱，母猪泌乳力差，断奶时过度消瘦，产后发情延迟等。

5. 妊娠母猪应限制饲喂

生产实践证明：妊娠母猪限制饲养有以下几方面益处：①可以增加胚胎存活；②减少母猪难产；③减少母猪压死出生仔猪的可能性；④减少母猪哺乳期失重；⑤有利于母猪泌乳期食欲旺盛；⑥降低养猪饲料成本；⑦减少乳腺炎发病率；⑧减少肢蹄病发生率；⑨延长母猪使用寿命。

整个妊娠期间母猪的增重控制应在 35～45 kg 为宜，其中前期一半，后期一半。青年母猪第 1 个妊娠期增重达 45 kg 左右为宜；第 2 个妊娠期增重 40 kg 左右；第 3、4 产增重 35 kg 左右；5 产以上母猪妊娠期增重 30 kg 左右为宜。妊娠母猪后期达八成半膘为适宜，过瘦过胖均不利。

十一、批次生产

（一）批次生产的简介

1. 概念

批次管理即母猪繁育场根据猪场规模，将生产母猪分批次进行集中管理（包括断奶、配种、调料、孕检和上产床等）的一种生产管理策略，一般以每周为一个生产批次。

2. 特点

（1）批次管理将生产母猪分批集中管理，使同一批母猪处于相同的生产阶段，从而使生产管理工作相对集中，降低了管理的复杂程度，员工可以在不同的生产阶段集中做某项工作（如调料、免疫及上下产床等），有利于提高工作效率和质量。

（2）使批次内产生的问题母猪，如超期、返情及空怀母猪等有机会进行集中管理，方便混群等催情技术措施的实施，也利于淘汰处理。

（3）批次管理对产业链各环节产生良性影响，提高了生产效率，并使全进全出式生产成为可能，最大限度地降低了猪场生物安全风险。

(二)批次生产管理模式设计原理

批次生产管理是根据母猪的生产周期来设定母猪群的分娩批次来安排集中生产,取决于母猪生产周期和两个生产批次的间隔时间。母猪生产周期是由母猪从断奶到发情的天数、妊娠期及哺乳期天数组成,例如妊娠期 114 d,哺乳期 28 d,断奶再发情 5 d,共 147 d(21 周),说明母猪从上次配种到断奶后再配种需要间隔 21 周循环回转一次。猪场母猪的生产批次数是由生产周期长度除以各批次之间的间隔时间(周)来确定。

需要注意母猪生产批次数必须是整数,在实际生产过程中,可以通过调整哺乳天数长度来调整生产周期长度,如果哺乳天数是 21 d,母猪的生产周期则为 140 d,那么经过 20 周后母猪断奶后重新配种进入下一轮的生产循环。

根据不同批次间隔时间和母猪哺乳时间,可以将母猪群分为不同的批次生产管理小组(表 4-8):1 周批次管理:21 个组;2 周批次管理:10 个组;3 周批次管理:7 个组;4 周批次管理:5 个组;5 周批次管理:4 个组。

表 4-8　不同生产管理系统的生产批次数

项目	1 周批	2 周批	3 周批	4 周批	5 周批
生产周期长度/周	21	20	21	20	20
每批次的间隔时间/周	1	2	3	4	5
批次数	21	10	7	5	4

通过批次生产管理,可以将母猪配种、分娩、断奶集中在 1 周内进行,其中 3 周批次管理模式中,母猪配种、分娩、断奶分别在单独一周进行,刚好与母猪的发情周期 3 周(平均 21 d)相吻合,这正好是配种母猪的返情周期,可以将配种结束 3 周后返情的母猪过 3 周再次配种编入下一个批次母猪群体,可以最有效地提高母猪的利用率。

(三)批次生产管理模式的选择

猪场建立批次生产管理模式需要考虑猪场保育育肥的饲养容量,其次是分娩舍产床的数量,因为产床的数量决定了每一批次母猪能分娩的头数,也关系到全场的能繁母猪头数，母猪头数越多的猪场采用越大生产批次间隔进行生产所需要的产床数目也就越多，正常情况下，通常500头以上母猪猪场适合1周批次生产，500头母猪以下猪场可以结合猪场实际栏舍选择2周、3周或5周一个批次间隔进行生产，如果考虑母猪的发情周期，那么最好就选择3周批次进行生产管理最合适（表4-9）。

表4-9　不同母猪头数的猪场批次生产间隔时间建议

经产母猪/头	批次间隔时间/周	每批产床数/个	合计产床数/个	产房栋舍
100	3	13	26	2
150	3	20	40	2
250	3	33	66	2
350	3	46	92	2
500	1	22	123	6
＞1 000	1	44	246	6

（四）批次生产管理的注意事项

1. 母猪断奶后同步发情

定时输精技术是在母猪断奶后24 h内注射PMSG使母猪卵泡发育同步，经过72 h后再注射GnRH，促使卵巢在38～42 h内同步排卵，间隔24 h可以对母猪进行第一次人工输精，间隔48 h后再进行第二次人工输精。

2. 母猪同期分娩

同期分娩技术就是对妊娠114 d还未分娩的母猪肌肉注射氯前列烯醇钠溶解黄体，使母猪在24～36 h内顺利分娩。将批次间分娩的仔猪日龄控制在3日龄内，达到同期分娩的目的。

3. 后备母猪的同期发情

猪场需要储备足够数量的后备母猪用于经产母猪的更新，采用正确的后备母猪刺激发情和同步发情的方法来刺激后备母猪，做好后备母猪的发情记录，可以合理控制后备母猪的发情，满足批次生产管理配种需要。也可以采用给后备母猪连续饲喂四烯雌酮来控制后备母猪发情时间进行及时配种。

配种后及时做好妊娠检查：配种后的母猪在配种后18 d做好返情检查，在妊娠4周和7周使用B超做妊娠检查，尽早发现返情和空怀母猪。

分析计划

为了完成这次任务，同学们已经进行了一系列知识的学习和技能的训练，以及信息资讯的收集，接下来需要认真分析，并做出写作计划(流程图)。鱼骨图(又名因果图、石川图)，指的是一种发现问题“根本原因”的分析方法，可以划分为问题型、原因型及对策型等几类。完成这次任务是因果型分析，一级分析的分类是基于“人、料、机、法、环”，如图 4-15 所示。

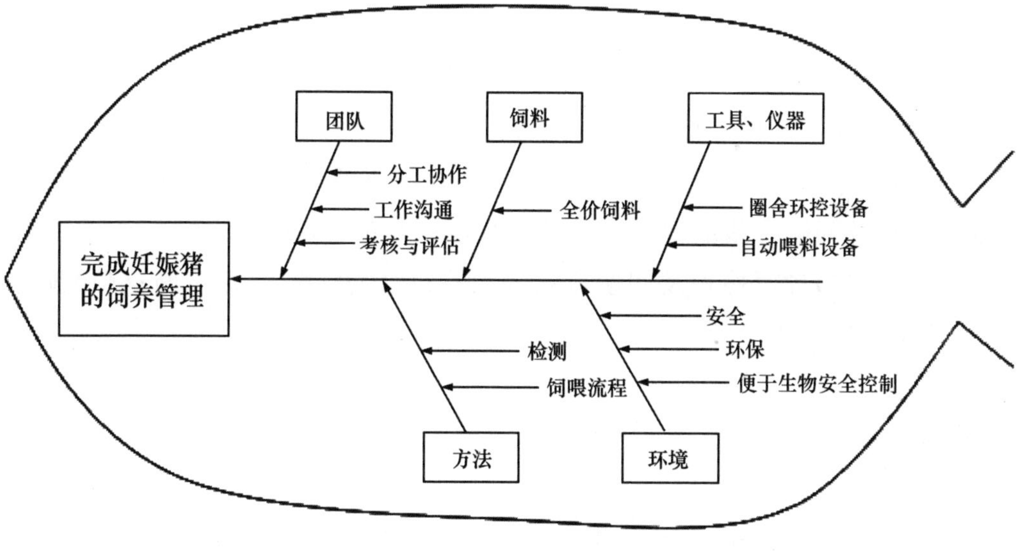

图 4-15　妊娠猪饲养管理鱼骨图

一、任务要求

猪场生产的目标即获得最高生产效率和最佳经济效益。猪场生产从配种开始，如果没有母猪配种，就没有母猪分娩，也就不可能有高的生产效益和好的经济效益。配种妊娠舍的生产目标，即保证有足够的经产母猪和后备母猪配种和分娩，从而得到足量的健康仔猪。

任务分解（表 4-10）：

表 4-10　任务分解

任务序号	任务内容
任务一	母猪的查情，发情母猪表现鉴定、标记方法
任务二	人工授精
任务三	妊娠检查
任务四	体况评分，背膘检查
任务五	环境温度控制
任务六	不同阶段的母猪饲喂程序
任务七	淘汰母猪标准

二、组织

日常做好如下几项工作：

（1）检查设备设施，饲喂、清粪、记录温度；（2）查情；（3）配种；（4）母猪转群；（5）健康检查及问题母猪的治疗；（6）检查水电；（7）午餐、午休；（8）加料、清粪、打扫卫生、治疗；（9）健康检查及问题母猪的治疗；（10）查情、妊娠诊断；（11）配种；（12）整体检查后下班。

三、材料

饲料、药品、疫苗、消毒剂、查情公猪、母猪背夹、输精管、精液、医用手套、卫生纸、纸巾、润滑剂等。

四、工具

风机、水帘、温控系统、照明系统、B 超机、背膘仪等。

五、方法

依据在信息收集中学习到的技能，制定合理的操作流程、免疫程序、保健程序。

六、分析计划，制定操作流程图

使用图形表示算法的思路是一种极好的方法，因为千言万语不如一张图。流程图是流经一个系统的信息流、观点流或部件流的图形代表。在企业中，流程图主要用来说明某一过程。这种过程既可以是生产线上的工艺流程，也可以是完成一项任务必需的管理过程。流程图使用一些标准符号代表某些类型的动作，如决策用菱形框表示，具体活动用方框表示。但比这些符号规定更重要的，是必须清楚地描述工作过程的顺序。流程图也可用于设计改进工作过程，具体做法是先画出事情应该怎么做，再将其与实际情况进行比较(图 4-16)。

流程	责任单位	相关记录
检查设备设施，饲喂、清粪、记录温度	饲养员	设备运行记录
⇩		
查情	配种员	查清记录
⇩		
配种	配种员	配种记录
⇩		
母猪转群	配种员	
⇩		母猪治疗记录
健康检查及问题母猪的治疗	饲养员	
⇩		
检查水电	饲养员	

图 4-16　产房饲养——日常操作流程图

任务实施

任务实施的要求：

(1)任务实施前：再次核查人员分工，工具是否到位；再次确认操作流程和操作方法，熟悉操作要领；再次提醒操作安全。

(2)任务实施中：操作中，严格按照操作流程，遵守操作规定；按照要求填写检测报告并且详细记录；任务实施的最大挑战是操作规范，故操作时要“遵循标准”，填写检验报告单。

(3)任务实施后：每次操作结束后，严格按照5S管理制度进行结尾工作。

任务一　母猪的查情，发情母猪表现鉴定、标记方法

一、查情顺序

(1)应先检查后备母猪发情，因为其发情症状持续时间较短。

(2)其次是断奶母猪。

(3)最后是配种后21 d的母猪。

检查完这些母猪后，再对可能发情的母猪进行查情，对配种后21 d的母猪进行查情是一周都必须做的工作。潜在返情的标志是空怀母猪相对于妊娠母猪更易出现较长时间的静立反射。

成功查情需要一头成年公猪和两位查情人员：公猪鼻对鼻接触刺激经产母猪/后备母猪，工人对母猪实施压背措施。如果母猪出现静立反应(或稳定发情)，即可接受人工授精了。按照猪场要求做好标记，然后进行下一头母猪的查情。母猪可留在原来的限位栏立即或稍后进行配种，也可转移至配种间进行配

种。如果是当天晚些时候配种的母猪,为避免出现不应期,至少应在查情或转移后 1 h 后进行。

二、不同类型繁殖母猪的发情检测

在最佳时机为母猪进行人工授精,找出未怀孕的配种母猪,这些全面且有条理的查情可以减少猪群的非生产天数。查情是相对简单的,但至关重要的是,所有涉及查情的工作人员都要知道母猪发情所表现的迹象(表 4-11),以及如何有效利用公猪最大限度地促进母猪静立和发情,从而避免查情失误的发生。母猪存栏量大、员工周转率高和经验有限的新雇员会增加失误的概率,应持续不断地对技术人员进行查情培训。对那些特别善于观察、有耐心和责任心的技术人员加以一定的培训,他们很可能成为查情高手。

表 4-11　不同类型繁殖母猪的发情检测表

后备母猪	①后备母猪被引入育种群后不久就开始使用公猪诱情。 ②每天与公猪进行 10～15 min 的直接身体接触。 ③避免公猪接触过多和接触不足这两种极端。 ④发情之前外阴充血、肿胀,黏液分泌,与经产母猪相比,后备母猪的发情期可能会持续更长的时间,静立发情通常较短且强度稍弱。
断奶母猪	①断奶后第 2 天开始使用公猪诱情。 ②每天让母猪与公猪进行几分钟的口鼻接触。 ③当公猪对母猪进行查情时,用力摩擦母猪的侧腹部和下腹部,然后进行后压测试。 ④对于接近静立的母猪或本该发情但未发情的母猪进行再次查情。
配种母猪	①对所有配种母猪每天查情。 ②关注配种后 18～24 d 的母猪。 ③从猪群中发现不正常行为的母猪,例如一头母猪独自站立,而它周围的母猪都是躺卧状态。 ④寻找母猪即将返情的迹象,例如阴道分泌物异常或流产。

三、发情标记

一点表示猪只发情,一竖表示猪只可以配种,两竖表示可以猪只已授精、三竖表示猪只第二次授精(图 4-17)。

图 4-17　发情标记

任务二　人工授精

一、子宫颈输精程序

(1)物品准备:输精栏、消毒水、清水、抹布、精液、剪刀、针头、纸巾等。

(2)先用消毒水清洁母猪外阴周围、尾根,再用温和清水洗去消毒水,抹干外阴。

(3)将试情公猪赶至待配母猪栏前(注:发情鉴定后,公母猪不再见面,直至输精),使母猪在输精时与公猪有口鼻接触,输完几头母猪更换一头公猪以提高公母猪的兴奋度。

(4)从密封袋中取出无污染的一次性输精管(手不准触其前 2/3 部),在前端涂上对精子无毒的润滑油。

(5)将输精管斜向上插入母猪生殖道内,当感觉到有阻力时再稍用力,直到感觉其前端被子宫颈锁定为止(轻轻回拉不动)(图 4-18)。

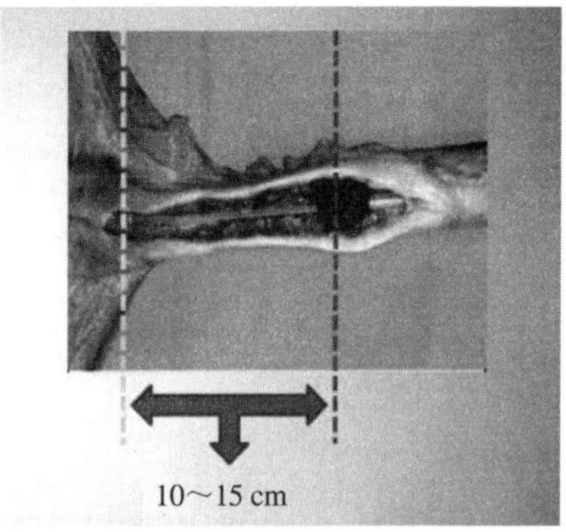

图 4-18　子宫颈输精

(6)从贮存箱中取出精液,确认标签正确。

(7)小心混匀精液,剪去瓶嘴,将精液瓶接上输精管,开始输精。

(8)轻压输精瓶,确认精液能流出,用针头在瓶底扎一小孔,按摩母猪乳房、外阴或压背,使子宫产生负压将精液吸纳,绝不允许将精液挤入母猪的生殖道内。

(9)通过调节输精瓶的高低来控制输精时间，一般 3～5 min 输完，最快不要低于 3 min，防止吸得快，倒流得也快。

(10)输完后在防止空气进入母猪生殖道的情况下，将输精管后端折起塞入输精瓶中，让其留在生殖道内，慢慢滑落。于下班前集好输精管，冲洗输精栏。

(11)输完一头母猪后，立即登记配种记录，如实评分。

(12)补充说明：①精液从 17 ℃冰箱取出后不需升温，直接用于输精。②输精管的选择：经产母猪用海绵头输精管，后备母猪用尖头输精管，输精前需检查海绵头是否松动。③两次输精之间的时间间隔为 8～12 h。④输精过程中出现拉尿情况要及时更换一条输精管，拉粪后不准再向生殖道内推进输精管。⑤二次输精后 12 h 仍出现稳定发情的个别母猪可加多一次人工授精。

二、PCAI 操作流程(图 4-19)

内管插入的深度根据猪的生理解剖学特点，猪子宫颈长 10～18 cm，大部分猪的子宫颈在 13～15 cm，子宫体长 5 cm 左右，并且猪是多胎哺乳动物，两侧卵巢排卵，两侧子宫角怀孕。

如果深部输精管的内管过长，输精后可能偏向某一侧的子宫角，造成一侧输卵管受精，则另一侧子宫角进入的有效精子相对偏少，或者没有输入精液，从而影响到分娩率和产仔数。

1. 清洁阴户

(1)使用柔韧、吸水性好的纸巾或清水清除母猪外阴粪便等有机物。

(2)纸巾一面只能使用一次，避免纸巾污染面二次使用导致阴户内侧污染。

2. 插入输精管外管

(1)涂上润滑剂，用拇指和食指轻轻分开外阴，输精管向上 45°插入母猪生殖道内，然后向前推进直到子宫颈口，然后轻轻回拉确定锁在子宫颈口。

(2)输精外管插入母猪体内后，外面的包装袋容易脱落，使内细管裸露在空气中，易被污染，影响配种质量。可以插完输精管后把外面的包装袋系好，确保输精之前不会脱落。

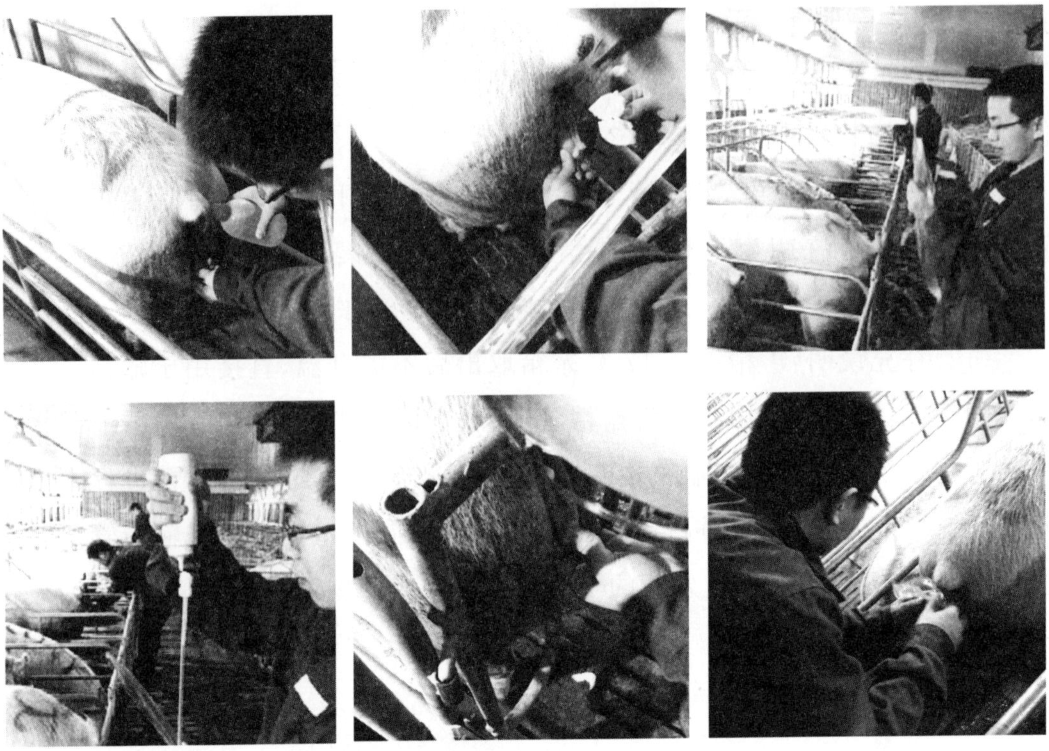

图 4-19　深部输精

3. 插入输精内管

(1)细心,耐心,轻柔,禁止粗暴。

(2)插内管要隔着包装袋操作,输精管要与外阴部位保持水平,每次送入不超过 2 cm,以避免插入过长导致内细管折弯。

(3)插入时如有阻力,不要强行插入,可以先操作下一头母猪,或者等待 30 s,旋转内管试探着缓慢插入。

(4)时间要求:插入外管和内管的间隔时间 3～5 min。以 5 头母猪为一组,依次从第 1 头至第 5 头擦外阴,然后依次插外管、再插内管,然后开始输精。

4. 输精

(1)在操作时,如果个别母猪内管无法完全到达子宫体,不必强行完全插入,能输精即可。

(2)取出精液袋,核对品系和日期,翻转悬浮,连接至输精管。

(3)缓慢挤压精液袋,让精液进入子宫体内,一般情况下母猪会自己吸收,也可稍用力挤压。

(4)若发生倒流,可能是因为挤压精液袋导致流速过快,要停止挤压;或可能内细管发生了弯曲或触碰到了子宫壁,需要调整内管。

5. 输精结束

(1)精液输完稍等 3～5 s,看精液是否有回袋现象,若没有即可拔出内细管。

(2)拔出内管后,折弯外管并用包装袋系好固定,滞留 5～7 min 后拔出外管。

(3)完成输精后做好配种记录。

任务三　妊娠检查

一、B 超具体操作步骤

1. 查

B 超确诊前,先确定待测母猪群所在栏舍,要从上次检查完的最后一头母猪开始,22～30 d 是测 B 超最适宜的阶段。检测之前,一定要让母猪安静下来,尽量不要惊动它,母猪如果保持站立就站着测,躺着就躺着测。

2. 装

进入妊娠舍后,将 B 超的探头线连接起来,打开开关,将线悬挂在脖子上,然后往探头上涂耦合剂,注意耦合剂一定要涂抹均匀。

3. 测

待检母猪可在限位栏内站立或侧卧,工作员于其大腿内侧、最后乳头外侧腹壁进行探查。经产母猪探查位置:腹侧后端倒数第 2～3 对乳头之间、乳基部起外侧 5～10 cm;后备母猪探查位置:腹侧后端倒数第 1～2 对乳头之间、乳基部起外侧 5～10 cm;随妊娠增进,探查部位逐渐前移,最后可达肋骨后端。找准探测的位置后,即后腿与腹部乳房交界无毛三角区域(图 4-20)(猪皮毛稀少,探查时不必剪毛,但要保持探查部位的清洁),涂上耦合剂,探照时要准确稳定,使探头保持斜向前，紧贴皮肤前后缓慢移动进行探查，若发现图像不清楚时，可向前、向后或向侧面移动一下测定仪探头，直到看见扫描图像为止。

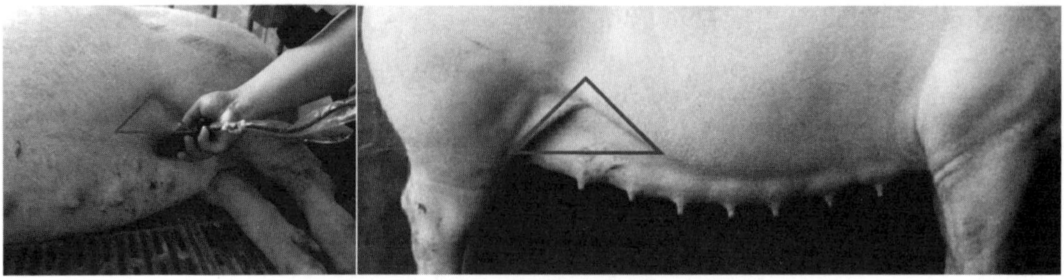

图 4-20　后腿与腹部乳房交界无毛三角区域

4. 锁

待显示屏上出现清楚的图像方可按冻结键把图像冻结下来，随后分析图像，检查胚胎发育是否正常。

5. 看

查看屏幕显示图像，根据不同的图像判断母猪的妊娠状况，空怀母猪一般子宫内没有任何东西，只能看到白色的子宫角(图 4-21)。

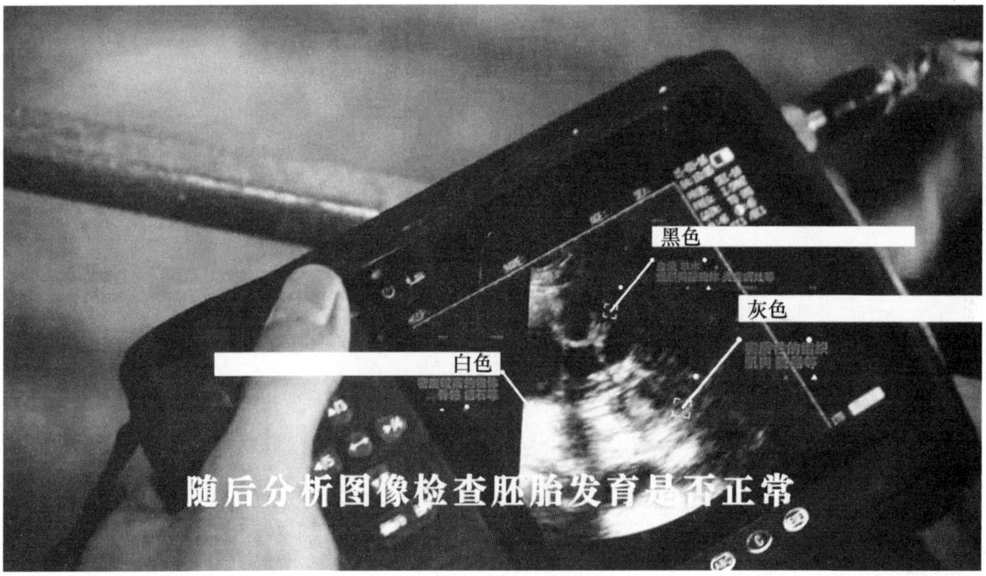

图 4-21　B 超图像分析

6. 录

将空怀猪标好记号，赶出妊娠舍，尽早让母猪发情或者及时淘汰。

二、不同阶段 B 超成像结果

1. 第 18～21 天

在猪受孕 18 d 后，B 超已经可以检测到胚泡，但是由于此时的胚泡较小，检测时不容易发现，需要操作员消耗大量时间来寻找(图 4-22)。孕检技巧：测定时先找到膀胱暗区，小角度缓慢变换探头探扫方向，在膀胱暗区前上方“亮带”以上细致查找疑似的黑洞。

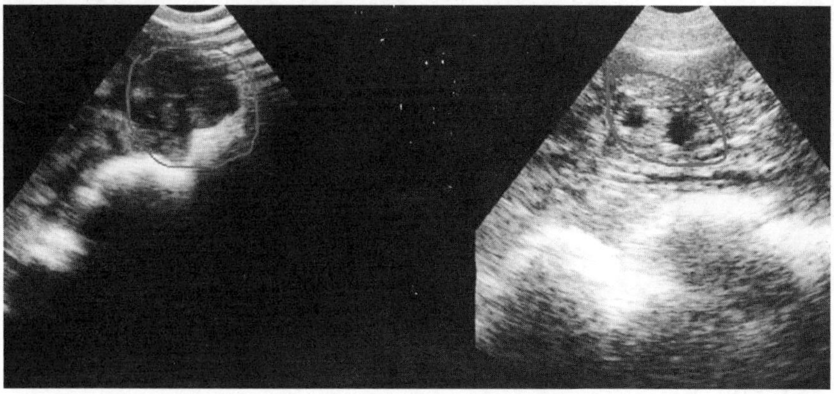

图 4-22　妊娠 18～21 d 图像

2. 第 21～25 天

第 21～25 天的胚胎很容易发现，此时将探头放在检测“三角区”中，只要位置正确立刻能发现孕囊，此时孕囊主要显示为一个个的“黑洞”(图 4-23)。测孕技巧：18～25 d 期间胎囊极速增长，早期胎囊为圆形或椭圆形，1～2 d 之后多数变为不规则形状。

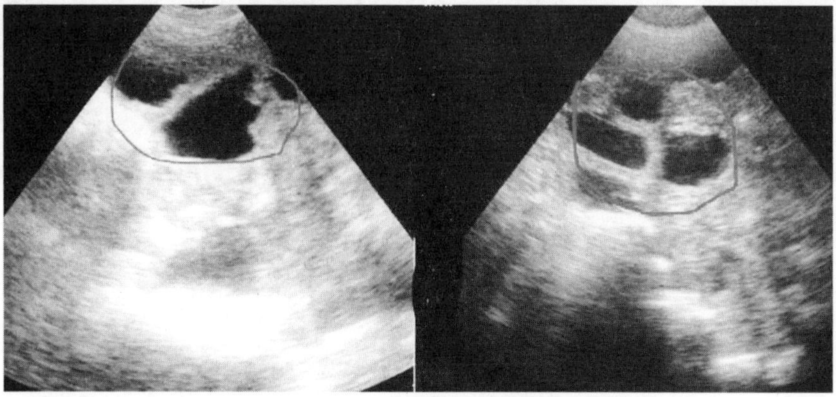

图 4-23　妊娠 21～25 d 图像

3. 第 25～35 天

第 25～35 天，孕囊会放慢变大的速度，逐步从"黑洞"内可看到一些白色的亮光出现，这是胎儿的超声反射，又称为胎体反射(图 4-24)。测孕技巧：25 d 以后可见胎体反射，此后胎体占了胎囊的大部分，32 d 时能显示胎儿骨骼钙化的强回声。

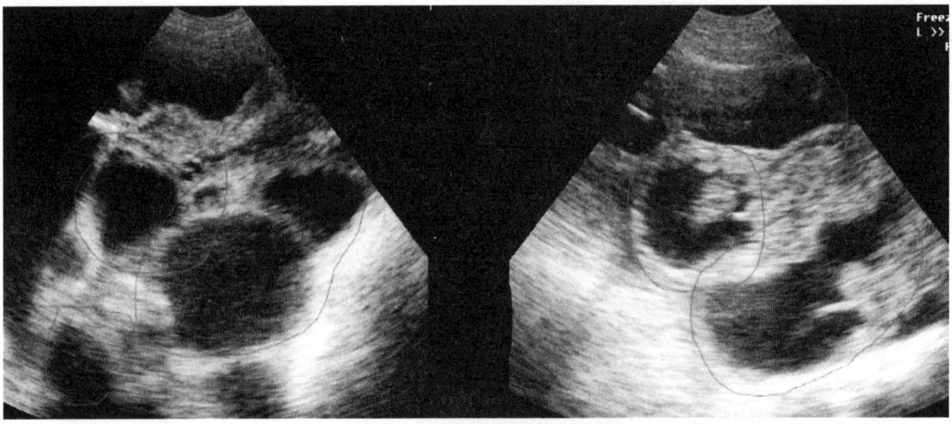

图 4-24　妊娠 25～35 d 图像

4. 第 35～65 天

第 35～65 天，孕囊和胎儿会一起长大，会更容易发现"黑洞"中有亮斑，此系胎儿的超声反射，也称胎体反射，此时的图形孕囊和胎体反射会比 25～35 d 期间更大、更明显。"黑洞"面积减少，是因为羊水减少(图 4-25)。测孕技巧：35 d 时呈现胎儿骨骼钙化的强烈回声，羊水面积减少，45 d 时胎儿体腔分化。

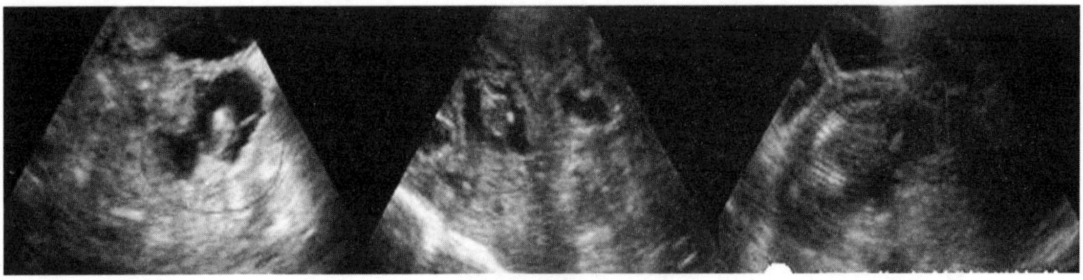

第35天　　第40天　　第65天

图 4-25　妊娠 35～65 d 图像

5. 第 65～100 天

第 65～110 天，胎儿已经长大，羊水减少。80 d，胎儿的肋骨可清晰见到，从不同角度可呈现"虚线椭圆"亮斑，或者"弧形"亮斑（图 4-26）。测孕技巧：80 d 时胎儿脊柱清晰显示，95 d 时胎儿脊椎、胸骨及体腔分辨清晰。

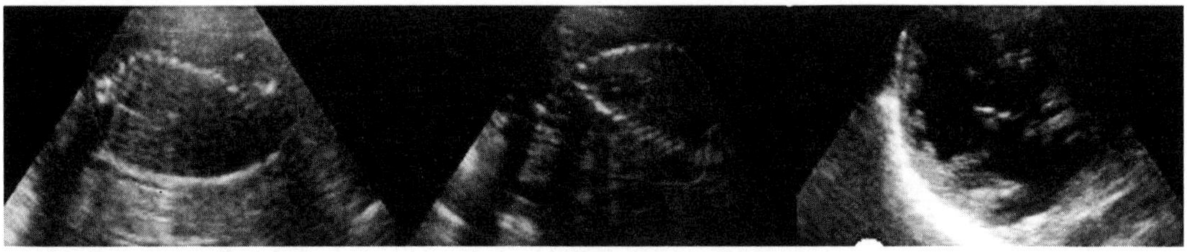

第70天　　第88天　　第90天

图 4-26　妊娠 65～100 d 图像

任务四　体况评分，背膘检查

一、体况评分

体况是指母猪身体脂肪、肌肉覆盖机体骨骼的程度，覆盖的骨骼主要是指脊椎、髋骨、肋骨等。简而言之，体况就是指母猪的胖瘦程度。

体况评分是通过"触觉＋视觉"来评估母猪体况的方法，由于母猪全身的脂肪约 70％都是皮下脂肪组织，因此通过体况评分相对容易判断母猪的体况变化。在实际生产中，体况评分是一个便捷的评估母猪体况的方法，通过给母猪进行正确的体况评分，及时调整母猪妊娠期的饲喂水平，能使母猪达到合理的体况，发挥最大的生产性能。

在给母猪进行体况评分时，首先用手掌按压母猪的脊椎、髋骨、肋骨部位，根据脂肪的覆盖程度进行初步评估后，再结合肉眼观察，评估腹围、腰围、臀围的情况，进行综合评分。通常将母猪的体况分成 5 个等级来评定，分别为 1～5 分（表 4-12、图 4-27、表 4-13）。

表 4-12　膘情体况评分表

部位	分数				
	1 分	2 分	3 分	4 分	5 分
脊柱	突出明显可见	突出，但不明显，易摸到	看不见，可以摸到	很难摸到，有脂肪层	摸不到，脂肪层厚
尾根	有很深的凹	有浅凹	没有凹	没有凹，有脂肪层	脂肪层厚
骨盆	突出明显可见	突出可看到，易摸到	突出看不到，可以摸到	突出看不到，用大力可摸到	突出看不到，摸不到

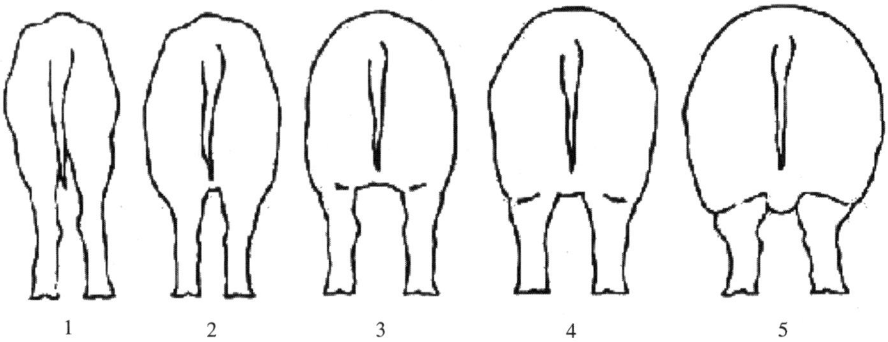

图 4-27　体况评分示意图

表 4-13　背膘测定与体况评分的关系

体况得分	背膘厚度
1 分	小于 10 mm
2 分	10～14 mm
3 分	15～18 mm
4 分	19～22 mm
5 分	大于 22 mm

结合母猪的饲喂方案，建议体况评分在母猪妊娠周期中要进行 4 次，分别是配种后 7 d，妊娠 30 d，妊娠 60 d，妊娠 90 d，并根据母猪的实际体况结合母猪饲喂方案灵活调整母猪的饲喂量，尤其是体况偏瘦的母猪(低于 2 分)配种后需要增加饲喂量，使母猪尽快恢复体况，而不能限饲，这样可以提高胚胎的成活率和产仔数。

母猪体况对生产性能的影响很大，也是评估猪场母猪饲养管理最直观的表现。母猪体况是否良好可以预测出母猪的生产性能，过瘦和过肥的体况都会导致母猪生产性能的下降（表 4-14）。

表 4-14　母猪体况对生产性能的影响

母猪体况偏瘦与过肥产生的问题	
体况偏瘦的影响	体况过肥的影响
断奶后发情延迟	增加母猪难产
排卵少、产仔数降低	增加死胎头数
容易返情、流产	降低泌乳量
肩部容易磨损	对热应激更敏感

二、背膘检查

背膘厚度：正常情况下，母猪背部有 2～3 层脂肪，在生长前期，母猪背部的脂肪一般储存在靠外侧的 2 层，只有在生长后期才会出现第三层脂肪的沉淀，背膘厚度正常范围一般在 10～25 mm，背膘越厚表示母猪越肥，背膘越薄表示母猪越瘦，背膘厚度最佳值为 16～22 mm，过厚和过薄都会导致母猪繁殖性能下降。

因为品种、饲养管理、饲料营养、地域差异，母猪的背膘厚度标准会有一定区别（表 4-15）。

表 4-15　妊娠母猪各阶段背膘厚度　　mm

类别	阶段				
	230 d 配种	30 d 限饲	60 d 调节	110 d 分娩前	断奶
后备母猪	16～18	16～18	16～18	18～20	16～18
经产母猪	16～18	16～18	16～18	20～22	16～18

测量背膘位置为 P_2 点位置，P_2 点位于最后一根肋骨的外切横截面，距离背中线 6.5 cm 处，被中线两边对称取点都为 P_2 点。确定 P_2 点比较简捷的方法是用食指沿着腹部侧面按压并向前移动，找到最后一根肋骨，同时用大拇指指向母猪脊椎背中线，取 6.5 cm 处的位置即为 P_2 点。

背膘仪的使用：见后备猪生产管理。

背膘测定与母猪体况评分都是对母猪脂肪覆盖程度的评估方法，目的都是为了保证母猪在整个繁殖周期中拥有良好的体况，背膘测定与体况评分是相互补充和对应的一项管理技术，相辅相成。背膘测定可以显示数值，更为直观，是定量评判；体况评分是结合“触觉＋视觉”来判断母猪的体况，是定性评判，在实际生产中，将两种方法结合起来使用，可以大大方便在实际生产过程中的管理。

任务五　环境温度控制

一、温度

舍内要放有高低温度计，温度控制在 18～22 ℃，并且有温度记录表，技术员每天都要如实登记温度，一天的温差不能超过 5 ℃。

二、湿度

在炎热的夏天，技术员要定期检查风机是否正常工作，采取风机通风和开启水帘同时降温，如果发现母猪呼吸频率过高，则需要开启滴水降温，但要注意舍内湿度，湿度控制在 50％～75％，如果湿度超过 80％，则应采取间歇滴水的方式降温。

三、有害气体

在寒冷冬季，猪舍内不但要做到保温，还要把空气质量控制在二氧化碳小于 0.3％，一氧化碳小于 5 mg/kg，氨气小于 25 mg/kg，硫化氢小于 5 mg/kg。减少风机工作数量，可用卷帘或彩条布挡住水帘从而起到保温的作用。

四、水

定期对饮水器出水量和水质量进行检查，一年要检验一次水质是不是达到标准，达不到标准的要对水进行净化。一周要检查一次饮水器水流量是否达到 2 L/min。

任务六　不同阶段母猪的饲喂程序

一、妊娠母猪的饲喂

后备母猪和经产母猪饲喂的目的是使猪群在整个生产期内，让尽可能多的母猪维持在合理的体况范围内（也就是通常说的“养母猪就是养膘情”）（图4-28）。

1. 妊娠 0～7 d

在这个阶段母猪不需要很多的营养，应该防止母猪过度饲喂引起营养过剩导致胚胎的死亡；配种后 1～7 d 限制性饲喂，参考标准每头每天 1.8～2.0 kg。

2. 妊娠 7～90 d

在这个阶段饲喂目的是通过调整饲喂水平保证分娩时有合适的体况，为达到分娩时的体况，建议 30 d、60 d、90 d 进行体况评分，从而根据体况进行饲料调整；配种后 7 d、30 d、60 d、90 d 根据每头母猪的体况评分进行调料，7～90 d 目标膘情为维持 3 分。

3. 妊娠 90～110 d

在这个阶段胎儿迅速生长，营养需求增加。有研究报道，低胎次母猪在这一阶段增加采食量会提高仔猪初生重。总而言之，在这段时期提高采食量对生产有益；配种 90 d 后加料至体况评分为 4 分。参考标准为：90 d BCS 2 分，补料 1 kg；BCS 3～4 分，补料 0.5～1.0 kg；BCS 5 分，不补料。

4. 妊娠 110 d 至分娩

在这个阶段胎儿的生长速度下降，大多数母猪如果保持原来的采食量会增加母猪肌肉和背膘的增长，很小的采食量的改变会对体况产生较大的影响，从而导致死胎数的增加，因此应该限制饲喂。

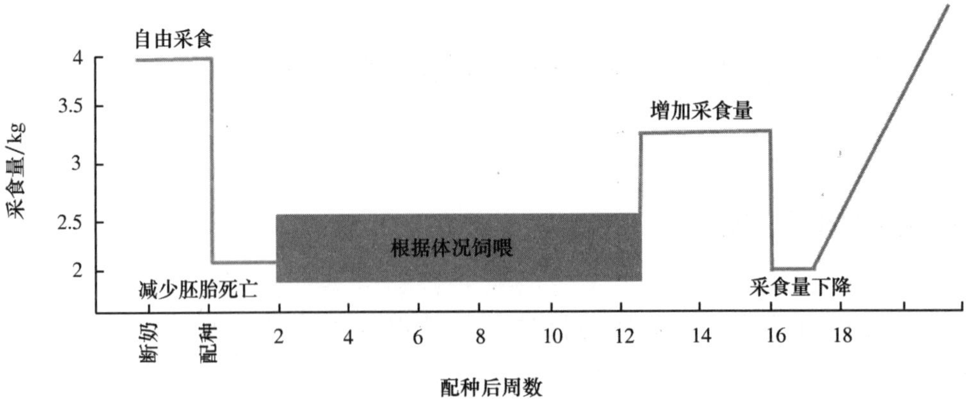

图 4-28　妊娠母猪饲喂曲线图

二、饲喂流程

(1)确定每周需要调料批次的信息；

(2)对需要调料猪只进行 BCS,并做记录；

(3)用记号笔把评定的分数记于猪背；

(4)根据调料策略进行调料；

(5)填写料卡(表 4-16)。

表 4-16　料卡及健康追踪卡(参考)

耳号：	批次：	
时间/d	BCS	饲喂量
7 d		
30 d		
60 d		
90 d		
何时出现过健康问题： 负责人：		

(6)注意事项

①母猪的饲喂策略在具体操作时应灵活运用,根据不同地区、不同猪场进行

调节。

②在不同的季节应该对饲料策略进行调节。

③根据母猪体况调料时，首先要保证技术员对母猪体况评分的准确性。

④对采食不佳的母猪一定要及时治疗，并对采食量进行跟踪。

⑤对母猪的饲喂过程中，不能忽视水的作用。

⑥在配种后 7 d 内应防止母猪过量饲喂，造成胚胎死亡。

⑦在调料过程中应注意胎次对饲喂的影响。

三、断奶母猪饲养管理

断奶阶段饲喂的主要目的是要促进母猪尽快发情，缩短断奶至发情时间间隔，母猪断奶后进行自由采食或者根据食欲饲喂，尽量保证每头母猪能够采食量最大化，可以通过增加饲喂次数和湿拌料方式来提高采食量，同时每头母猪每天添加葡萄糖 150～200 g。最后使用灯带保证充足的光照刺激发情(图 4-29)。

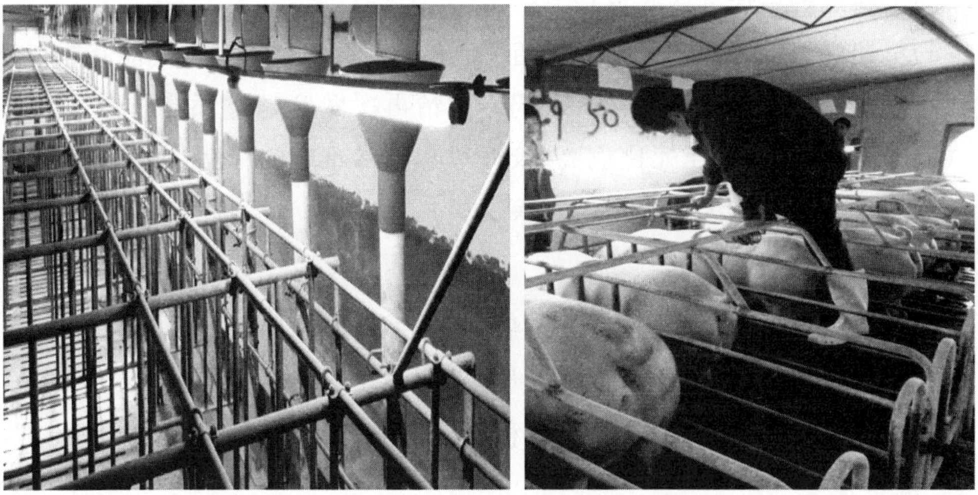

图 4-29　母猪舍光照刺激

任务七　淘汰母猪标准

父母代场投产 1 年内母猪年更新率(淘汰率)20%，父母代场投产 2 年内母猪年更新率 30%，父母代场稳定运营 2 年以上母猪年更新率 40%～45%；扩繁场更新率 50%～60%，核心场更新率 80%～100%(淘汰的部分后备母猪可入扩繁群场进行生产)。母猪淘汰标准如下。

1.日龄

(1)后备母猪在160日龄初情诱导,达到300日龄经过3次激素处理后仍未发情。

(2)未经过初情诱导的后备母猪超过11月龄以上仍不发情的。

2.产仔性能

(1)青年母猪第一、二胎产活仔猪窝均7头以下。

(2)经产母猪累计三胎产活仔猪窝均8头以下。

(3)经产母猪七胎以上且连续2胎产活仔数低于9头的。

3.繁殖失败

(1)母猪断奶后14 d仍不发情激素处理,使其能在下一情期发情;不发情的母猪遵循这一治疗方法,至断奶后30 d再次激素处理仍未发情的。

(2)母猪连续两次、累计三次习惯性流产。

(3)母猪配种后连续两次返情。

(4)早期妊娠检查空怀的母猪应在第38天时激素处理,使其能在下一情期发情;遵循此治疗方法,但到第45天仍不发情再次做B超空怀的母猪。

(5)哺乳能力差(如压死比例高、咬仔等)、经常难产的母猪。

(6)后备母猪有先天性生殖器官疾病。

4.健康状况

(1)母猪严重生殖道炎症、肢蹄疾病、瘫痪等失去种用价值。

(2)过肥或过瘦,失去种用价值的母猪。

(3)母猪发生烈性传染疾病,失去种用价值的母猪。

5.遗传因素

因育种需要,要求淘汰的母猪。

评估汇报

(1)根据各数据分析，整理猪群生产成绩报告，对照要求，验收健康猪群。

(2)针对工作过程，依据岗位能力，评价师生。

针对生产过程的五个环节进行评价；

针对生产过程的五个元素进行评价；

依据四个岗位能力进行多元质性评价；

填写教学评估表或在教学系统输入。

岗位课程教学评估表，岗位课程评估指标，参考以下表格(表4-17、表4-18)。

表4-17 课程教学评估表

<table>
<tr><td colspan="12">班级名称： 月 周：</td></tr>
<tr><td rowspan="3">序号</td><td rowspan="3">学生姓名</td><td rowspan="3">星期</td><td rowspan="3">教师姓名</td><td rowspan="3">课程内容</td><td colspan="6">评分项</td><td rowspan="3">小计</td></tr>
<tr><td rowspan="2">工作页</td><td rowspan="2">视频微课</td><td colspan="2">专业能力</td><td colspan="2">个人能力</td></tr>
<tr><td>理论知识</td><td>实践技能</td><td>社会能力</td><td>独立能力</td></tr>
<tr><td rowspan="9"></td><td rowspan="9"></td><td rowspan="3">1</td><td></td><td></td><td></td><td></td><td></td><td></td><td></td><td></td><td rowspan="3"></td></tr>
<tr><td></td><td></td><td></td><td></td><td></td><td></td><td></td><td></td></tr>
<tr><td></td><td></td><td></td><td></td><td></td><td></td><td></td><td></td></tr>
<tr><td rowspan="3">2</td><td></td><td></td><td></td><td></td><td></td><td></td><td></td><td></td><td rowspan="3"></td></tr>
<tr><td></td><td></td><td></td><td></td><td></td><td></td><td></td><td></td></tr>
<tr><td></td><td></td><td></td><td></td><td></td><td></td><td></td><td></td></tr>
<tr><td rowspan="3">3</td><td></td><td></td><td></td><td></td><td></td><td></td><td></td><td></td><td rowspan="3"></td></tr>
<tr><td></td><td></td><td></td><td></td><td></td><td></td><td></td><td></td></tr>
<tr><td></td><td></td><td></td><td></td><td></td><td></td><td></td><td></td></tr>
</table>

续表 4-17

		4									
		5									
		1									
		2									
		3									
		4									
		5									
		1									
		2									

续表 4-17

		3								
		4								
		5								
		1								
		2								
		3								
		4								
		5								
		1								
		2								

续表 4-17

		3									
		4									
		5									
		1									
		2									
		3									
		4									
		5									

表 4-18　课程评估指标

			理论知识	实操技能	社会能力	独立能力
1. 情境描述	1.1	任务的情境完整性				
	1.2	客户解决的问题清晰程度				
2. 信息收集	2.1	任务相关的文件资料是否齐全				
	2.2	能否理解任务所需的指标和技术资料				
	2.3	技能点观察动手				
	2.4	课外微课学习质量				
3. 分析计划	3.1	是否给出了功能、作用及目的				
	3.2	是否制定了操作流程				
	3.3	是否考虑到经济和环保方面的问题				
	3.4	方案是否注意到安全				
	3.5	是否小组充分沟通、讨论决策				
	3.6	是否有多计划(方案)供选择				
4. 任务实施	4.1	该课工作页得分(小计)				
	4.2	小组学习合作能力得分				
	4.3	个人反思、创造力得分				
	4.4	个人学习积极主动性(态度)得分				
5. 检验评估	5.1	检验的分工协作				
	5.2	展示安排				
	5.3	需求满足和完善的报告				

策划编辑：张　蕊　张　玉
责任编辑：张　玉
封面设计：ZTSA 中通世奥图文设计

高等职业教育“十四五”规划教材
河南省高水平专业群建设教材

智能化养猪

后备母猪饲养员岗位

公猪饲养员岗位

化验室岗位

配怀舍饲养员岗位

产房饲养员岗位

育肥猪饲养员岗位

ISBN 978-7-5655-2988-7
定价：65.00 元

高等职业教育“十四五”规划教材
河南省高水平专业群建设教材

智能化养猪

孔嫄嫄　王　飞◎主编

产房饲养员岗位

中国農業大學出版社
China Agricultural University Press

高等职业教育"十四五"规划教材

河南省高水平专业群建设教材

智能化养猪

（产房饲养员岗位）

孔嫄嫄　王　飞　主编

中国农业大学出版社
·北京·

内容简介

本书根据现代化养猪场实际工作岗位分为6个分册，即后备母猪饲养员岗位、公猪饲养员岗位、化验室岗位、配怀舍饲养员岗位、产房饲养员岗位、育肥猪饲养员岗位，每个分册均包括情景描述、信息收集、分析计划、任务实施、评估汇报5个过程。本书6个分册均单独装订，方便学生按生产岗位使用。

本书可作为高等农业职业院校智能化养殖专业、畜牧兽医专业教材，也可作为养殖场一线技术人员技能培训教材和从事相关技术工作的参考书。

图书在版编目(CIP)数据

智能化养猪 / 孔嫄嫄，王飞主编. -- 北京：中国农业大学出版社，2023.6
ISBN 978-7-5655-2988-7

Ⅰ.①智… Ⅱ.①孔…②王… Ⅲ.①智能技术-应用-养猪学 Ⅳ.①S828-39

中国国家版本馆CIP数据核字(2023)第099453号

书　名　智能化养猪(产房饲养员岗位)
ZHINENGHUA YANGZHU

作　者　孔嫄嫄　王　飞　主编

策划编辑	张　蕊　张　玉	**责任编辑**	张　玉
封面设计	中通世奥图文设计中心		
出版发行	中国农业大学出版社		
社　址	北京市海淀区圆明园西路2号	**邮政编码**	100193
电　话	发行部 010-62733489，1190		编辑部 010-62732617，2618
	出版部 010-62733440		读者服务部 010-62732336
网　址	http://www.caupress.cn	**E-mail**	cbsszs@cau.edu.cn
经　销	新华书店		
印　刷	北京中兴印刷有限公司		
版　次	2023年8月第1版　　2023年8月第1次印刷		
规　格	185 mm×260 mm　　16开本　　5.25印张　　85千字		
定　价	65.00元		

编审人员

主　　编	孔嫄嫄	南阳农业职业学院
	王　飞	南阳农业职业学院
副 主 编	郝振芳	河南农业职业学院
	孙攀峰	河南农业职业学院
	李　嘉	周口职业技术学院
	王　安	周口职业技术学院
	路清霞	南阳市动物卫生监督所
	李万太	方城县农业农村局畜牧服务中心
	姚巧珍	内乡县动物疫病预防控制中心
	陈高英	南阳市动物卫生监督所
参编人员	张　扬	南阳农业职业学院
	王艳丰	河南农业职业学院
	孔雪旺	河南农业职业学院
	孙留霞	周口职业技术学院
	刘秀玲	商丘职业技术学院
	付赛赛	商丘职业技术学院
	刘　源	牧原食品股份有限公司
审　　稿	李生涛	南阳农业职业学院
	王国强	南阳农业职业学院
	杨瑞华	牧原食品股份有限公司

前　言

党的二十大报告指出，“全面推进乡村振兴”“强化农业科技和装备支撑”。现代畜牧业的发展离不开科技的助力和人才的支撑。畜禽智能化养殖专业是随着大型养殖企业向着智能化、自动化养殖方向发展而在高等职业院校新设立的一个专业。本专业面向畜牧机械检修维护、养殖场环境控制与污物治理、养殖场与饲料厂自动化控制等岗位，培养掌握畜牧工程技术专业知识和技术技能，能够从事畜牧环境检测、畜禽养殖与饲料加工设备检修维护及自动化控制等工作的高素质人才。智能化养猪技术是畜禽智能化养殖专业的核心课，课程知识目标包括：掌握养猪业形势，熟悉猪的行为与特性，猪品种选择与利用，后备母猪选择与培育，公猪饲养与人工授精，配种舍、妊娠舍、分娩舍、生长育肥舍猪群智能化管理。能力目标包括：具备独立进行不同阶段生产猪群饲养管理的能力，具有熟练操作智能养猪设备的能力，并具有适应市场的应变能力和从事现代化猪场经营管理的发展潜能。

本套手册式教材在形式上更加新颖，在内容上更加强调精炼简洁，降低了学生的理论学习难度。与此同时，又可以让学生的职业操作能力得到充分的锻炼以适应岗位的需求。本套手册式教材适用于在智能化养猪场教学或实习的人员使用，模拟现场环境，以解决实际问题、完成真实任务为学习载体，在工作中学习、在学习中工作，在企业实际的生产功能上叠加教学功能，构建能教学、能训练、能生产的“道场”（学习岗）、“靶场”（训练岗）、“战场”（实战岗）。本书也适用于课堂教学，模拟实际工作中的思维过程，每部分包括情景描述、信息收集、分析计划、任务实施、评估汇报 5 个过程，打破传统的课程知识结构，按岗位需要的知识、技能引导学生自主学习。

本书由相关高职院校与南阳部分市（县）畜牧兽医机构、养殖场专业技术人员联合编写，由于编者水平有限，书中难免有不妥之处，恳请广大读者朋友及同行指出，以便修改。

本书资源码

编　者

2023 年 5 月

目　录

情境描述

小刘是产房的饲养员，负责产房母猪和哺乳仔猪的饲养管理。一天，从配怀舍转进 56 头妊娠 110～112 d 的二元母猪，要求母猪正常分娩并进行产后母猪、仔猪护理，母猪断奶膘情达到 2～3 分，仔猪死淘率低于 10%，21 d 断奶体重不低于 6 kg。

为完成这项任务，我们需要进行更多的信息收集，学习 6 项理论知识：①判断临产母猪状态及母猪接产、助产相关知识；②仔猪护理的相关知识；③初乳的相关知识；④母猪产后护理基本知识；⑤泌乳母猪、仔猪的饲养管理知识；⑥母猪、仔猪疾病防控与治疗知识。掌握 3 项实操技能：①母猪助产；②仔猪接产；③仔猪护理一体化操作。

信息收集

本分册书中彩图

为了更好地完成这次任务，同学们要提前进行一系列知识的学习和技能的训练，需要准备的知识和能力如下面的思维导图(图 5-1)，目的是更好地帮助大家学习和掌握相关技能。

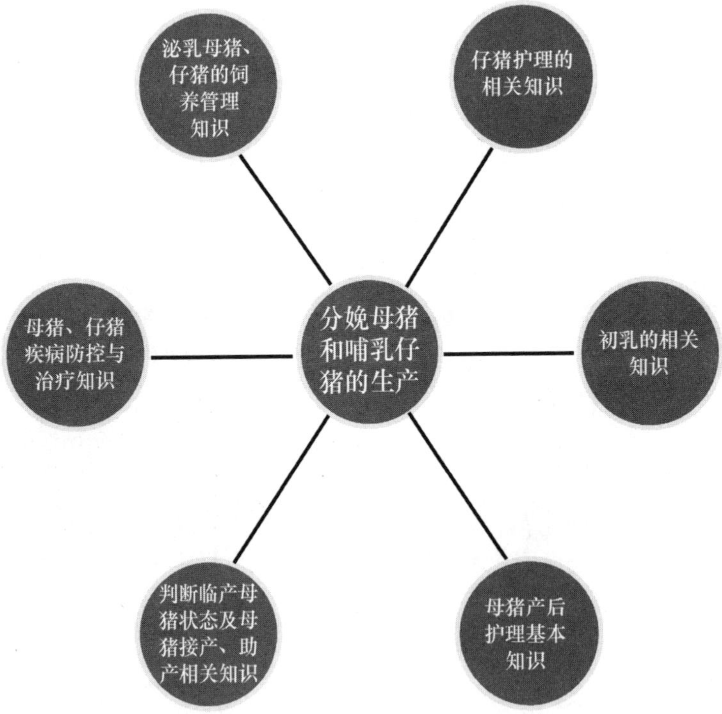

图 5-1　思维导图

一、判断临产母猪状态及母猪接产、助产相关知识

(一)母猪产前征兆

母猪临产前在生理上和行为上都会发生一系列变化(产前征兆),掌握这些变化规律既可防止漏产,又可合理安排时间。因此,饲养员应掌握母猪的一些产前征兆。

1.乳房

母猪乳房由后部向前部逐渐膨大下垂,其基部在腹部隆起,呈两条带状,乳房皮肤发紫红亮,两排乳头呈"八"字形向两侧张开。用手挤压乳头有乳汁排出,产前 6 h 左右可挤出黏稠、黄白色的乳汁。一般初乳在分娩前数小时或一昼夜就开始分泌,个别产后才分泌。但营养较差的母猪,乳房变化不十分明显,要依靠综合征兆做出判断。

2.骨盆

骨盆开张,尾根两侧下陷,俗称"塌胯"。

3.外阴部

母猪阴户松弛红肿,流出稀薄黏液,称为"破水",以此判断母猪即将分娩。

4.行为

母猪产前行动不安,叼草做窝,尾巴摇摆,频频排尿,特别是产前 2～5 h,母猪排粪尿次数明显增加,时起时卧,呼吸急促,产前 1 d,母猪呼吸频率可达 54 次/min,产前 3～4 h,呼吸频率可达 90 次/min。待母猪侧卧,四肢伸直,阴户流出淡红色羊水,则母猪即将分娩。

(二)难产母猪助产

在母猪分娩过程中,胎儿不能顺利产出的称为难产。母猪分娩一般都很顺利,但有时也发生难产,发生难产时,若不及时采取措施,可能造成母仔双亡,即使母猪因难产生存下来,也易发生生殖器官疾病,导致不育。

1. 难产原因

(1)母猪方面的原因。

①产道狭窄性难产:多见于初产母猪,由于母猪配种怀孕后还处于生长发育阶段,骨盆口太小,虽然母猪经强烈的子宫收缩,但胎儿排不出子宫口,造成难产。

②产力虚弱性难产:多见于体弱、疾病、高胎次或产仔多的母猪。由于疲劳造成子宫收缩无力,无法将胎儿排出产道,引起难产。

③膀胱积尿性难产:多见于体弱、疾病等原因引起膀胱麻痹,尿液不能及时排出,膀胱积聚大量尿液,挤压产道引起的难产。

④外界刺激引起的应激性难产:多见于初产、胆小的母猪,由于受到突然惊吓或分娩环境不安静等外界强烈的刺激,起卧不安,子宫不能正常收缩,引起难产。

⑤母猪过于肥胖、产道畸形、有疾病或发育不良也可以引起难产。

(2)胎儿方面的原因。

①胎儿过大性难产:多见于母猪产仔太少,胎儿发育过大引起难产。

②胎位不正性难产:多见于胎儿在产道中姿势不正、堵塞产道引起难产。

③畸形胎儿性难产:胎儿畸形不能顺利通过产道,引起难产。

④死胎性难产:胎儿在母体内死亡时间较长,引起胎儿水肿、发胀造成难产。

⑤其他:两头胎儿同时进入产道引起难产,这种情况一般比较少见。

2. 难产的判断方法

(1)母猪羊水已经流出并不断努责,但已超过 30 min 还没有产出仔猪,可判定为难产。

(2)母猪已经顺利产出 1 头或几头仔猪,但母猪仍表现十分烦躁、极度紧张、呼吸困难、心跳加快,且超过 30 min 仍没有仔猪产出,也可判定为难产。

(3)产仔完成后,及时收集胎衣并清点脐带头数,如果初生仔猪数比母猪排出的脐带头数少,说明体内还有仔猪,须再助产。

3. 难产救助方法

对于已经发育完善待产的胎儿来说,其生命的保障在于及时离开母体,分娩时间延长易造成胎儿窒息死亡。因此,发现分娩异常的母猪应尽早处理,具体救助方法取决于难产的原因及母猪本身的特点。

处理难产母猪时，要熟练地掌握“五字”措施。一是“推”，接产人员用双手托住母猪后腹部，随着母猪的努责，向臀部方向用力推送，促进胎儿产出。二是“拉”，看见仔猪头或腿部时出时进，可用手抓住仔猪的头或腿，随着母猪的努责，轻轻地拉出仔猪。三是“掏”，母猪用力努责，仔猪还是产不下来，这时可用手伸入产道将胎儿掏出。四是“注”，肌内注射催产素，促进胎儿产出。五是“剖”，如果以上措施无效，就请兽医进行剖宫产。

二、初乳的相关知识

母乳是仔猪出生后2周内唯一的营养物质，是4周内营养物质的主要来源，是仔猪生长发育的物质基础。所以泌乳期母猪的饲养对于仔猪的生长发育影响很大，其中主要对哺乳仔猪育成率、断奶窝重产生重要影响。只有养好泌乳母猪，使其分泌充足的乳汁，才能使仔猪多活快长，获得理想的育成率和断奶窝重，并保证母猪有良好体况，断奶后母猪能再次配种受胎，进入下一个繁殖周期。

（一）初乳的成分和作用

1. 初乳的成分

在各种家畜乳的成分中，猪乳中干物质、蛋白质及脂肪含量较高，唯乳糖含量略低些（表5-1）。

表5-1　各种家畜乳成分比较　　%

种类	干物质	蛋白质	脂肪	乳糖	矿物质	能量 (kJ/100 g)
猪乳	19～20	6.9	7.9	4.3	0.9	531.37
牛乳	12～13	3.1	3.5	4.9	0.7	292.88
山羊乳	12	3.1	3.5	4.6	0.8	288.70
绵羊乳	21	6.8	10.5	3.7	0.9	627.60
马乳	11	2.4	1.6	6.1	0.5	221.75
兔乳	26.4	10.4	12.2	1.8	2.0	753.12

母猪的乳汁分初乳和常乳。母猪产后 3 d 内的乳汁是初乳,以后的乳汁是常乳。初乳中干物质和蛋白质比常乳高很多(表 5-2)。据报道,仔猪出生后 24 h 内血液中免疫球蛋白含量显著增加,由初生时 1.5 mg 增加到 20.3 mg,这些免疫球蛋白只有通过初乳才能获得。初乳中镁盐有轻泻作用,能促使仔猪排出胎粪和促进消化道蠕动,有利于消化。初乳中脂肪、乳糖和灰分都低于常乳。

表 5-2 猪的初乳和常乳成分比较 %

项目	水分	干物质	脂肪	蛋白质	乳糖
初乳	77.79	22.21	6.23	13.33	1.97
常乳	79.68	20.32	9.97	5.26	4.18

2. 初乳的作用

母猪在妊娠期由于胎盘结构不能将抗体转移给胎儿,仔猪只能通过吃初乳获得免疫球蛋白。仔猪初生 18 h 后,胃肠道开始失去对抗体的胞饮作用。初生仔猪提倡及早吃足初乳有 4 方面原因:①仔猪没有吃初乳以前,体内没有免疫抗体,急需获得免疫力;②母猪分娩时初乳中免疫抗体含量最高,以后随时间的延续而逐渐减少;③初乳中含有抗蛋白分解酶,可以防止免疫球蛋白被分解,但这种酶存在时间较短,没有这种酶存在,仔猪不能将免疫抗体完整吸收,也就不能产生免疫力;④仔猪出生后 24～36 h,小肠吸收免疫球蛋白这种大分子物质的能力较强,48 h 以后逐渐减弱。由此可见,仔猪出生后应及早吃足初乳,以便获得较多的抗体,增强自身免疫力。而仔猪自身的主动免疫在 10 日龄以后才开始形成。2～6 周龄是仔猪被动免疫期向主动免疫期过渡的时期,应加强护理。

(二)泌乳机制及影响因素

1. 母猪泌乳机制

母猪乳房结构的特点是没有乳池,不能随时挤出奶。当母猪分娩时机体分泌催产素,能使子宫收缩产出仔猪,同时使乳腺周围肌纤维收缩将乳排出,所以分娩时随时都能挤出奶。除产后最初的 1～3 d 外,其余时间仔猪不经过拱揉刺激是吃不到奶的。仔猪用鼻拱乳头上的神经,刺激母猪将乳排出。

1 次哺乳要经历 3 个过程:首先仔猪发出叫声,开始拱揉母猪乳房,向母猪发出吃奶的信号。接着母猪侧卧身体，让奶头露出来，表示同意。经过仔猪 1～2 min 的按摩，母猪开始放奶，这时仔猪停止骚乱，安静地用力吸吮并发出啧啧响声，母猪也发出哼哼放奶声。母猪放乳时间少的有 10～30 s，多的可达 40～50 s，最后放乳结束。每次仔猪泌乳时间 3～5 min。

母猪每天泌乳 20～26 次，每次间隔 1 h 左右，一般泌乳前期次数较多，随仔猪日龄增加泌乳次数减少。由于夜间安静，泌乳次数较白天多。品种和个体之间差异较大。母猪泌乳全期产奶量为 300～400 kg。每日泌乳 5～6 kg，每次泌乳量为 0.25～0.40 kg。泌乳量在分娩后逐渐增加，产后 3 周达到高峰，以后随日龄增加泌乳量降低。中国猪种下降较为缓慢，引进猪种下降较快些。产后 40 d 内的泌乳量占全期的 70%～80%(图 5-2)。

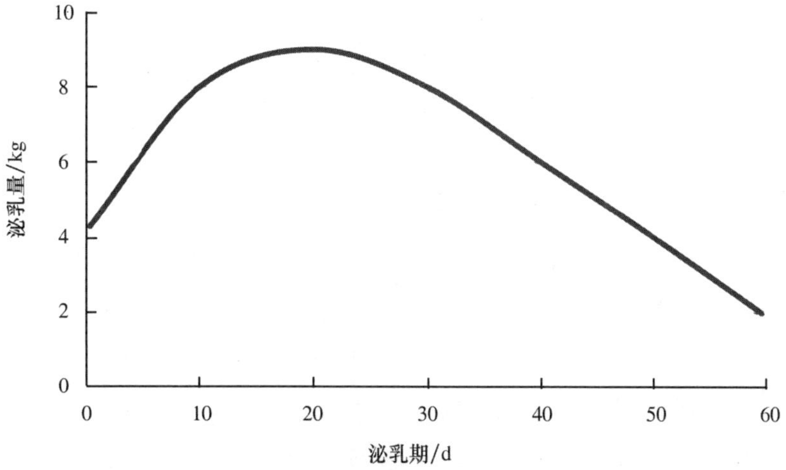

图 5-2 母猪的泌乳曲线

母猪乳房有 6 对以上，每对乳房的泌乳量不同。一般认为前部乳房的乳腺和乳管数比后面的多，泌乳量也多。仔猪出生后有固定奶头吃奶的习性，可通过人工方法将体弱的仔猪放在前面乳头吃奶，使体弱仔猪吃到较多的奶，加快生长，能使同窝仔猪发育均匀。母猪胎次不同泌乳量不同，初产母猪泌乳量低，3～5 胎泌乳量最高，以后逐渐降低。

2. 影响母猪泌乳的因素

母猪的泌乳量通常用泌乳力来衡量。泌乳力是以全窝仔猪 20 日龄的体重来间接表示的。母猪泌乳力受众多遗传因素和环境因素影响。例如，品种类型、年龄(胎次)、哺育仔猪头数及饲养管理等均能影响母猪的泌乳量。

(1)品种:不同品种或品系泌乳量不同(表 5-3)。一般来说,大型肉用型或兼用型品种的猪泌乳量高,脂肪型品种猪泌乳量低。

表 5-3　不同品种不同阶段泌乳量　　kg

品种	产后天数							
	10 d	20 d	30 d	40 d	50 d	60 d	平均	全期
金华猪	5.17	6.50	6.70	5.60	4.80	3.50	5.47	328.20
民　猪	5.18	6.65	7.74	6.31	4.54	2.72	5.65	339.00
哈白猪	5.79	7.76	7.65	6.19	4.10	2.98	5.74	344.40
大白猪	11.20	11.40	14.30	8.10	5.30	4.10	9.27	557.40
长白猪	9.60	13.33	14.55	12.34	6.55	4.56	10.31	618.60

(2)年龄(胎次):在通常情况下,初产母猪泌乳量低于经产母猪。原因是初产母猪尚未达到体成熟,特别是乳腺等各组织还处在进一步发育过程中,所以,泌乳量受到影响。从第 2 胎开始泌乳量上升,第 5 胎达到高峰,第 6～7 胎以后泌乳量下降。现代工厂化养猪场,主张母猪 8 胎淘汰。

(3)哺乳仔猪头数:哺乳母猪一窝哺育仔猪头数的多少与其泌乳量有密切的关系(表 5-4)。带仔头数多的泌乳量高。原因是仔猪有吃固定乳头的习性,母猪放乳必须经过仔猪拱乳头,刺激垂体后叶分泌促乳素,才能放乳,而未被吃奶的乳头分娩后不久即萎缩。试验证明,母猪每多带 1 头仔猪,60 d 的泌乳量可相应增加 26.72 kg。因此,调整母猪产后带仔头数,使其带满全部有效乳头的做法,可提高母猪的泌乳量。

表 5-4　母猪哺乳仔猪头数与泌乳量的关系　　kg

哺乳仔猪数	母猪的日泌乳量	每头仔猪日获得乳量
6 头	5～6	1.00
8 头	6～7	0.90
10 头	7～8	0.80
12 头	8～9	0.70

(4)乳头位置:乳头位置不同,乳房内乳腺体数量不同,其泌乳量也不同(表5-5)。一般前3对乳头泌乳量高于中、后部乳头。

表5-5 不同乳头位置的泌乳量比例

从前数乳头位置	第1对	第2对	第3对	第4对	第5对	第6对	第7对
所占泌乳量比例/%	23	24	22	11	9	9	4

(5)体重与体况:体重大、膘况适度的母猪泌乳量大于体重小的母猪,过于肥胖的猪泌乳量低。

(6)哺育季节:在养猪环境没有控制的情况下,春、秋两季母猪泌乳量高。夏季炎热、蚊蝇干扰、冬季寒冷均影响母猪的泌乳量。

(7)饲养管理:哺乳母猪饲料的营养水平、饲喂量、环境条件和管理措施等均可影响其泌乳量。所以,给予哺乳母猪良好而适度的饲养管理条件,才能充分发挥泌乳潜力。

三、仔猪护理的相关知识

(一)初生仔猪的生理特点

仔猪出生后,饲养管理跟不上,容易导致发病,甚至死亡,造成经济损失。在生产实践中,仔猪死亡有85%是在头30 d,其中以第1周死亡所占比例最高,为70%以上(表5-6)。主要原因是压死、弱死、腹泻等。正常情况下某养猪场仔猪死亡原因统计(表5-7)。

表5-6 仔猪死亡时间分析

死亡时间	死亡率/%	死亡时间	死亡率/%
0 d	34	5 d	5
1 d	16	第1周	76
2 d	13	第2周	18
3 d	6	第3周	6
4 d	7		

表 5-7 仔猪死亡原因统计

死因	比例/%	死因	比例/%
压死	44.8	腹泻	3.8
弱死	23.6	关节炎	1.7
饿死	10.6	湿疹	1.2
畸形	3.8	流感	0.7
咬死	1.1	其他	5.7
八字腿	3.0		

仔猪的死亡造成了很大的经济损失。因母猪、后备母猪、公猪及后备公猪的饲料消耗都要记到仔猪的"账上"。据报道，如果把种猪的饲料都"摊"到仔猪身上的话，死亡1头仔猪的饲料损失十分惊人(表5-8)。可见，搞好仔猪出生后早期的养育和护理多么重要，这是仔猪成活和正常生长发育的关键阶段。

表 5-8 死亡1头仔猪的饲料损失量

死亡日龄	初生	10	18	26	34
饲料损失量/kg	63	118	163	273	450

1.没有先天免疫力，容易得病

由于母猪的胎盘结构比较特殊，在胚胎期间母体的免疫物质(免疫球蛋白)不能通过血液循环进入胎儿体内。仔猪出生时无先天免疫力，自身又不能产生抗体，因此初生仔猪只有靠吃初乳来获得免疫力。仔猪1～2周龄前，几乎全靠母乳获得抗体，但随着时间的增长，母乳中的抗体含量逐渐下降。仔猪在10日龄以后自身才开始产生抗体，并随年龄的增长而逐渐增加，到4～5周龄时数量仍然很少，6周龄以后才主要靠自身合成抗体。另外仔猪3周龄前胃内缺乏游离盐酸，对饲料、饮水和其他环境中的病原微生物无抑杀作用，易得消化道疾病。由此可见，仔猪2～6周龄是母体抗体与自身抗体衔接的重要时期，这时既要做好母乳的喂养，更要做好仔猪的抗病和护理。

2.调节体温能力差，特别怕冷

仔猪之所以怕冷有3个方面的原因：一是出生时大脑皮层发育不全，不能通过神经系统调节体温；二是体内用于氧化供热的物质也较少，只能利用乳糖、葡萄糖、乳脂、糖原氧化供热；三是初生仔猪皮薄、毛稀、体小，皮下脂肪较少。据研究报道，仔猪单位体重用于维持体温的能量是成年猪的3倍，正常体温又比成年猪高1℃左右，到3周龄左右调节体温能力才接近完善。因此，其产热少、需热多、失热多，最终导致初生仔猪特别怕冷。

3. 消化器官不发达，消化功能不完善

初生仔猪的消化器官虽然在胚胎期就已经形成，但很不发达，机能也不完善。主要表现在3个方面：

(1)胃肠不发达。初生仔猪消化道容积很小，胃的容积只有25～40 mL，重4～5 g；20日龄胃重才35 g左右，30日龄时是出生时的10倍左右，60日龄时胃重150 g左右，直到断奶后才增加到接近成年水平。体重50 kg后其胃达成年猪重量，此阶段小肠的生长比较强烈，但容积仍很小。由于胃的容积小，每次吃奶容纳的乳汁不多。

(2)消化液分泌少。①盐酸游离：由于胃底腺不发达，缺乏游离盐酸，一般3周龄左右胃内才产生少量游离盐酸，以后逐渐增加。仔猪在8～12周龄时盐酸分泌水平接近成猪水平。没有游离盐酸状态下，胃蛋白酶原不能被激活，胃内不能消化蛋白质。②胃蛋白酶：仔猪出生时胃蛋白酶很少，初生时其活性仅为成年猪的25%～33%，8周龄后其数量和活性才上升，初生时的胃蛋白酶起凝乳作用。③胰蛋白酶：胰蛋白酶的分泌量在3～4周龄时才迅速增加，10周龄时胰蛋白酶活性为初生时的33.8倍。④乳糖酶：小肠分泌的乳糖酶活性较高，其活性在仔猪生后第2～3周最高，此时对乳糖利用率较高，以后开始下降，4～5周龄降到低限。另外，麦芽糖酶缓慢上升，蔗糖酶一直不多。⑤胰淀粉酶：胰淀粉酶到3周龄时渐达高峰。⑥脂肪分解酶：仔猪初生时其活性就比较高，同时胆汁分泌也较旺盛，在3～4周龄脂肪酶和胆汁分泌迅速增加，一直保持到6～7周龄，因此可以很好地消化母乳中乳化状态的脂肪。

(3)胃肠运动弱。仔猪胃肠运动微弱，且胃排空速度较快。随日龄增长胃运动逐渐呈现运动和静止的节律性变化，8～12周龄时接近成年猪；而仔猪胃排空速度随年龄增长而减慢。15日龄时约为1.5 h，30日龄为3～5 h，60日龄时为16～19 h。因此，仔猪易饱、易饿。这也是要求仔猪料容积要小、质量要高、少喂勤添、日喂次数较多(或自由采食)的主要原因之一。

总之，由于仔猪胃内消化液分泌少，游离盐酸少，胃肠运动弱，导致胃内消化、吸收、抑菌、杀菌等方面的能力较差，在一定程度上限制了其消化吸收。例如在给仔猪补充糖类时，葡萄糖不用消化直接吸收，适于任何日龄仔猪，麦芽糖也适于任何日龄，但不及葡萄糖，淀粉适于 2 周龄以后并且最好进行熟化处理；而果糖不适于初生仔猪，蔗糖极不宜于幼猪，乳糖只适于 5 周龄前，9 周龄后逐渐适宜果糖；木聚糖适于 2 周龄后。

4. 生长发育快，代谢旺盛

仔猪初生重较小，不到成年体重的 1%，但出生后生长发育较快，一般初生重为 1.5～1.7 kg，30 日龄体重可达初生重的 5～6 倍，60 日龄达初生重的 10～13 倍(表 5-9)。

表 5-9　哺乳仔猪生长发育

指标	日龄						
	出生	10	20	30	40	50	60
体重平均/(kg/头)	1.50	3.24	5.72	7.25	10.56	14.56	18.65
范围/%	0.9～2.2	2.0～4.8	3.1～7.8	4.2～10.8	5.4～15.3	8.9～22.4	11.0～27.2
增长倍数	1.00	2.16	3.81	4.83	7.04	9.71	12.43

绝对增长随年龄增长而增加，但相对生长速度却逐渐降低。从仔猪体重增长的成分上看，3 周龄内脂肪增长或沉积迅速，初生时为 1%，而 5 kg 时脂肪成分占 12%，3 周龄以后蛋白质增长速度迅速上升，灰分的增长比较稳定，体内蛋白质、脂肪、灰分的总量随日龄和体重的增长而增加(表 5-10)。仔猪的快速生长是以旺盛的物质代谢为基础的。因此，仔猪对营养物质的质量和饲料品质要求都较高。

表 5-10　仔猪初生到 20 kg 的生长速度和养分沉积量

体重/kg	水分/%	粗脂肪/%	粗蛋白质/%	粗灰分/%	预期日龄	净重/(g/d)
初生	81	1.0	11	4	—	—
5	68	12	13	3	22	240
10	66	15	14	3	39	320
15	64	18	15	3	53	380
20	63	18	15	3	65	500

说明：初生仔猪体成分除上述外，还含有 2.59%的糖原。

(二)初生仔猪护理养育

仔猪出生后所处的环境条件和营养方式等与出生前比较，都发生了骤然的变化。出生前在母体子宫内的羊水中飘浮,通过脐循环获得氧气和摄取营养。出生后立即转变为自行呼吸、吃奶和排泄。出生前在母体内环境条件相当稳定,不易受外界有害条件的影响。出生后直接与复杂多变的外界环境接触,其中变化最大的算是环境温度了,尤其是在寒冷的北方和隆冬季节敞圈分娩,温度常在零下 20 ℃以下,甚至更低,仔猪出生前后的环境温度有 50 ℃的差距,若饲养管理不当,极易被冻死、压死、踩死、饿死(图 5-3)。环境温度过低也常常成为其他死亡的诱因。这除在妊娠期下功夫,使其先天发育良好以外,仔猪出生后早期的护理和养育,也特别重要。

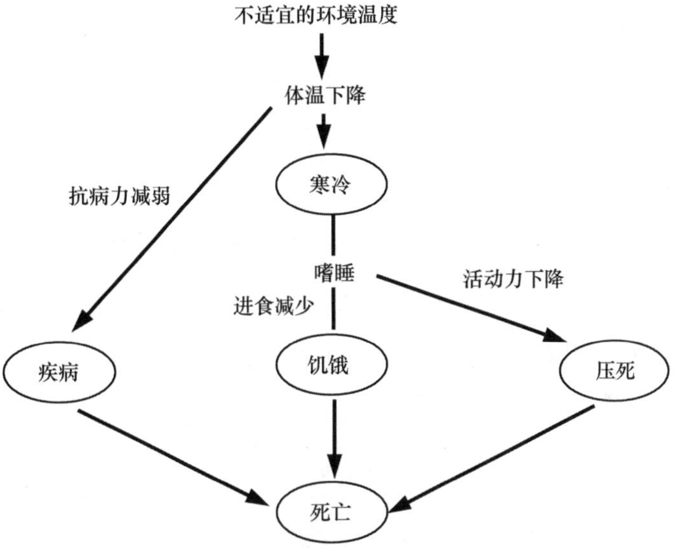

图 5-3　不良环境条件对仔猪影响示意图

1. 及时抢救弱仔,固定乳头

瘦弱的仔猪,首先表现行动迟缓,有的张不开嘴,有的含不住乳头,有的不能吮乳,其死亡率较高。除了对体重过小的仔猪进行淘汰外,对于一般的弱仔应及时进行救助。可先将仔猪嘴巴慢慢撬开,用去掉针头的注射器吸取温热的 25% 葡萄糖溶液,慢慢滴入口中。然后将仔猪放入一个临时的小保温箱中,使仔猪慢慢恢复。等快到放奶时,再从小保温箱将仔猪拿到母腹下,用手将乳头送入仔猪口中。待放奶时,可先挤点奶给仔猪,当奶进入仔猪口中,仔猪会有较慢的吞咽动作,有的也能慢慢吸吮了,这样反复几次,精心喂养,该仔猪即可免于冻昏、冻僵和冻死。

为了提高育成率,使全窝仔猪生长发育整齐均匀,待全窝仔猪出生后,应按照体重、体质情况固定乳头。其原则是，将体重小或体质弱的仔猪固定到前边的乳头上去哺乳；将中等体重、体质的仔猪放到中间乳头位置上哺乳；而将体重大、体质强的仔猪放在后边乳头上去哺乳。如果乳头数多于所产仔猪数，应由前向后安排哺乳，放弃后边乳头；相反，应采用并窝方法进行。具体办法是在仔猪出生后的 2～3 d 内，将仔猪按拟定乳头位置做上标记(用龙胆紫药水)，在每次仔猪哺乳时应根据其所标记的位置固定好。经过 2～3 d 的训练，仔猪就可以将乳头固定了。这样做能防止仔猪因争抢乳头干扰母猪泌乳或者损伤母猪乳头。

2. 采取保温防压措施

根据初生仔猪的生理特点得知，初生仔猪的体温调节能力差，特别怕冷，容易冻昏、冻僵或冻死。一旦遇到寒冷的环境出现反应迟钝，行动不灵活，甚至不会吮乳、冷休克并诱发其他疾病。持续的低温环境甚至可以使仔猪冻死，为此，应注意采取保温措施。仔猪在出生前母猪体内的温度是 39 ℃左右，生后第 1 周所处的环境温度要求 34 ℃，第 2 周的温度为 32 ℃，第 3 周为 30 ℃(表 5-11)。以后每周降温幅度控制在 2 ℃以内，降温幅度过大，会引起仔猪下痢等疾病。为满足仔猪的温度需求，可以提高仔猪所处的区域温度。

表 5-11　仔猪不同日龄的环境温度、湿度要求

猪群	日龄	体重/kg	舒适温度/℃	临界高温/℃	临界低温/℃	适宜湿度/%
哺乳仔猪	初生当天	1.5	32～35	37	30	60～70
	1～3 d	2.0～2.5	28～30			
	4～7 d	2.5～4.5	25～28		28	
	8～13 d	1.5～2.0	30～32		23	60～80
	14～25 d	4.5～7.5	23～25			
断奶仔猪	断奶后 1～5 d		25～30	32	25	
保育仔猪	30～35 d	7.5～9.5	23～25	30	20	
	36～63 d	9.5～25	20～23		18	

具体方法：首先设置仔猪保温箱，在箱内使用 250 W 红外线灯泡，寒冷季节还可以在仔猪箱内放置电热板与保温瓶等。第 1 周红外线灯泡底端距离仔猪箱底的高度为 45 cm 左右，悬挂过高只起光源作用，悬挂低于 45 cm 时，灯下温度过高，容易灼伤仔猪。第 2 周以后悬挂高度可高些，或减少开灯时间以使仔猪箱

内温度下降一些；也可通过观察仔猪趴卧姿势来判断仔猪是否舒适，如果仔猪挤堆、身体颤抖、皮肤呈鸡皮样，且全身发红，说明仔猪所居环境温度偏低，应提高仔猪箱内的温度。如果仔猪呈放射样趴卧、多靠近出入口或四角，说明仔猪箱内温度过高，应酌情降低仔猪箱内的温度。在放置仔猪箱的时候，要用活动栏或固定栏将母猪与仔猪箱隔开，栏的底端距离地面 25～30 cm，或建舍时在地面上安装固定隔桩，供仔猪自由出入母猪区和仔猪区，避免母猪进入仔猪区。这样既防止压仔，又防止母猪拱撞仔猪箱。多数规模化猪场的分娩舍内采用高床网上分娩栏，在母猪的左右两侧均安装了防压隔栏，不必再设防压装置。仔猪箱可直接放置在防压隔栏的一侧，另一侧放有仔猪料槽作为开食补料栏使用。

3. 注射铁制剂及补硒

仔猪出生时体内有铁 50 mg 左右，大部分以血红蛋白的形式存在。仔猪每增加 1 kg 体重需要 35 mg 铁，但母乳中铁含量较低，每日从母乳中只能获得 1 mg 左右。如不及时补铁，1 周龄左右，仔猪将会出现缺铁性贫血。其临床表现为生长缓慢或停滞、昏睡，可视黏膜苍白、被毛蓬乱无光泽，呼吸频率加快，膈肌突然痉挛，抗病力降低，易患腹泻、肺炎等，严重时会因缺氧而突然死亡。仔猪贫血后抗病力降低，易患传染病、腹泻、肺炎等，有时因缺氧而突然死亡。正常仔猪的血红蛋白水平应大于 10 g/100 mL，当降至 8 g/100 mL 时，表明临界贫血，达到 7 g/100 mL 或更少时，表现明显贫血，严重时可导致死亡，因此必须补铁。仔猪血液中血红蛋白量与缺铁表现见表 5-12。

表 5-12　血液中血红蛋白含量与缺铁表现

每 100 mL 血液中血红蛋白含量/g	仔猪缺铁表现
10 以上	不缺，生长发育良好
9	符合最低需要量
8	贫血临界线，需要补充
7 以下	贫血，生长受阻
6 以下	严重贫血，生长显著减慢
4 以下	严重贫血，死亡率上升

硒也是仔猪常常缺乏的微量元素之一。仔猪缺硒，容易发生缺硒性下痢、肝坏死和白肌病，因此也应补硒。

(1)补铁。生产中常用的补铁方式是肌内注射铁钴络合剂制剂。注射时间是出生后 3 日龄内，注射剂量为 100～200 mg 铁质，注射部位为颈部或臀部深层肌肉。注射前应使用 75%酒精消毒注射部位，每一头仔猪单独使用 1 个针头进行注射，防止交叉感染。

(2)补硒。凡是怀疑妊娠母猪或仔猪缺乏维生素 E 或硒的时候，应在仔猪出生后补注维生素 E 或硒。具体做法是仔猪出生后 1 d 内，每头仔猪肌内注射亚硒酸钠维生素 E 注射液 0.5 mL(含亚硒酸钠 0.5 mg、维生素 E 25 IU)。

一般在仔猪出生后 1～2 d 内同时补铁、补硒。目前也有的厂家将硒加入含铁针剂中，可一针补两样，方便省事。一般注射 1 次，基本上可保证哺乳期的仔猪不会缺乏。

4. 仔猪并窝和过哺

生产中出现母猪产仔数少于 5 头、母猪产仔数多于有效乳头数、母猪产后因各种原因造成无乳、母猪产后突然死亡等情况的，都需要并窝或过哺，便于合理利用母猪及分娩舍设施。

其方法是：首先要求仔猪在原母猪或其他母猪那里吃 2～3 d 的初乳。再选择“继母”猪，要求选择产期相差 3 d 以内、泌乳性能高、体质好的母猪做“继母”。然后需将并窝或过哺的仔猪混群，方法有：给需要并窝或寄养的仔猪涂上“继母”的乳汁或尿液，与“继母”原带仔猪关在同一个仔猪箱内 1～2 h。如果是过哺，应挑选一窝中体重大、体质强壮的仔猪参加过哺，防止受欺。经 10 min 左右，将处理的仔猪送到“继母”的乳房旁，待哺乳时一起吃乳。过哺最好是安排在夜间进行，比较容易成功。最初 12～24 h 内要注意看护，防止母猪辨认出来，咬伤并窝或过哺过来的仔猪。有些厂家向并窝或寄养仔猪的身上喷洒白酒或煤油，也能起到防止“继母”辨认的效果。

5. 仔猪编号

新生仔猪的耳号编制是每个种猪场必做的工作，是为了掌握仔猪出生及各个阶段的生长发育状况，以及母猪本身的生产能力，保护系谱的准确性和保持品种的纯度，更便于仔猪管理，方便记录和资料存档，在仔猪出生后 2～7 日龄内应进行编号，方法有打耳号法、卡耳标法等。

(1)打耳号法。是用猪耳号钳子将猪两耳打出不同的孔洞和缺刻，来组成耳号，即剪耳缺。不同的养殖企业耳缺标记规则不同，以某集团养殖场为例：一般种猪耳号为 4 位数，可以标记的号码从 0000～9999，标记规则如下：耳尖一缺为 3，耳根一缺为 1，中间一缺为 9，四个缺口为 8，不打为 0，右耳前缘为千位，后缘为个位，左耳前缘为百位，后缘为十位。如图 5-4 所示。

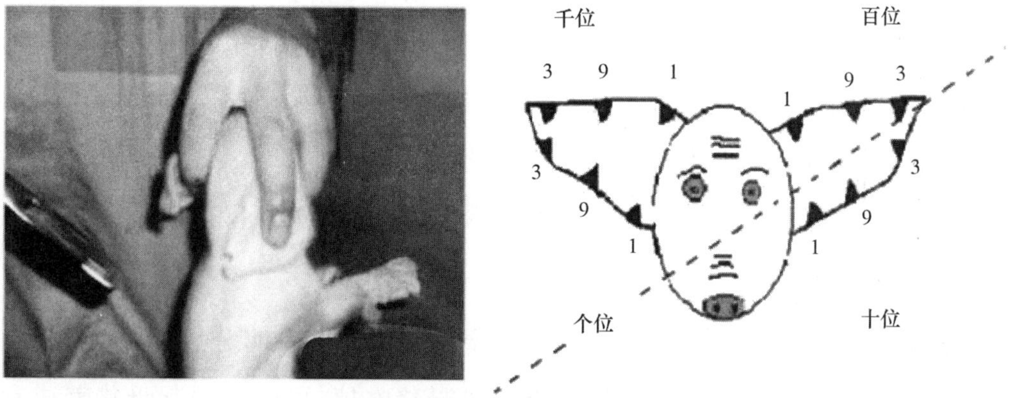

图 5-4　猪耳号示意图

(2)卡耳标法。采取专用的耳标钳子，将耳标钉在猪耳朵上即可。猪耳标颜色鲜明多样，数字使用专用记号笔书写，清晰不掉。操作者把耳标书写好后，将上部和下部分别装在耳标器上。抓住仔猪后，操作者用前臂的肘部和胸腹部将仔猪保定好。然后用耳标器将耳标铆上，要注意避开大的血管。

6. 仔猪生后其他处理

(1)剪牙。为防止刚出生的仔猪咬伤母猪乳房和互相撕咬争斗，仔猪出生后第 1 天将犬齿在齿龈处全部剪断，断面要平整且不要伤及牙龈，以防细菌感染。

(2)断尾。为防止咬尾和母猪本交配种，仔猪出生后 1 周内，将其尾巴断掉(可以留 1/3)，要注意止血并涂碘酊或撒布消炎药粉防止伤口感染。

(3)去势。仔猪出生后 1 周内，将不做种用的小公猪去势，此时去势止血容易，应激小。

四、母猪产后护理基本知识

(一)护理产后母猪

分娩之后,经过一段时间,母猪身体(主要是生殖器官)在解剖和生理上恢复原状,一般称此为产后期。在分娩过程中和产后,母猪整个机体,特别是生殖器官发生着迅速而剧烈的变化,机体的抵抗力下降。产出胎儿时,子宫颈开张,产道黏膜表层可能造成损伤;产后子宫内又存有恶露,都为病原微生物的侵入和繁殖创造了条件。因此,对产后期的母猪应进行妥善的饲养管理,以促进母猪尽快恢复正常。

1. 清理胎衣

母猪在产后 0.5 h 左右排出胎衣,母猪排出胎衣,表明分娩已结束,此时应立即清除胎衣。若不及时清除胎衣,胎衣被母猪吃掉,可能会引起母猪养成食仔的恶习。同时将母猪阴部、后躯等处的血污清洗干净、擦干。

2. 饮水

分娩过程中,母猪的体力消耗很大,体液损失多,常表现疲劳和口渴,所以在母猪产后,最好立即给母猪饮少量含盐的温水,或饮温热的麸皮盐汤,补充体液。

3. 饲养

母猪产后 8～10 h 内原则上可不喂料,只喂给温盐水或稀粥状的饲料。分娩后 2～3 d 内,由于母猪体质较虚弱,代谢机能较差,饲料不能喂得过多。且饲料的品质应该是营养丰富、容易消化的。从产后第 3 天起,视母猪膘情、消化能力及泌乳情况逐渐增加饲料给量,至 1 周左右按哺乳期饲喂量投给。对个别体质较虚弱的母猪,过早大量补料反而会造成消化不良,使乳质发生变化引发仔猪下痢。对产后体况较好、消化能力强、哺育仔猪头数多的母猪,可提前加料,以促进泌乳。为促进母猪消化,改善乳质,防止仔猪下痢,可在母猪产后 1 周内每天喂给 25 g 左右的小苏打,分 2～3 次于饮水时投给。对粪便干硬有便秘趋势的母猪,应多饮水或喂给有轻泻作用的饲料。

4.催乳

有的母猪因妊娠期间营养不良，产后无奶或奶量不足，应及时进行催乳，否则将导致仔猪发育迟缓甚至饿死。可喂给母猪小米粥、豆浆、胎衣汤、小鱼小虾汤等。对膘情好而奶量不足的母猪，除喂催乳饲料外，可同时采用药物催乳。

5.保持产房温暖、干燥和卫生

产房小气候条件恶劣、产栏不卫生均可能造成母猪产后感染，母猪产后感染表现为恶露多、发烧、食欲降低、乳量下降或无乳，如不及时治疗，轻者导致仔猪发育缓慢，重者导致仔猪全部饿死。因此，要搞好产房卫生，经常更换垫草，注意舍内通风，保证舍内空气新鲜。产后母猪的外阴部要保持清洁，如尾根、外阴周围有恶露时，应及时洗净、消毒，夏季应防止蚊蝇飞落。必要时给母猪注射抗生素，并用温度为37～40 ℃的0.1%高锰酸钾、0.9%温生理盐水或0.02%新洁尔灭等溶液2 000～3 000 mL冲洗子宫，冲洗后倒出残存溶液，隔0.5 h向子宫内注入20万～40万IU青霉素或其他抗生素。

(二)制订母猪产后消炎方案

母猪产后要随时观察采食、体温变化，注意有无大出血、产后乳腺炎、瘫痪、产后无乳等情况。对人工助产母猪要清洗产道，并且药物消炎。初产母猪、胎儿过大或过多，以及难产的母猪，其子宫易受损伤，消炎以7 d为一疗程。每次药量按每千克体重青霉素3万IU肌注，2次/d。同时可向产道深部灌注微温的0.1%高锰酸钾溶液，直至恢复正常为止。对曾有产后患病史的经产母猪，也按上述方法用药。

消炎后的母猪，1周后产道仍有脓液排出的，首先向子宫内灌注微温的0.1%高锰酸钾溶液200～300 mL，同时肌注己烯雌酚5 mg，使子宫颈扩张，肌内注射催产素30 IU，间隔30 min/次，连续2次。同时肌内注射青霉素、链霉素混合液，配合磷酸地塞米松注射液全身治疗。也可向产道深部投放10%葡萄糖生理盐水加青霉素80万～160万IU混合液100 mL，1次/d，连续3 d，效果较好。母猪产后消炎、化瘀去滞、胎衣不下等，也可采取中草药拌料喂服。取新鲜益母草0.25 kg加水1 000 mL煮至300～400 mL，待凉温后加入红糖0.2 kg，分早晚拌料喂服，连续喂3 d，效果也较好。

（三）防治母猪胎衣不下

胎衣又叫胎膜，一般在胎儿产出后经10～60 min即可排出。胎衣一般分两次排出，若胎儿较少时，胎衣往往分数次排出。如果产后2～3 h未排出胎衣，或者只排出一部分，叫胎衣不下，或者叫胎衣迟滞。

1.胎衣不下的原因

(1)子宫收缩无力。由于孕期的饲养管理不当，怀孕后期运动不足，饲料中缺乏钙盐等使孕猪过肥或瘦弱等，均可以引起子宫弛缓，此外，胎儿过大、难产等，也可继发产后阵缩微弱而引起胎衣不下。

(2)胎儿胎盘与母体胎盘粘连。当子宫内膜和胎盘有炎症时，胎儿胎盘与母体胎盘发生粘连，而发生胎衣不下。布鲁氏菌病的病猪也可见到此种现象。

2.临床症状

为了诊断胎衣是否全部排出，应检查胎衣上脐带断端的数量是否与胎儿数相等。母猪胎衣不下多为部分胎盘滞留，一般不易发现。胎衣在子宫中滞留3 h以上，就会因分解产生毒素而引起子宫内膜炎。同时母猪表现不安、努责、食欲减少或废绝，喜喝水，可引起全身症状，有时从阴门流出红褐色带恶臭味液体，内混有分解的胎衣碎片。母猪胎衣不下可伴发化脓性子宫内膜炎及脓毒败血症，后者常引起母猪死亡。

3.治疗

(1)产后2 h不排胎衣的，应肌内注射垂体后叶素或催产素10～20 IU，隔1 h后重复注射，常能促使胎衣排出。也可皮下注射麦角浸膏1～2 mL。

(2)为了促使胎衣排出，可静脉注射10%氯化钙液20 mL，或10%葡萄糖酸钙液50～150 mL。如果应用上法仍不奏效，可剥离胎衣。

(3)剥离前应先消毒母猪外阴部，将经消毒并涂油的手(可戴塑料手套)伸入子宫内，剥离和拉出胎衣，最后投入金霉素或土霉素胶囊(每粒含量250 mg)2～4粒；或将金霉素或土霉素1 g，加入50 mL蒸馏水中，注入子宫内。一般情况下，不宜采用药物冲洗。

(4)子宫内注入广谱抗生素，可预防滞留胎衣腐败分解。

(5)采用抗感染的全身疗法和对症疗法,可有效提高疗效。

4. 预防

在母猪妊娠期,应注意饲料中的矿物质和蛋白质的含量,勿使缺少。同时将妊娠母猪饲养于较宽敞的猪舍,每天让其适当运动,母猪膘情以保持不肥不瘦为宜,以便母猪在分娩时子宫和腹肌均有一定的收缩力,即不易发生胎衣滞留。

(四)防治母猪长期恶露不尽

母猪产后或配种后恶露不尽,从阴门排出大量灰红色或黄白色有臭味的黏液性或脓性分泌物,严重者呈污红色或棕色,有的猪场后备母猪也有发生。

1. 发病原因

主要是母猪助产或人工授精时消毒不严或母猪生活环境卫生差、饲料有霉变等因素引起的,母猪自身免疫能力下降也是重要的原因。

2. 预防方法

保持猪舍清洁,助产或人工授精时要严格消毒,对各种饲料原料严格把关,禁用霉变饲料。也可以根据实际情况采用药物预防措施,后备猪 6 月龄及配种前各 1 周在饲料中添加支原净 60 g/500 kg、金霉素 180 g/500 kg;母猪产前产后各 1 周在饲料中添加支原净 60 g/500 kg、金霉素 180 g/500 kg;母猪断奶前后各 1 周在饲料中添加磺胺二甲嘧啶 150 g/500 kg、乳酸 TMP 30 g/500 kg,或氟苯尼考 60 g/500 kg。

3. 治疗方法

炎症急性期应清除积留在子宫内的炎性分泌物,并用温度为 37～40 ℃的 0.02% 新洁尔灭、0.1%高锰酸钾或 1%～2%碳酸氢钠 2 000～3 000 mL 冲洗子宫,最后向子宫注入 200 万～400 万 IU 青霉素、洗必泰或其他抗生素类药物。全身症状严重时,使用抗生素或磺胺类药物进行肌内注射。患慢性子宫内膜炎的病猪,可使用催产素等子宫收缩剂,促进子宫内炎性分泌物排出。再用 200 万～400 万 IU 青霉素加 100 万 IU 链霉素,混于高压灭菌的植物油 20 mL 中注入子宫内。冲洗子宫可以每天一次或隔天一次。

五、泌乳母猪、仔猪的饲养管理知识

(一)泌乳母猪的营养需要

泌乳母猪营养需要，主要包括维持需要和泌乳需要两方面，对于青年阶段的母猪还包括生长需要，其中泌乳需要是主要方面。据统计，1 头母猪在 60 d 哺乳期内，可产奶 300～400 kg，大型高产母猪泌乳量可达 500～600 kg，平均每昼夜产奶 5 kg 左右。泌乳母猪的营养供给左右着奶水的质与量，直接影响仔猪的生长发育和育成率，继而也会影响到母猪再发情配种和连续利用。对青年母猪来说，还要考虑其自身发育尚未结束的营养需要，如果营养需要得不到满足，除影响仔猪外，还会严重影响青年母猪的自身发育和利用。

(二)泌乳母猪的饲养管理

1. *泌乳母猪的饲养*

要使仔猪在哺乳期间获得良好的成活率和较大的断奶窝重，就应该努力提高母猪的泌乳量和奶水的质量，使仔猪吃得好。哺乳期间给母猪提供充足的营养，努力提高母猪采食量，是获得最大的泌乳量、最大的仔猪增重和母猪以后良好繁殖体况的基础。见表 5-13。

表 5-13　母猪哺乳期采食量与生产性能表现

采食量/(kg/d)	哺乳母猪失重/kg	仔猪日增重/g			配种间隔/d
		0～21 d	0～28 d	21～28 d	
1.51	44.5	180.9	169.7	136.2	29.8
2.21	30.8	177.8	171.8	155.6	25.0
2.90	27.4	189.9	189.9	184.0	21.2
3.58	19.6	187.2	187.2	193.5	14.6
4.21	15.8	209.7	205.7	192.7	15.5
4.38	9.0	192.9	192.8		7.8

(1)掌握好能量水平。哺乳母猪的能量需要分为维持需要、泌乳需要和生长需要。哺乳期间需要大量的能量，当哺乳母猪摄入的能量不能满足这 3 种能量需求时，母猪就会动用自身储备进行泌乳。而当母猪体重损失过大时就会影响下一次发情，干扰母猪生产的正常进行。母猪能量需要取决于很多因素。

①妊娠期间的营养水平：主要对母猪开始泌乳时的体能储备和泌乳期间的采食量及体重变化产生影响，从而影响母猪的能量需要。

②泌乳期间体重损失及整个繁殖周期的体重变化：繁殖母猪在一生中，不仅体重变化较大，而且身体成分也发生了很大变化(表 5-14)。除了母猪正常生长发育导致的差异外，能量供给水平是导致其差异的主要因素。当泌乳母猪能量摄入不足时，母猪就会动用体内的脂肪和蛋白质，表现消瘦。

③妊娠期母猪的采食量：泌乳母猪的食欲取决于妊娠期间母猪采食量、体况、环境温度。母猪妊娠期间过于肥胖、环境温度偏高导致母猪食欲不好(表 5-15)，同时饲料的类型和适口性、饲养方式等也会影响母猪采食量，最终影响能量摄入量。

表 5-14　母猪妊娠期采食量对泌乳期采食量的影响

项目	试验分组		
	1 组	2 组	3 组
妊娠期饲料采食量/(kg/d)	1.80	2.25	2.75
妊娠期增加的体重/kg	55.30	70.40	80.20
泌乳期饲料饲喂量/(kg/d)	4.76	4.70	3.98
泌乳期体重损失/kg	12.60	19.60	24.60

表 5-15　环境温度对母猪采食量、体重损失和仔猪体重的影响

项目	试验 1		试验 2	
环境温度/℃	27	21	28	16
母猪头数/头	20	20	46	16
母猪日采食量/kg	4.6	5.2	4.2	5.6
母猪体重损失/kg	21.0	13.5	22.0	13.0
仔猪 28 日龄体重/kg	6.2	7.0	6.4	7.3

④产仔数、仔猪体重、生活力：母猪产仔多、仔猪窝重大、仔猪生命力强等将会使母猪能量需要增加，均影响母猪能量需要。

⑤哺乳期长短：既影响母猪的总泌乳量，又影响母猪体重损失。一般泌乳前1～2周，母猪泌乳量低，3～4周泌乳量最高，5周后逐渐降低，能量需求随泌乳量增大而增加。母猪体重损失与仔猪哺乳期的长短有直接关系，哺乳期长母猪体重损失大，缩短哺乳期有利于减少母猪体重损失，保证母猪整个繁殖期能量的正平衡。

泌乳母猪的能量需要可用析因方法来分析，估计其能值时应考虑到维持需要、泌乳需要和泌乳期间体重损失所需要的能量等。以下是利用析因法确定的泌乳母猪能量需要数值(表5-17)，可用来估计泌乳母猪能量需要量。

表5-17　哺乳母猪能量需要量的析因参考

哺乳阶段/周	体重/kg	维持需要/(MJ/d)	泌乳量/(kg/d)	泌乳需要(ME)/(MJ/d)	失重/kg	失重能值(ME)/(MJ/d)	总ME需要/(MJ/d)
1	159.1	19.7	5.1	40.8	0.13	6.2	54.8
2	157.8	19.5	6.5	52.0	0.18	8.3	63.2
3	156.4	19.4	7.1	56.8	0.20	9.5	66.7
4	154.9	19.3	7.2	57.8	0.21	9.5	67.4
5	153.5	19.1	7.0	56.0	0.21	9.5	65.6
6	152.2	19.0	6.6	52.8	0.18	8.3	63.5
7	151.0	18.9	5.7	45.6	0.18	8.3	56.2
8	150.0	18.8	4.9	39.2	0.14	6.6	51.4

综合考虑妊娠期和泌乳期的能量供给，采取“低妊娠、高泌乳”的原则，可以使母猪得到最佳的饲喂效果。妊娠期间营养水平过高会导致母猪体重增加过快，泌乳期间食欲下降，泌乳量降低。泌乳期间，特别是产后2～4周能量供给不足，母猪的泌乳量下降，泌乳期体重损失过大，对母猪泌乳和自身健康不利，还会造成仔猪断奶后母猪发情配种时间延长，母猪淘汰率增加。

通常使泌乳母猪在4～5周的泌乳期内体重损失控制在10～14 kg。如体重175 kg左右的母猪，在带仔10～12头的情况下，饲粮消化能为14.12 MJ/ kg，日粮为5.5～6.5 kg，可以保证食入消化能总量为78～92 MJ。泌乳母猪按顿饲喂时，每日饲喂4次左右，以湿料饲喂效果较好，可以提高母猪的采食量。

按照目前泌乳母猪日粮能量水平，母猪的能量摄入不能满足产奶的需要，而必须动用体内的储备，这种能量相对缺乏在整个泌乳期都是存在的，添加脂肪是提高饲粮能量的有效措施，而且还可以增加脂肪酸的含量。特别是在夏季高温季节，添加脂肪尤为重要。脂肪的适宜添加量在2%～3%，添加过多，饲料容易变质而且增加饲养成本。多数试验表明：在泌乳初期母猪日粮中添加脂肪，还可以提高日产奶量和乳脂率。在选择脂肪时须注意脂肪酸的构成，建议少使用饱和脂肪酸和长链脂肪酸含量过高的动物油脂。

(2)保证蛋白质的数量和质量。泌乳母猪日粮中蛋白质的数量和质量直接影响母猪的泌乳量。当泌乳母猪日粮中蛋白质水平低于12%时，母猪泌乳量显著降低，仔猪易患下痢。粗蛋白质占饲料的比例各国都不一样，由美国的13%到英国的17%，相差较大。每头泌乳母猪每天需要粗蛋白质700 g左右，按每天采食5 kg计算，每千克含粗蛋白质140 g(14%)。我国泌乳母猪日粮中粗蛋白水平一般控制在16.3%～19.2%，较为适宜。

在考虑蛋白质数量的同时，还应注意蛋白质的质量(表5-18)。在所有氨基酸中，赖氨酸是哺乳母猪的第一限制性氨基酸。对于高产母猪，随着赖氨酸摄入量的增加，母猪产奶量增加，仔猪增重提高，母猪自身体重损失减少。试验表明，当赖氨酸水平从0.75%提高至0.9%时，随着赖氨酸摄入量的增加，每窝仔猪增重提高，母猪体重损失减少。但是赖氨酸含量过高会导致另一种氨基酸——缬氨酸的不足。研究表明，在母猪泌乳期间当日粮赖氨酸含量超过0.8%时，缬氨酸将成为第一限制性氨基酸。有研究结果表明，日粮缬氨酸与赖氨酸比率增加，可提高母猪的泌乳性能和仔猪断奶时的窝重。通常要求赖氨酸应占饲料的0.6%，蛋氨酸加胱氨酸占0.36%，苏氨酸占0.45%。

实际生产中，多用含必需氨基酸较丰富的动物性蛋白质饲料，来提高日粮中蛋白质质量，也可以使用氨基酸添加剂，使日粮中赖氨酸水平在0.75%左右。动物性蛋白质饲料多选用优质鱼粉，一般使用比例为5%左右。植物性蛋白质饲料首选豆粕，其次是其他杂粕。棉粕、菜籽粕在饲喂前要进行去毒、减毒，否则不能使用，以免造成母猪蓄积性中毒，影响以后的繁殖利用。

表 5-18 泌乳母猪每日蛋白质、氨基酸需要量 g

母猪体重	粗蛋白质	赖氨酸	蛋氨酸＋胱氨酸	苏氨酸	色氨酸	组氨酸	异亮氨酸	亮氨酸	苯丙氨酸＋酪氨酸	缬氨酸	精氨酸
150～190 kg	630	29.4	17.6	21.0	5.9	12.2	19.3	23.5	34.1	29.4	19.8
190～230 kg	765	35.7	21.4	25.5	7.2	14.8	23.4	28.5	41.3	25.7	24.0

(3)满足矿物质和维生素供给。日粮中矿物质和维生素含量不仅影响母猪的泌乳量，而且也影响母猪和仔猪的健康。在矿物质中，钙、磷缺乏或钙、磷比例不当，会使母猪的泌乳量降低。如果日粮中没有充足的钙、磷供给，高产母猪会动用体内骨骼中的钙、磷以满足泌乳需要，容易引起瘫痪或骨折，造成母猪使用年限降低。处于封闭饲养条件下的母猪，其他矿物质也应该添加，否则不但会影响母猪的泌乳性能，还会影响母猪和仔猪的健康。日粮中适当的钙含量在 0.8%～1.0%，磷为 0.7%～0.8%，有效磷 0.45%，为提高植酸磷的吸收利用率，可在日粮中添加植酸酶。母猪在哺乳期间会丢失大量的铁，常常表现临界缺铁性贫血状态，不但影响母猪健康而且降低饲料的利用率，推荐用量为 70 mg/kg。同时，添加其他矿物质元素：锰 5～10 mg/kg、锌 60 mg/kg、硒 0.15 mg/kg 和碘 0.14 mg/kg。

哺乳仔猪生长发育所需要的各种维生素均来源于母乳，而母乳中的维生素又来源于饲料(表 5-19)，因此母猪日粮中的维生素将影响仔猪的维生素供给。某些维生素的缺乏，不一定会在泌乳期得以表现，而是影响以后的繁殖性能，因此，要充分满足维生素的需要量。夏季母猪日粮中添加一定量的维生素 C (150～300 mg/kg)可减缓高热应激症。维生素 E 可增强机体免疫力和抗氧化功能，减少母猪乳腺炎、子宫炎的发生，缺乏时可使仔猪断奶数减少和仔猪下痢。生物素广泛参与碳水化合物、脂肪和蛋白质的代谢，生物素缺乏可导致动物皮炎或蹄裂。高温环境可使动物肠道细菌合成生物素减少，故在饲料中应补充较多的生物素。维生素 D 可调节体内钙、磷代谢。其他一些必需维生素，如 B 族维生素、叶酸、泛酸、胆碱等也应适量添加，不可忽视。

表 5-19　泌乳母猪饲料维生素添加量参考表　mg/kg

维生素 A/(IU/kg)	4 000	烟碱酸	12.0
维生素 D/(IU/kg)	250	生物素	0.2
维生素 E	26	叶酸	0.3
维生素 K	0.5	泛酸	14.0
核黄素	4.5	胆碱	1 500

(4)饮水要充足。在所有猪只中，母猪需要水分最多，而泌乳母猪最高，每天至少需要 25～30 L。在满足饮水数量的同时，还应注意饮水的质量，保证饮水卫生、清洁，尤其是夏季应保证饮水清凉爽口。使用自动饮水器时，饮水器的安装高度应为母猪肩高加 5 cm(一般离地 55～65 cm)，饮水器水流量至少 1 000 mL/min。如果没有自动饮水装置，应设立饮水槽，每天至少更换饮水 4 次，严禁饮用不符合饮水标准的水。

2.提高母猪泌乳量的技术措施

(1)做好母猪产前减料，产后逐渐加料的工作。根据母猪个体情况，一般在产前 5～7 d 开始减料，特别肥胖的母猪也可在 7 d 前减料；分娩当天停止喂料，产后 6～8 h 饮以麸皮盐水，产后 3～5 d 加料达到正常量。一般产前 3 d 减料，每天减 1/3；产前 5 d 减料时，每天减少 1/4；产前 7 d 减料时，每 2 d 减少 1/3；加料时第 1 天投料 1 kg，以后逐渐增加，到第 7 天加到 3.5～4 kg，稳定 1 周后再予以调整。加大母猪哺乳期的采食量是提高母猪泌乳量的关键。

(2)适当增喂青绿多汁饲料。母猪产后恢复正常采食以后，除喂以富含蛋白质、维生素和矿物质的饲料以后，还应多喂些刺激泌乳的青绿多汁饲料，以增加其泌乳量。但饲喂的青绿多汁饲料必须新鲜，且喂量要由少到多。夜间补食 1 次青绿饲料，对促进泌乳有更显著的作用。

(3)补喂动物性饲料。动物性饲料中的蛋白质、必需氨基酸种类多，生物学价值高。母猪哺乳期间，适当饲喂一些鱼粉、奶粉等，可提高泌乳量。

(4)创造良好的生活环境。饲养环境条件对母猪泌乳力有重要影响。要求猪舍干净、卫生、温湿度适宜。饲养环境过于潮湿，母猪泌乳量减少，相对湿度过高，也影响泌乳量。

(5)对分娩前后母猪进行乳房按摩。母猪产仔前 15 d 开始按摩乳房，促进乳腺发育,可提高断奶重5%以上。产后1～2 d用30～40 ℃温水浸湿抹布,按摩两侧乳房,可以提高断奶重6%～10%。

(6)中药健胃促奶。在母猪哺乳期间用中药健胃促奶,也有增加泌乳量的作用。有些中药具有健胃促排乳的功能。如因母猪食欲差,厌食无乳,可以喂些中药促进乳汁分泌。例如,可用通草煎水,拌在饲料中饲喂,2次/d,连喂3 d;也可用以下方剂:王不留行24 g,益母草30 g,荆三菱18 g,炒麦芽30 g,大木通18 g,六神曲24 g,赤芍药6 g,杜红花18 g,加水煮汁,每日1剂,分两次给予,连服2～3 d。

3. 泌乳母猪的管理

泌乳母猪饲养管理的中心任务是,既要让母猪泌乳充足,又要控制母猪少掉膘,保持良好的体况和健康状态。泌乳期的饲养策略是使母猪的采食量达到最大,这在夏季尤其重要。有许多因素影响母猪在泌乳期间的采食量,如营养因素、管理因素。管理上应保持母猪饲养环境的清洁、安静,不要随意惊吓、鞭打、驱赶母猪和惊吓小猪。经常使母猪处于紧张的精神状态,会干扰母猪泌乳。

泌乳母猪应饲养在温度适宜、卫生清洁、无噪声的猪舍环境内。冬季要有保温设施;夏季要注意防暑降温和通风换气;雨季要注意防潮。泌乳母猪舍的温度一般为15～22 ℃。泌乳母猪理想的温度为18 ℃,每增加1 ℃,每头母猪每日饲料摄取将减少100 g。经常观察母猪的采食、排泄、体温、皮肤黏膜颜色,注意乳腺炎的发生及乳头损伤。发现异常现象应及时采取措施,防止影响泌乳,诱发仔猪黄痢或白痢等疾病。

有条件的猪场在母猪产后2周左右,由母猪带仔猪进行放牧运动,这样有益于母仔的健康,但是时间要掌握好,以保证母猪饲喂、饮水时间。放牧距离不要过远,避免母仔疲劳。如果环境较差或母猪体况不佳,泌乳母猪在产后1～2周内可实行保健饲养,即在泌乳母猪日粮中添加泰乐菌素和阿莫西林或多西环素,添加量为100～150 mg/kg。除此之外,还应根据本地传染病流行情况进行猪瘟和其他传染病的免疫接种工作。

(三)断乳后母猪的饲养管理

母猪断奶当天,对于中等膘情母猪,其日粮为2 kg左右,日喂2次,停喂青绿多汁饲料。下床时要正确驱赶，以免损伤肢蹄。迁回母猪舍后 1～2 d 内，群养的母猪应注意看护，防止咬架致伤致残。断奶后 3 d 内，注意观察母猪乳房的颜色、温度和状态，发现乳腺炎应及时诊治。断奶后 1 周左右，注意观察母猪发情情况，及时安排配种。对于泌乳期间失重较大的母猪，应给予特殊照顾，使其体况迅速恢复，便于母猪顺利进入下一个繁殖周期。

从母猪对仔猪断奶到下一次配种妊娠，这段时间称为母猪空怀期。这一时期母猪身体各器官处于调整阶段，最重要的调整是准备发情配种。国内习惯采用的是仔猪 35～50 d 断奶，使多数空怀母猪体重下降 20%～30%，若母猪在哺乳期营养不良或过度泌乳，部分母猪断奶后仅五成膘情，这时母猪肋骨明显外露，迟迟不发情，对这类母猪从哺乳期就应看膘施料鼓励母猪尽量多吃，每天饲喂不应少于 3 次，并尽早对仔猪补料开食，适当提前断奶，保持空怀母猪有一个良好体况，以控制七八成膘情为最佳。常用判断膘情的经验是：观察母猪背部，七八成膘时应看到稍微突出的脊椎骨，但不应看到肋骨外露，若见到肋骨说明膘情太差，过瘦的空怀母猪每天应增加 0.5 kg 的饲料量。常言道，“空怀母猪八成膘，容易怀胎产仔高”。这种空怀母猪最易发情、排卵和受孕。如空怀母猪太瘦，会影响正常发情，并减少排卵，卵子活力低，造成产仔数下降或母猪空怀。反之，如空怀母猪过肥，也会造成同样的结果。一般空怀母猪日粮中蛋白质水平应在 12%以上，空怀母猪对钙供应不足极为敏感，生产中缺磷现象较少发生，应在空怀母猪每日日粮中供给 15 g 钙、10 g 磷和 15 g 食盐，空怀母猪对维生素供给敏感，尤其是维生素 A、维生素 D 和维生素 E 不应缺乏。

(四)仔猪开食补料

仔猪生长发育迅速，对营养物质的需要量与日俱增。一般是随着日龄的增长，平均日增重增加，见表 5-20、表 5-21。

表 5-20 仔猪平均日增重情况

日龄	21 日龄前	21～40	41～50	51～60
平均日增重/g	150～200	250～300	400	500～600

表 5-21 仔猪增重表

日龄	5	10	15	20	25	30	35	40	45	50	55	60
体重/kg	1.0	3	4	5	6	7	8	9	10.5	12.0	13.5	15

通常，母猪泌乳量于产后 20～30 d 达到高峰，以后逐渐下降。据资料报道，母猪泌乳能满足仔猪营养需要的程度，3 周龄为 97%，4 周龄为 84%，5 周龄为 66%，6 周龄为 50%，7 周龄为 37%（图 5-5）。这就出现了仔猪营养需要量的猛增与母乳供给不足的突出矛盾。解决这个矛盾的办法就是“提前开食，早期补饲”，即在仔猪出生后 7～10 d 开食，用诱料引诱仔猪开口吃料，并逐渐强化采食饲料的能力。如果不及早开食、不适时补料，就会严重影响仔猪的生长发育。这就需要哺乳仔猪在 3 周龄前不但要学会采食，而且要具有一定的采食能力。待母猪泌乳量下降时，让仔猪大量采食饲料，从而供给仔猪快速生长的营养需要。

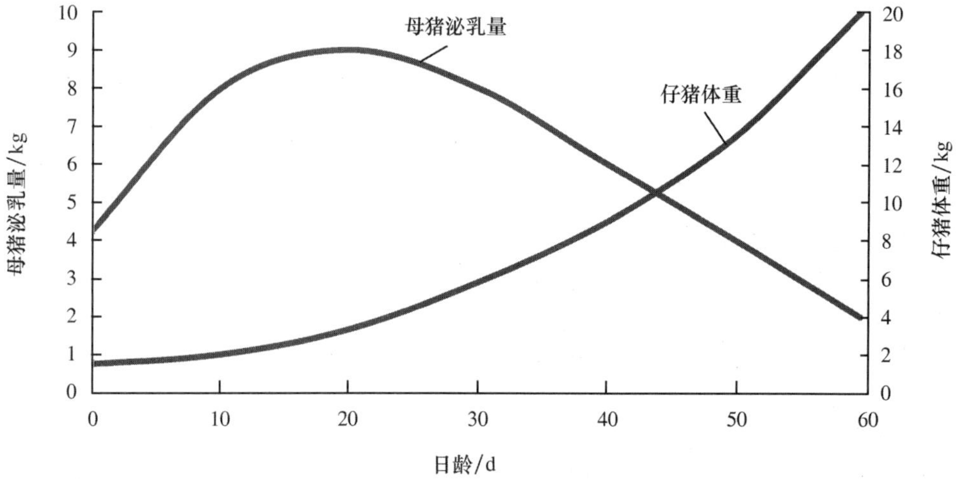

图 5-5 泌乳期间母猪泌乳量和仔猪增重变化

1. 开食

仔猪出生后 3～5 日龄，活动明显增加，有时离开母猪到圈外啃咬硬物或拱掘地面，7～10 日龄开始长牙，齿龈发痒，正是开食训练的好机会。一般从 7～10 日龄开始，经过 7～14 d 的开食训练，仔猪可学会吃料，进入旺食期。具体方法是先将仔猪饲槽或补料盘搬到仔猪补饲栏内，投放 30～50 g 的仔猪开食料，然后把仔猪赶到补饲栏内，饲养员蹲下，用手抚摸抓挠 1～2 头仔猪，待仔猪安稳后，将仔猪料慢慢地塞到仔猪嘴里，每天训练 4～6 次（集中 1～2 头训练仔猪）。一头开食成功，其他仔猪很快会模仿学会。

2. 补料

仔猪出生后15～20日龄时，在做好开食的基础上，每天给仔猪补料6次，开始每次20～50 g/头。根据情况，以不剩过多料为宜。所剩饲料不卫生时，应将剩料清除干净，喂给母猪，重新投料。投料时，要确保饲料的质量，这一点很关键。

①从养分含量看，仔猪料应尽量与母乳相符，一般消化能13.26～13.67 MJ/kg，粗蛋白质18%～20%，粗脂肪3%～5%，钙0.7%～0.9%，磷0.6%～0.8%，粗纤维不超过3%～4%。

②从饲料组成看，如果能用一部分乳制品（乳清粉或奶粉）效果更好。其他原料选择燕麦（去壳、压扁）、小麦、大麦、玉米等作为能量饲料，最好经过炒熟或膨化加工后使用。蛋白质原料除奶粉外，还可选择优质鱼粉和经过炒熟或膨化的全脂大豆。此外，乳猪料中选择使用杆菌肽锌、有机酸、益生素、中草药等作为饲料添加剂，可提高仔猪的增重并预防下痢。

③从补料方法看，可直接选用全价乳猪料（颗粒料），或将粉料制粒，少喂勤添，分次投料。每天饲喂次数：10～15日龄为2次，每增加5 d，增补1次，每次持续10～20 min，尽量让其多采食。应注意及时清除剩料或清洗料槽，防止饲料霉变。补料时，应安排好饮水，最好安装自动饮水器，供仔猪自由饮水。

（五）仔猪看护

仔猪出生后死亡有85%是发生在头30 d。其中以第一周死亡所占比例最高，达60%以上。主要原因是压死、弱死、饥饿等。为防止或减少仔猪被压死、踩死、冻死、饿死等现象的发生，提高仔猪成活率，在产仔季节应建立昼夜值班制度。值班人员负责仔猪日常管理工作，如调整温度、固定乳头、把奶、添料、上水、除粪等；同时加强产房内的巡视和看护，尤其是在母猪吃食、排泄粪尿等起卧时，要特别注意看管。当听到仔猪被压发出急促叫声后，应立即赶到并稳住母猪，迅速确定压仔部位，然后轻推母猪，将仔猪救出，再做必要的处置。值班看护人员应勤走动、勤观察，发现问题及时解决。平时，尤其是夜间，要注意观察仔猪的精神状态、趴卧姿势，粪便干稀、颜色及气味的变化。对仔猪疾病要及早发现，及早采取措施，及早治疗（有必要施行全窝治疗）。

六、母猪、仔猪疾病防控与治疗知识

(一)防治母猪无乳或乳量不足

1. 原因

(1)营养方面:母猪在妊娠期间能量水平过高或过低,使得母猪偏肥或偏瘦,造成母猪产后无乳或泌乳性能不佳。泌乳母猪蛋白质水平偏低或蛋白质品质不好,日粮中严重缺钙、磷或钙、磷比例不当,饮水不足等都会导致母猪无乳或乳量不足。

(2)疾病方面:母猪患有乳腺炎、链球菌病、感冒发烧、肿瘤等疾病将出现母猪无乳或乳量不足。

(3)其他方面:高温、低温、高湿、环境应激,母猪年龄过小、过大等,也会出现母猪无乳或乳量不足。

2. 防治措施

根据饲养标准科学配合日粮,满足母猪所需的各种营养。封闭式饲养的母猪,更应注意各种营养的合理供给,在确认无病、无管理过失的前提下,可以用下列方法进行催乳:

①将胎衣洗净煮沸 20~30 min,去掉血腥味,然后切碎,连同汤一起拌在饲料中,分 2~3 次喂无乳或乳量不足的母猪。严禁生吃,以免造成消化不良或养成母猪食仔恶癖。

②母猪产后 2~3 d 内无乳或乳量不足,可以给母猪肌内注射催产素,剂量为 10 IU/100 kg 体重。

③用淡水鱼或猪内脏、猪蹄、白条鸡等煎汤拌在饲料中饲喂。

④泌乳母猪适当喂一些青绿多汁饲料,可以增加母猪的乳量,但是要控制饲喂量,防止因为过多饲喂青绿多汁饲料而影响混合精料的采食,造成能量、蛋白质及矿物质摄入量不足,长此下去泌乳母猪身体受损。另外,也可用中药催乳。

(二)预防仔猪下痢

仔猪下痢是最常见的仔猪疾病之一。主要有黄痢和白痢,其发病率、死亡率都较高。其多发时期：一是生后1周左右，仔猪常因脱水而死，死亡率高；二是20日龄前后，多因消化不良引起，影响仔猪增重。仔猪下痢的病原体是大肠杆菌，但它的存在并不是致病的决定性因素。仔猪是否发病，是由多种复合因素所致。应采取综合措施预防。

1. 抓好怀孕后期母猪营养，提高仔猪初生重和健壮程度

防治仔猪黄痢工作要从妊娠后期开始，其方法是加强怀孕后期母猪营养。不随意改变母猪饲料配方或更换饲料，禁用高能量饲料，防止喂发霉变质饲料。不用普通肉猪饲料饲喂哺乳母猪。要实行全价饲养，尤其是注意维生素、矿物质和微量元素等的供给。在配合母猪料时，限定玉米等能量饲料的配比在60%以下；粗蛋白质的含量不低于18%。怀孕后期，特别是产前1个月应加料，努力提高仔猪初生重和健壮程度，使之先天发育良好，以增强仔猪生后对疾病的抵抗力。

2. 加强清洗消毒，防止围产期感染

部分仔猪一出生便拉黄痢，其原因是围产期感染，这时往往也伴有母猪子宫内膜炎，体温升高等症状。因此，产前15 d要做好母猪保健工作，防止感染；再者，母猪产仔舍要彻底清洗消毒，给母猪提供一个适合的环境条件。清洗消毒是防止仔猪下痢最主要的措施。因为产栏表面上存在着母猪乳汁及仔猪下痢所形成的污垢以及残存的粪便、饲料等，其中含有大量的病原微生物，是发生仔猪下痢等疫病最主要的传染源，因此，只有彻底清除污垢及残存的粪便、饲料等，才能有效地控制仔猪下痢。

清洗产栏时，首先用洗涤剂或烧碱溶液浸泡地面，破坏地面上的污垢层，再用高压水彻底冲洗地面，以彻底清除地面的污垢层及残留饲料、粪便等。清洗之后，让产栏自然干燥，然后再用消毒剂喷洒圈栏和地面，干燥后即可再次冲洗产栏，这样可有效地避免消毒剂对仔猪的伤害。经清洗消毒后的产栏再空栏干燥2～3 d，然后才能将临产母猪转入产栏待产。

3. 做好出生时的乳房、阴户消毒工作

临产母猪转入产栏前，也应进行彻底清洗，特别是乳房和阴部。部分猪舍卫生不好，乳房、阴户粘有猪粪，仔猪吃第一口奶便粘有粪便，受到大肠杆菌感染是显而易见的。因此，做好产前乳房、阴户消毒工作是预防仔猪下痢的关键工作之一。

4.做好泌乳母猪饲养工作，提高初乳质和量

母猪泌乳质量特别是初乳的质和量直接影响仔猪抗病力。初乳既是一副泻药，里面含大量的镁盐，能促进仔猪排泄胎粪；同时又是一副“补药”，母猪能抵抗什么疾病，仔猪吃了初乳后也能抵抗同样的疾病。因为初乳含免疫蛋白球，所以初乳的质和量，对仔猪的抗病力有直接的影响。因此，做好泌乳母猪饲养工作也是预防仔猪下痢的关键技术措施之一。要求在母猪产前 7 d 开始减料，产仔当天不喂饲料，只喂少量加盐麸皮水，产后逐渐加料，使母猪能够均匀地分泌出性状优良、数量充足的乳汁，利于仔猪的消化吸收。泌乳母猪饲粮配合也要合理、稳定。一定要保证泌乳母猪青绿饲料或多种维生素添加剂的供给，这样能使母猪奶足奶好，仔猪下痢就少。

5.搞好环境卫生和保温工作

搞好环境卫生工作显然可以减少大肠杆菌对仔猪的感染。要让仔猪生活在舒适的环境中，要求除了环境清洁干燥外，还应该温暖而无贼风。环境条件的改变会使仔猪遭受应激而易于发生下痢，如低温应激可以降低仔猪对大肠杆菌的抵抗力而诱发下痢，因此，一定要做好保温工作。除增加垫草外，可用保温伞、保温板或红外线灯泡来增温。饥饿和脱水也会促使仔猪发病，因此，吃饱奶和饮用充足的清洁饮水对控制仔猪下痢也十分重要。

6.采取免疫措施

刺激母猪产生免疫力，使得母猪可将其免疫力传递给新生仔猪，从而提高仔猪对下痢等疫病的免疫力，对妊娠后期的母猪免疫接种大肠杆菌疫苗，以及在妊娠后期用下痢仔猪的粪便饲喂妊娠母猪，均可有效地刺激母猪产生免疫力，这种免疫力可以通过乳汁传递给仔猪，从而提高仔猪对下痢等疾病的抵抗力。具体做法：母猪产前 1 个月肌内注射仔猪红痢菌苗 5 mL，2 周后再注射 10 mL，预防仔猪红痢。用 K88、K99、K98 三价灭活苗或 K88、K99 双价基因工程苗在母猪产前 15～20 d 免疫注射 1 次，预防仔猪黄白痢。

7.适当用药预防

仔猪出生 8 h 以内，用新霉素粉或硫酸黏杆菌粉或氟苯尼考粉，按每头 0.25 g，用湿手蘸上药粉，涂抹在仔猪舌中部和口腔内。

分析计划

为了完成这次任务，同学们已经进行了一系列知识的学习和技能的训练，以及信息资讯的收集，接下来需要认真分析，并做出写作计划(流程图)。鱼骨图(又名因果图、石川图)，指的是一种发现问题“根本原因”的分析方法，可以划分为问题型、原因型及对策型等几类。完成这次任务是因果型分析，一级分析的分类是基于“人、料、机、法、环”，如图 5-6 所示。

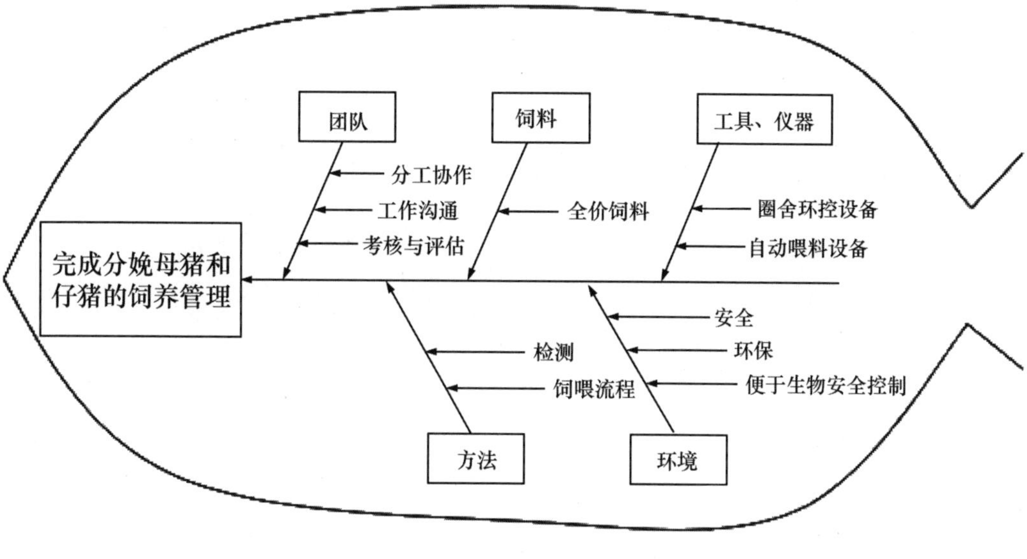

图 5-6 分娩母猪和仔猪饲养管理鱼骨图

一、任务要求

分娩舍中有两个对饲养管理要求差别巨大的饲养对象——哺乳母猪和仔猪，这个生产环节也是猪生产过程中最重要的阶段。分娩舍的工作目标如

表 5-22 所示。

表 5-22 饲养管理目标

项目	指标	目标
母猪	哺乳期日均采食量/kg	大于 6
	断奶体况/分	2.5～3.0
	断奶背膘厚 P_2/mm	17～19
	哺乳失重/kg	小于 10
	哺乳背膘损失/mm	小于 4
	哺乳日龄	21～25 日龄
仔猪	断奶仔猪均重/kg	21 日龄>6.5
		25 日龄>7.5
	仔猪成活率	大于 95%

任务分解(表 5-23)：

表 5-23 任务分解

任务序号	任务内容
任务一	分娩舍的准备
任务二	临产母猪进产房准备
任务三	母猪饲喂程序
任务四	同期分娩,激素使用
任务五	分娩监控
任务六	接产
任务七	人工助产
任务八	产后初乳管理
任务九	仔猪一体化操作
任务十	仔猪诱食
任务十一	产后母猪护理
任务十二	健康管理
任务十三	仔猪断奶管理
任务十四	环境温度控制

二、组织

日常做好如下几项工作：

(1)检查设备设施，饲喂、清粪、记录温度；

(2)健康检查及问题母猪、仔猪的治疗；

(3)仔猪打耳号、补铁、磨牙、仔猪断奶转群等工作；

(4)临产母猪、断奶母猪转群；

(5)午餐、午休；

(6)加料、清粪、打扫卫生；

(7)健康检查及问题母猪、仔猪的治疗；

(8)整体检查后下班。

三、材料

饲料、药品(氯前列烯醇、缩宫素等)、疫苗(碘伏等)、消毒剂、防水连体服、护目镜、橡胶手套、清洁球、结扎线、剪刀、密斯托粉、一次性长臂手套、专用润滑剂、计时器等。

四、工具

风机、水帘、高压清洗机、产床、保温箱、加热板、保温灯等。

五、方法

依据在信息收集中学习到的技能，制定合理的操作流程、免疫程序、保健程序。

六、分析计划，制定操作流程图

使用图形表示算法的思路是一种极好的方法，因为千言万语不如一张图。

流程图是流经一个系统的信息流、观点流或部件流的图形代表。在企业中，流程图主要用来说明某一过程。这种过程既可以是生产线上的工艺流程，也可以是完成一项任务必需的管理过程。流程图使用一些标准符号代表某些类型的动作，如决策用菱形框表示，具体活动用方框表示。但比这些符号规定更重要的，是必须清楚地描述工作过程的顺序。流程图也可用于设计改进工作过程，具体做法是先画出事情应该怎么做，再将其与实际情况进行比较(图 5-7)。

流程	责任单位	相关记录
消毒后进舍，紧急巡栏和记录猪舍表	饲养员	
⇩		
清理料槽、喂料	饲养员	耗料记录
⇩		
疫苗免疫	防疫员	免疫记录
⇩		
治疗病猪	兽医	
⇩		
猪舍消毒	防疫员	
⇩		
报表填写，处理死淘猪只	饲养员	猪只死淘记录表

图 5-7　产房饲养——日常操作流程图

任务实施

任务实施的要求：

（1）任务实施前：再次核查人员分工，工具是否到位；再次确认操作流程和操作方法，熟悉操作要领；再次提醒操作安全。

（2）任务实施中：操作中，严格按照操作流程，遵守操作规定；按照要求填写检测报告并且详细记录；任务实施最大的挑战是操作规范，故操作时要“遵循标准”，填写检验报告单。

（3）任务实施后：每次操作结束后，严格按照5S管理制度进行结尾工作。

任务一　分娩舍的准备

一、工具准备

高压清洗机、防水连体服、护目镜、橡胶手套、消毒剂、清洁球、洗衣粉、大桶等（图5-8）。

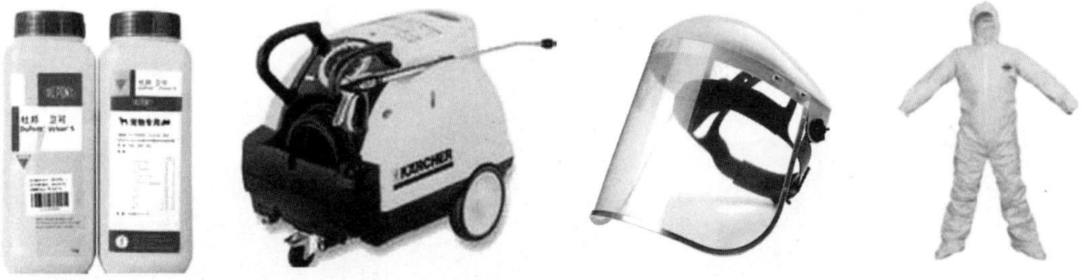

图 5-8　洗消工具

二、冲洗程序

(1)断奶后当天清理母猪、仔猪料槽内剩余的饲料(图 5-9),关闭舍内除照明外的所有电源。

图 5-9　剩余饲料

(2)收起猪舍内的保温灯、仔猪补料盘、粪耙等工具,卸下自动料线部件,清理上批猪使用过的其他物品。

(3)对猪舍内电器设备做好防水处理,将所有电箱、电机、温度探头等用塑料袋包裹(图 5-10)。以防清洗时进水。

图 5-10　包裹电器

(4)清理产床和坡道残存粪便至排污沟，拔掉排污沟插拔管，将排污沟内粪便全部排出(图 5-11)。

(5)清洗前用 1∶400 的洗衣粉水浸泡 1～2 h。

(6)充分浸泡后用 60 ℃的热水对产房进行全面高压清洗。

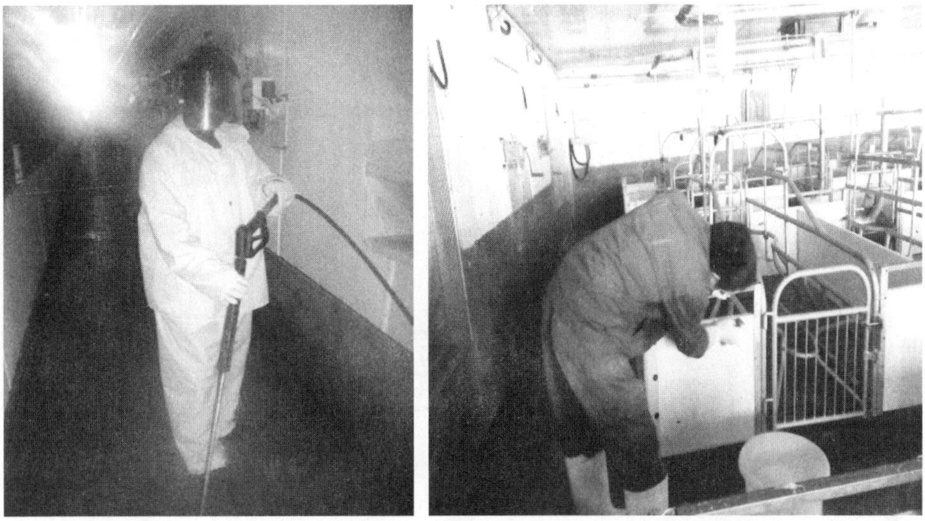

图 5-11 冲洗

(7)冲洗完成后，配制 1∶200 的洗衣粉溶液(1 kg 洗衣粉加 200 L 水搅拌充分溶解)，高压清洗机不能彻底冲洗干净的部位(母猪料槽、仔猪料槽、料线部件、栏杆等)要使用清洁球擦拭干净(图 5-12)。

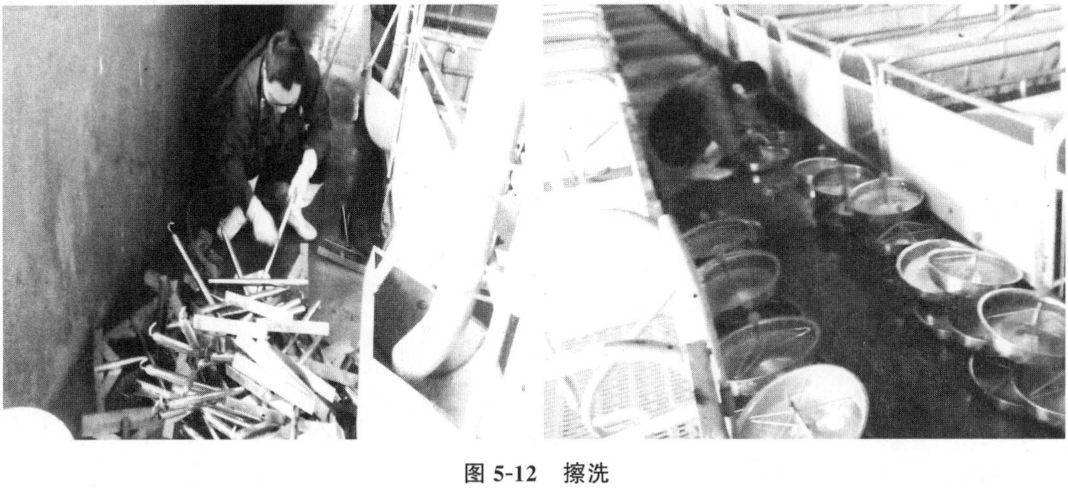

图 5-12 擦洗

(8)不能使用高压清洗机冲洗的部位(温控、保温灯、插座等)戴绝缘手套用干抹布擦拭干净。

(9)猪舍冲洗结束主管验收(根据检查清单)合格后,开启暖风机及风机使猪舍尽快干燥。

(10)猪舍干燥后关闭风机,把高压清洗机调整为喷雾状态,用兽医推荐的消毒液均匀消毒圈舍(推荐用1:200的杜邦卫可溶液,按每平方米300～400 mL消毒),均匀喷洒整个猪舍。

(11)空舍充分干燥(图5-13)。

图5-13　空舍干燥

(12)兽医进行采样,对消毒效果进行评估。

(13)进猪前将所有的料线组装起来,检查饮水,确保流速至少2 L/min,根据要求设定温度,提前预热,检查保温灯,保证所有设备运行正常。

任务二　临产母猪进产房准备

一、转群前准备工作

(1)人员安排与沟通:转猪前一天安排好相关工作人员,同时与配怀舍主管沟通转群时间、转群数量和产房栏栋号。

(2)设置栏门和通道:赶猪之前确保赶猪通道畅通无缺口,移走产房过道的杂物,并使产床栏门开向进猪方向(图5-14)。

二、识别和核对临产母猪

(1)按照预产期先后顺序标记转群的经产母猪(图 5-15)。

(2)核对母猪个体号是否与配种卡上的记录一致。

(3)检查母猪是否临近分娩,避免空怀母猪上产床。

图 5-14　赶猪通道

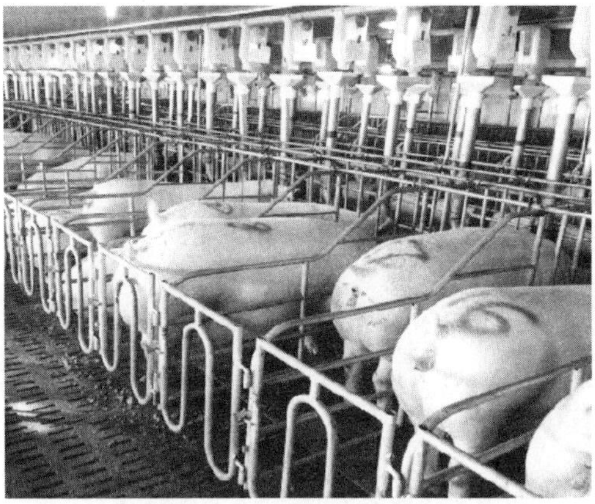

图 5-15　标记转群母猪

三、母猪清洗

将母猪转到清洗区,对母猪体表进行清洗,特别是母猪后驱臀部、背部、蹄部等易脏部位尽量用刷子刷洗干净,防止妊娠舍病原带入分娩舍(图 5-16)。

四、妊娠舍放猪

(1)根据标记的预产期先后顺序放猪,引导经产母猪走出定位栏。

(2)检查妊娠舍饲料开关是否处于关闭状态(图 5-17)。

五、赶猪

(1)尽量使用赶猪板进行转群。

(2)转移母猪数量为 10 头/批。

(3)尽可能减少应激，防止死胎，切勿棍棒抽打或踢打母猪腹部(图 5-18)。

六、转入产房

(1)按预产期先后顺序安排栏位，利于产仔工作的开展。

(2)每次进入产房通道的母猪限制在 3～4 头，防止母猪打架拥挤造成应激。

(3)诱导母猪进入产床栏位后立即关闭栏门(图 5-19)。

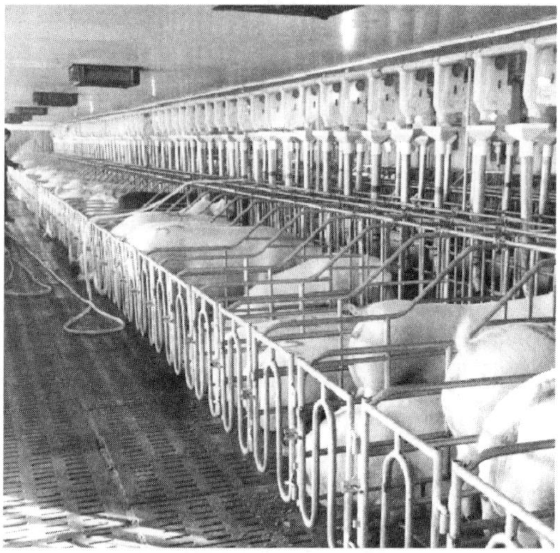

图 5-16　母猪清洗

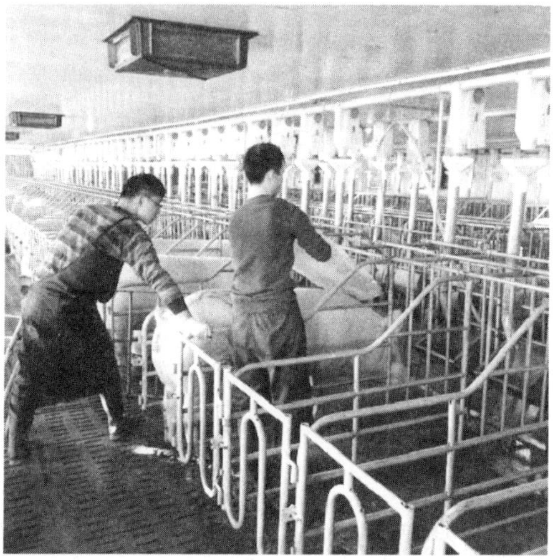

图 5-17　妊娠舍放猪

图 5-18　赶猪

图 5-19　转入产房

七、检查栏舍设备及母猪健康

待所有母猪转入产房后，饲养员检查栏门是否关紧，料槽是否干净，饮水器是否正常，产房温度是否合适，母猪有无健康问题等。

八、悬挂种母猪记录卡

妊娠舍主管将“种母猪记录卡”取下，整理数据后转交分娩舍，分娩舍主管核对母猪耳号信息后悬挂于产床栏位前。

九、消毒与驱虫

转群结束后，饲养员及时清理转猪通道上的粪便，在产房脚踏池中加入消毒药水，并进行带猪喷雾消毒。第二天再对经产母猪驱虫。

任务三　母猪饲喂程序

一、产前母猪饲喂

母猪进产房后维持怀孕后期的喂料量，在预产期前 3 d 开始控料，每天递减 1 kg(即产前 3 d 喂料量分别为 3.75 kg、2.75 kg、1.75 kg)，分娩当天喂料不超过 1 kg。

二、产后母猪的饲喂

饲喂哺乳料，每天饲喂 3 次，夏季夜间增加 1 次，产后喂料缓慢增加，要根据母体体况均匀投喂，若母猪不愿站立吃料时，应驱赶母猪并仔细观察，产后 14 d，日饲喂量在 7 kg/d 以上，断乳前 3 d 适当控料，清晨空腹断乳，早上不喂。哺乳期母猪喂料参考见表 5-24。

表 5-24　产房母猪喂料参考标准

第一周	产后日龄	1	2	3	4	5	6	7
	喂料量/kg	2	2	2	2.5	2.75	3.5	4.25
第二周	产后日龄	8	9	10	11	12	13	14
	喂料量/kg	5	5	5	5.5	6	6.5	7
第三周	产后日龄	15	16	17	18	19	20	21
	喂料量/kg	>7	>7	>7	>7	>7	>7	>7
第四周	产后日龄	22	23	24	25	26	27	28
	喂料量/kg	>7	7	6	6			

任务四　同期分娩,激素使用

前列腺素类激素主要通过抑制绒毛膜促性腺激素和黄体生成素,使孕酮下降,作用于卵巢的功能黄体,使其迅速溶解从而终止妊娠,诱导母猪分娩。在母猪分娩前 1～2 d 注射此类激素可使母猪在 12～36 h 内分娩,从而有助于协调同批次母猪的分娩日期间隔,便于较多的新生仔猪同步批量化处理,也利于断奶计划的制订和产房全进全出。

操作步骤如下。

一、制订临产母猪引产计划

分娩舍主管应该在母猪进产房后(妊娠 107～110 d),根据每头母猪的预产期和乳房发育情况确认引产时间,同时将“接产记录表”粘贴在对应的母猪栏位前。

(1)引产时间:一般经产母猪选择在预产期的前一天(妊娠 113 d)注射,后备母猪选择在预产期当天(妊娠 114 d)注射。

(2)检查乳房发育情况:选择乳房饱满但挤不出乳汁的母猪注射。若母猪乳房发育不好,则不注射,若能挤出乳汁也不进行注射。

(3)准备材料和药品:根据引产母猪数准备氯前列烯醇,一般注射 1 mL/头。最好选择 10 mL 一次性注射器及头皮针,这样可以减少母猪后躯和尾巴摆动而导致的漏液或流血。

二、选择注射部位

(1)阴户注射:阴户一侧的最凹点(图5-20),选择这一部位注射,诱产的反应时间快,应激小,效果好,虽然需要一定的操作经验,但从注射效果和成本控制方面来讲,建议阴户注射。

(2)肌内注射:臀部或颈部,选择这一部位注射操作相对容易,但反应慢,同等效果需要的剂量要大。

(3)固定阴户和尾根:阴户注射时防止母猪摆动造成注射失败或流血。

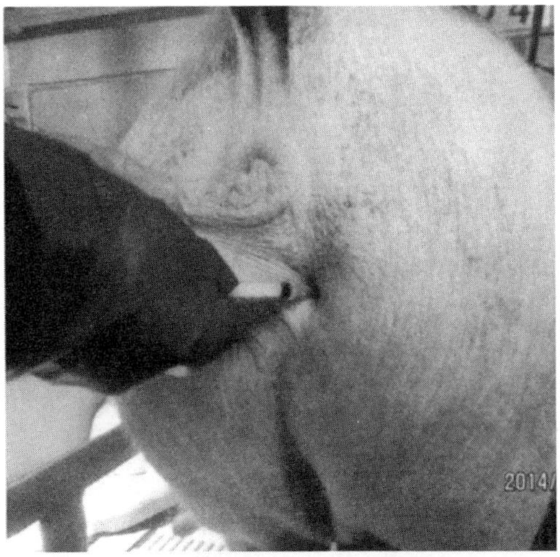

图 5-20　阴户注射

三、注射注意事项

(1)进针方向:垂直阴户一侧的最凹点或者进针方向稍向内侧倾斜 15°,可以减少流血现象的出现。

(2)注射速度:缓慢推注,不宜过快,防止对母猪刺激过大,检查是否漏液或流血,若出现漏液或流血的现象,最好选择在阴户另一侧重新注射。

(3)记录引产时间:记录诱导分娩的具体时间、剂量和药名,方便接产员判断和统计母猪的分娩时间。

四、激素使用注意事项

(1)氯前列烯醇。氯前列烯醇(图 5-21)是一种高活性的溶黄体前列腺素类似物,具有溶解黄体的作用,可通过抑制绒毛膜促性腺激素和黄体素产生,使孕酮下降(孕酮是维持妊娠的主要激素),作用于卵巢,迅速溶解黄体,同时作用于垂体后叶,促进分泌催产素,引起子宫收缩和乳腺上皮收缩,参与母猪的分娩及

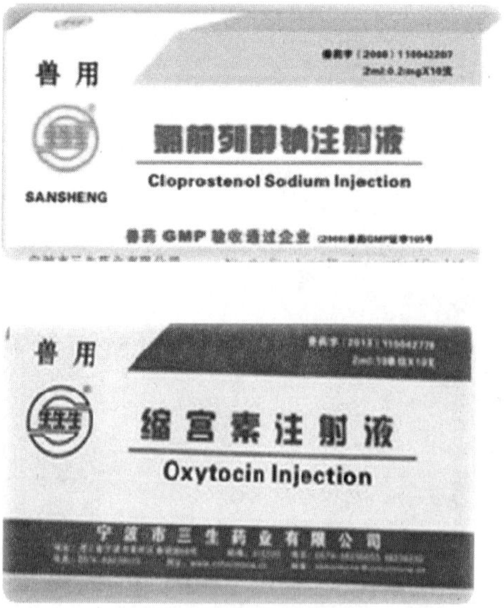

图 5-21　激素

泌乳过程。尤其对妊娠晚期子宫极为敏感，根据其作用机理，主要用于家畜的同期发情，治疗持久黄体，用于催产、引产，临床上应用有：

①诱导同期分娩（白天分娩）：怀孕期 112 d 或 113 d 上午 8 点肌内注射氯前列醇钠 0.2～0.4 mg，到第 2 天上午母猪就会分娩。

②治疗子宫内膜炎、子宫积脓、积液：肌内注射氯前列醇钠 0.2 mg，配合清宫和宫内给药效果更好。

③超期引产：对于超过预产期 114 d 仍未分娩，肌内注射氯前列醇钠 0.2～0.4 mg，能在第 2 天产仔，防止仔猪窒息死亡。

④胎衣不下或子宫内有死胎：肌内注射氯前列醇钠 0.2 mg，可促进胎衣和死胎排出。

⑤治疗母猪不发情：在母猪断奶后 5～7 d 不发情的或后备母猪达到配种要求不发情的，肌内注射氯前列醇钠 0.2 mg，3～5 d 后再肌内注射孕马血清 1 000 U，待母猪发情后可直接配种。

⑥氯前列烯醇一般注射后 24 h 才会产生效果。

(2)缩宫素。缩宫素为多肽类激素，口服易被唾液中胰蛋白酶破坏而失效。肌内注射吸收良好，3～5 min 起效，可维持 20～30 min。静脉注射起效快，但维持时间很短，必要时可采用静脉滴注给药。大剂量使用时，可导致子宫强直性收缩，压迫子宫肌层血管，从而阻断胎盘的血流，可使胎儿窒息而死或子宫破裂。

①缩宫素主要在宫缩无力尤其是老龄母猪宫缩无力导致难产时使用。如果是真性难产，也就是由胎位不正或仔猪过大引起的难产，尽量不要使用缩宫素。判断是否是真性难产还是宫缩无力引起的难产主要看子宫收缩情况。

②解决宫缩无力性难产，肌内注射 2 次缩宫素，间隔 30 min，每次 10～20 IU。

③母猪产后肌内注射 10～20 IU，促进恶露、胎衣碎片的排出。

④针对无乳或少乳的母猪，在仔猪吃奶时肌内注射 10 IU 或静脉注射 5 IU 促进母猪泌乳。

⑤当子宫内出血时，一边注射酚磺乙胺（止血敏）进行止血，另一边也可注射缩宫素，引起子宫强直性收缩，压迫子宫肌层血管，促使止血。

缩宫素是一把“双刃剑”，用得好可以有效缓解母猪的难产和少乳，用得不好会造成猪场的死胎增多，尤其会导致母猪产后的食欲恢复比较慢，从而影响母猪断奶后的发情。我们在使用缩宫素的时候一定要采取正确的方法，不能盲目使用。

任务五　分娩监控

母猪的分娩和仔猪的出生是猪在生长过程中非常重要的阶段之一，要尽可能地减少导致死胎的因素，提高群体的存活力和存活率。死胎多数是由于子宫收缩时脐带被压破或被扯断致使仔猪在胎盘内缺氧所致。而且 70% 的死胎发生在产仔的最后 3 头中，高胎次母猪或产程过长的母猪出现死胎的概率更高。所以在分娩过程中要做好对母猪和仔猪的管理，以提高存活率。

一、分娩前准备

预产期前 3 d 需要注意母猪情况，根据母猪情况判断生产日期，母猪表现与距产时间如表 5-25 所示：

表 5-25　临产前症状

分娩症状	距分娩时间
尾根下凹，骨盆开放	3 d
腹部隆起，乳头呈八字状	1.5 d
挤出乳汁（从前排开始）	1 d
中间乳房挤出乳汁（图 5-22）	12 h
后面乳头出现较浓乳汁	3～6 h
侧卧，四肢直伸，用力努责	10～90 min
流出羊水	1～20 min

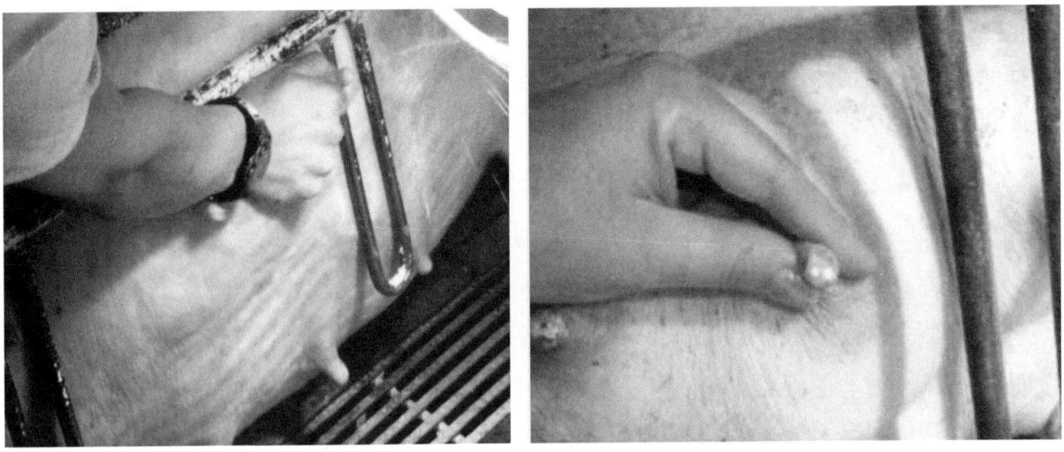

图 5-22　乳头挤出乳汁

若发现有羊水流出，应尽快做好接产准备：

(1)清理产床上的粪便，擦洗产床，并用消毒液消毒(图 5-23)。

(2)清洗母猪臀部、乳房，并用配制好的消毒液消毒(图 5-24)。

(3)打开电热板及保温灯，电热板温度控制在 32～36 ℃，准备好干燥箱，干燥箱必须清洗干净并消毒，干燥。

(4)准备接产工具(碘酒、消毒液、结扎线、剪刀、密斯托粉、一次性长臂手套、专用润滑剂、接产记录单、笔、手表)(图 5-25)。

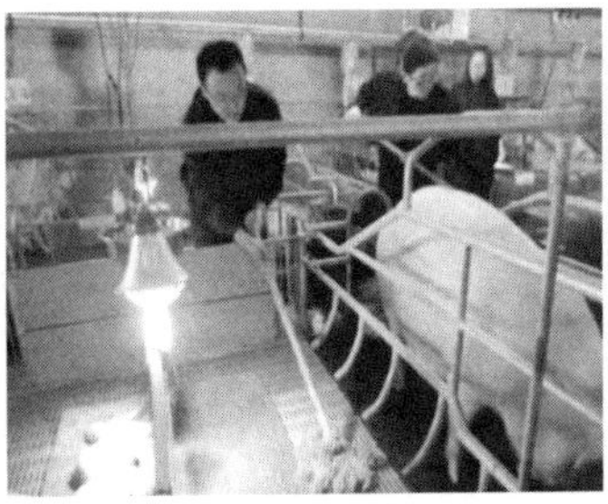

图 5-23　擦洗产床

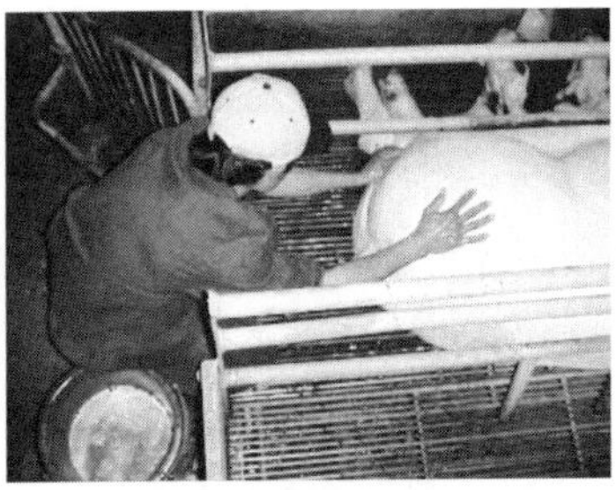

图 5-24　清洗母猪臀部

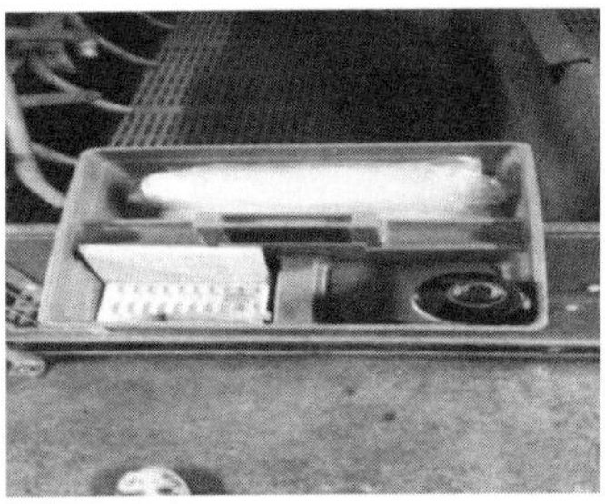

图 5-25　接产工具

二、分娩母猪监护

母猪分娩是一个漫长而痛苦的过程，所以在分娩过程中要给予母猪更多关注，及时发现问题并解决，以减少不必要的损失。

分娩母猪监护程序：

(1)母猪羊水破裂时,做好接产准备。

(2)在产仔之前,检查母猪的生产记录,识别并关注最有可能产死胎的母猪:五胎以上的母猪;曾经产过死胎的母猪;以前窝产仔数很高的母猪(12 头或更多)。

(3)当羊水破裂时频繁地观察母猪,安静地照料并将干扰降到最低。

(4)当产仔开始时,按接产程序接产,并在产仔卡上记录时间、产仔头数和出现的各种问题。

(5)当产仔间隔 20 min 以上(前一头小猪已干燥)或有难产迹象时及时助产。

(6)如果长时间没有仔猪产出,且母猪表现无力,并停止努责,检查产道畅通,可以注射催产素,增强子宫收缩,促进胎儿排出。

(7)产出的仔猪要干燥,及时吃初乳。

(8)若有假死仔猪要及时救助(见仔猪护理)。

(9)持续观察直到产仔完成,同时要确保胎衣完全排出。

任务六　接　产

一、产前准备

产前,可根据需要准备好洁净的毛巾、抹布、水桶、水盆、碘酊(或碘伏)、催产药物、剪刀、缝合针和缝合线、备用保险丝、灯泡及风灯。若冬季分娩,还应准备好防寒用品,再预备些 25%的葡萄糖液,以做抢救仔猪用。若是种猪场还应准备好记录本、秤、耳号钳子或耳标钳子和耳标。最好备有产科包。

二、接产过程

整个接产过程中,要求安静,禁止大声喧哗,动作迅速准确,以免刺激母猪,引起母猪不安,影响正常分娩。接产者必须将指甲剪短、磨光、洗净双手。正常情况下，母猪会顺利产出仔猪，待产下后，做以下处理：

(1)擦黏液。仔猪产出后，用洁净的毛巾迅速擦干口、鼻、全身的黏液，以促进血液循环和防止体热散失。

(2)假死猪的救护。由于母猪产程过长、难产或脐带破裂导致氧气供应不足，从而导致一些仔猪出生后呼吸微弱，但心跳并没有停止，用手捏住脐带根部，能感觉到脐带搏动，这种猪称为假死猪。如果得到及时救助，能够提高其存活率。

操作程序(图 5-26)：①迅速将仔猪口鼻的黏液擦干净；②倒提仔猪后腿，促使黏液从口腔排出；③拍打仔猪背部，刺激其苏醒，或进行人工辅助呼吸，操作方法是：一手托住仔猪的肩部，另一手托着仔猪的臀部，使仔猪的四肢朝上，然后一屈一伸反复进行，直到仔猪发出叫声为止，或者在鼻子喷涂酒精等刺激性物质刺激其苏醒；④涂抹密斯托粉并放入保温灯下干燥；⑤干燥后让仔猪及时吮吸初乳。

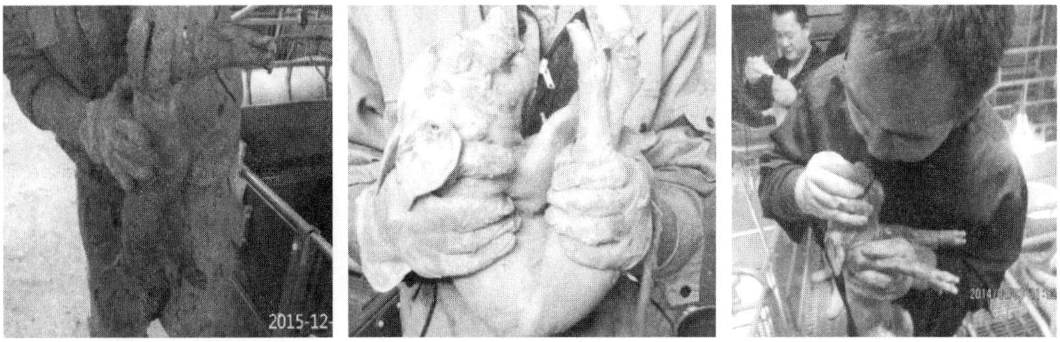

图 5-26　接产操作

(3)脐带处理。仔猪出生后要及时剪断脐带，长脐带在产床上可能被母猪或仔猪踩踏缠结在一起，引起脐疝。脐带处理不当，会流血，造成仔猪贫血。

处理程序(图 5-27)：①仔猪出生时，如果脐带还未脱离胎盘，一手拖住仔猪，一手抓住脐带拉出；②清除仔猪口鼻的黏液，清除胎膜；③如果仔猪呼吸正常，进行脐带处理，如果仔猪假死或呼吸不畅，立即进行救助，然后再进行脐带处理；④处理脐带结扎法：用消毒过的结扎线距腹部 2～3 cm 处结扎，确保脐带不会出血后，用消毒并且锋利的剪刀在结扎线绳之下 1 cm 剪断脐带，然后在脐带断裂处涂碘酊。

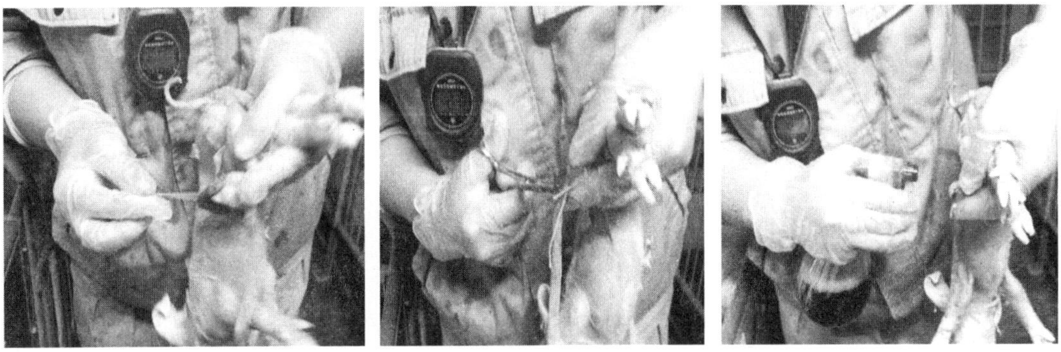

图 5-27　脐带处理

(4)仔猪干燥(图 5-28)。初生仔猪几乎没有体温调节能力，而且身体表面的液体会蒸发加快消耗能量。所以仔猪尽快干燥，保温显得尤为重要。刚出生的仔猪做完脐带处理后，涂抹密斯托粉，除去身体表面的黏液；将涂抹密斯托粉的仔猪放入保温灯下的干燥箱中干燥 15～20 min；待仔猪彻底干燥后放出吃初乳。

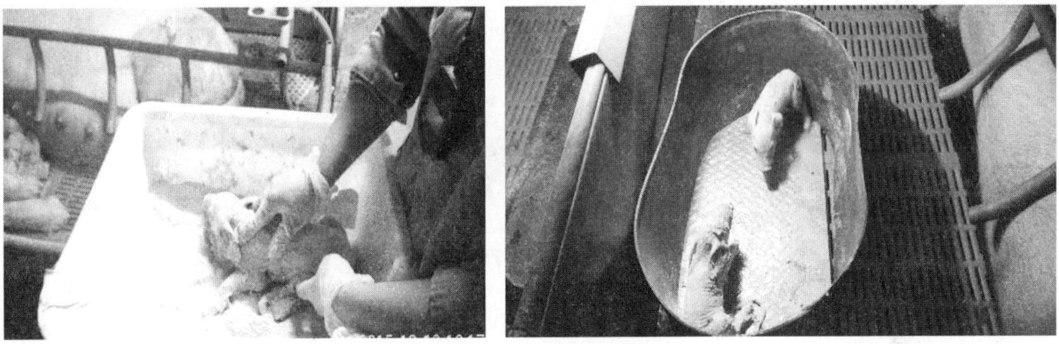

图 5-28　仔猪干燥

(5)做好产后记录。①填写母猪记录卡：准确填写母猪记录卡，内容包括母猪胎次、分娩时间、顺产或难产、产仔数(活仔数、弱仔数、死胎数、木乃伊数)、仔猪公母情况等。

②详细记录分娩持续时间和出生间隔：母猪分娩持续时间平均为 2.5 h (0.5～3 h)，两仔猪分娩间隔平均为 16 min，如果母猪安静、仔猪间隔 5～30 min 相继产出，说明产仔正常。相反，母猪十分烦躁不安，极度紧张，不断努责，显得十分吃力，并且产仔间隔在 45 min 以上，可能是难产，须引起重视。产仔间隔延长对仔猪健康不利，甚至会造成临产窒息死亡。因此，准确记录仔猪出生间隔对分析全场母猪分娩状况、改进管理是必要的。

任务七　人工助产

一、助产操作流程

（1）根据母猪脚的朝向，决定用哪只手进行助产，脚向右侧躺着，则使用左手，脚向左侧躺着，则使用右手（图 5-29）。

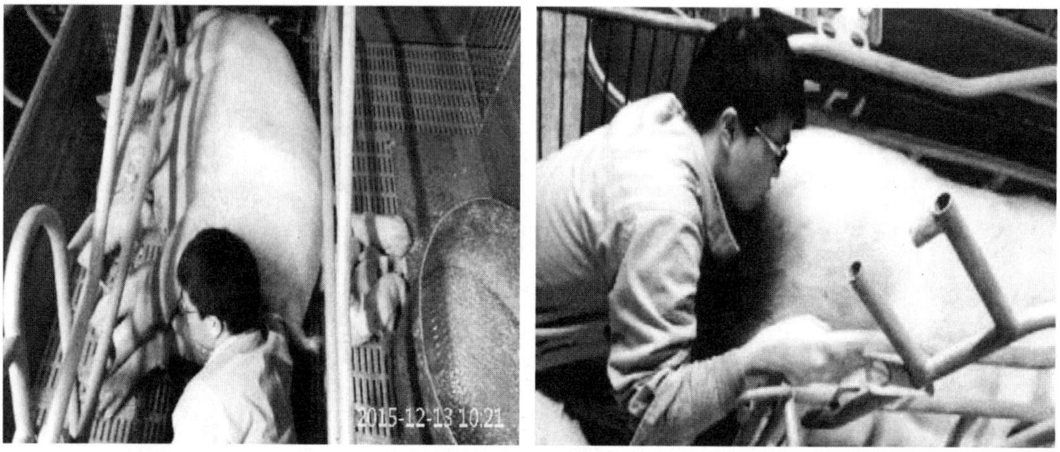

图 5-29　助产用手

（2）戴上助产手套，涂上助产凝胶（图 5-30）。

（3）将手套内侧翻出，来回揉搓，使整个手套涂上凝胶。

（4）戴好手套后，不要碰触任何东西，以防污染。

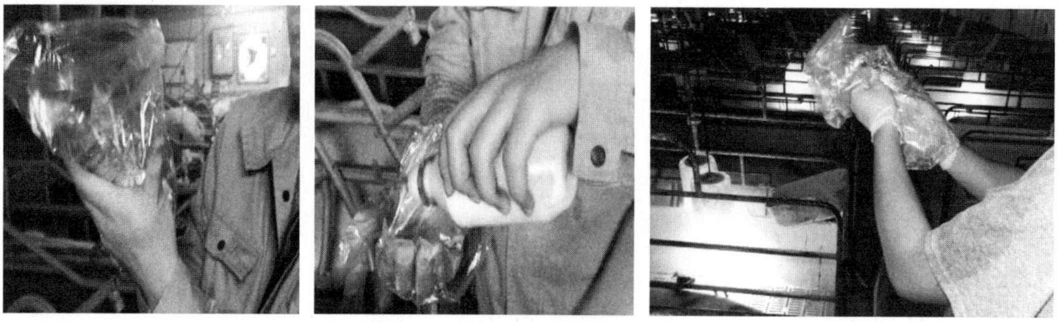

图 5-30　手套使用

（5）将拇指和手指合起使手掌呈锥形，轻轻伸入母猪产道内（图 5-31）。

（6）慢慢将手伸入母猪阴道，来回前后转动以帮助润滑（注：掏出仔猪后应立即清理口鼻黏液，检查仔猪是否呼吸困难，根据情况抢救）。

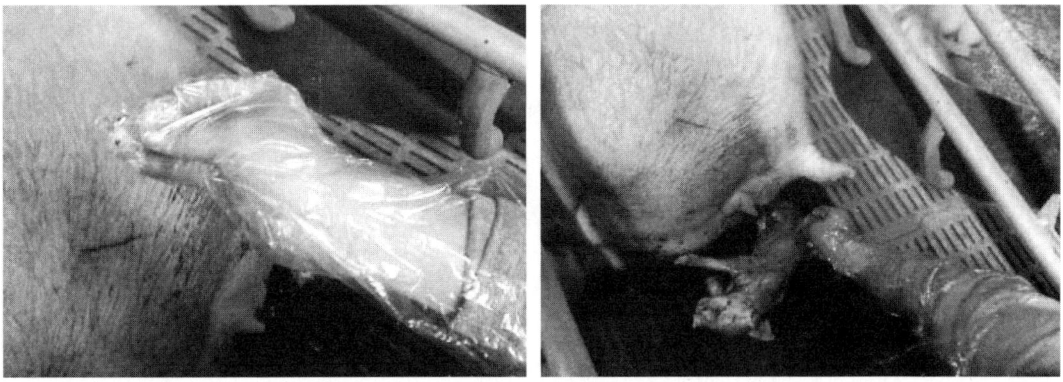

图 5-31　掏猪

（7）如碰到仔猪，根据助产方法将仔猪拉出，助产方法如图 5-32 所示。

（8）助产结束后，在分娩卡上记录时间。

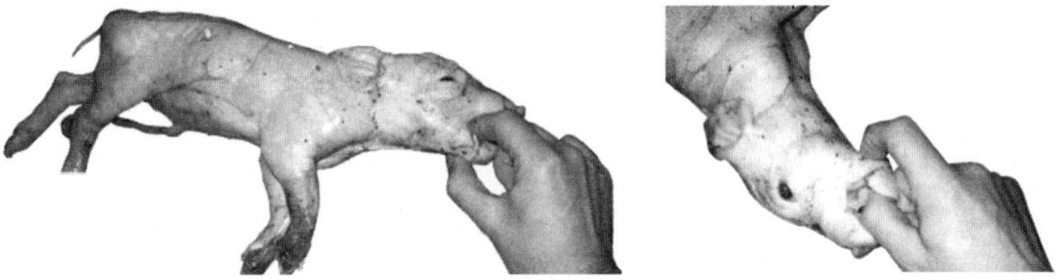

抠住仔猪口部向外拉

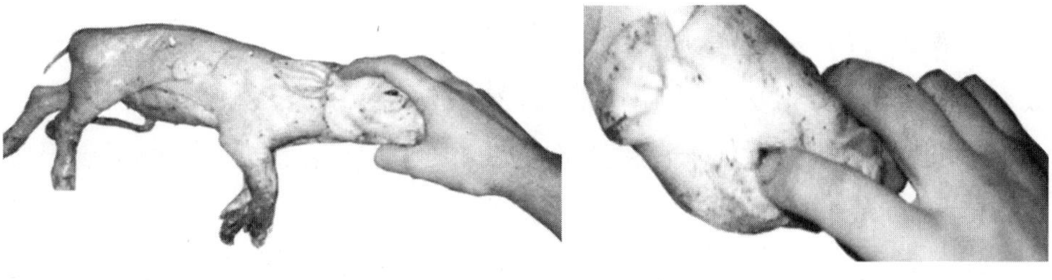

抠住仔猪的头部及眼眶向外拉

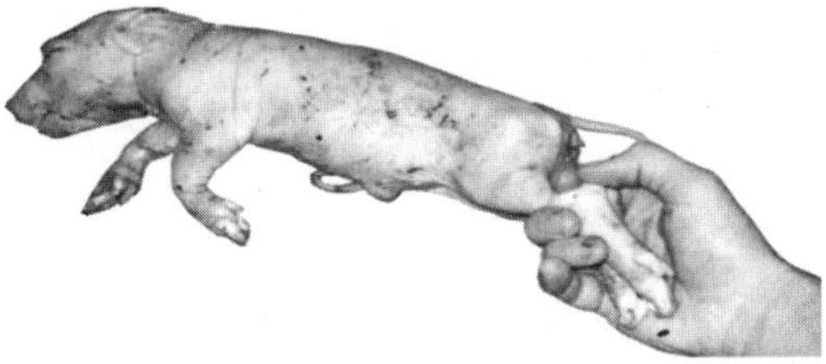

拉着仔猪的后腿向外拉

图 5-32　助产方法示意图

二、注意事项

(1)助产前要做好母猪外阴的清洗和消毒。

(2)尽量让手小、胳膊较细的人员助产。

(3)助产人员要求:不戴戒指、手表等饰品,指甲要剪短。

(4)避免助产手套接触栏中存放物、母猪身体或地面,以防污染。

(5)手伸进产道动作要轻柔。要缓缓地将产道中的仔猪拉出,所以必须要控制好牵拉的力量,否则母猪就可能受到伤害。

任务八　产后初乳管理

母猪在分娩中和分娩后24～36 h内产生的乳汁称为初乳,之后分泌的乳汁为常乳。初乳中富含能量和特异性抗体蛋白,既能维持新生仔猪的正常体温需求,又能为仔猪提供免疫力,理想的初乳应该在分娩后6 h内被吸收,之后初乳中的抗体蛋白急剧下降。

一、管理操作

(1)观察仔猪出生后6 h内吃初乳的情况。初生仔猪保温后(约10 min)要及时将仔猪放出保温箱吃初乳,并观察仔猪吮吸初乳的情况。

(2)辅助仔猪吃初乳。对于到处游走又叫唤的仔猪、弱小争抢不到乳头的仔猪需要人为辅助吃初乳。

(3)分批哺乳。将先干燥的新生仔猪放到母猪身旁吃初乳,未干燥完全的继续留在干燥箱中(图5-33);及时观察仔猪吃初乳的情况,检查仔猪是否获得充足的初乳。吃足初乳的仔猪腹部坚实,往往躺在乳房旁边并不吮乳,此时将其做好标记放入干燥箱中,放出另一批仔猪吃初乳。弱小仔猪可以一直留在母猪身边,使其充分摄取初乳;分娩12 h内,每1～2 h重复分批哺乳,保证所有仔猪获得充足的初乳。

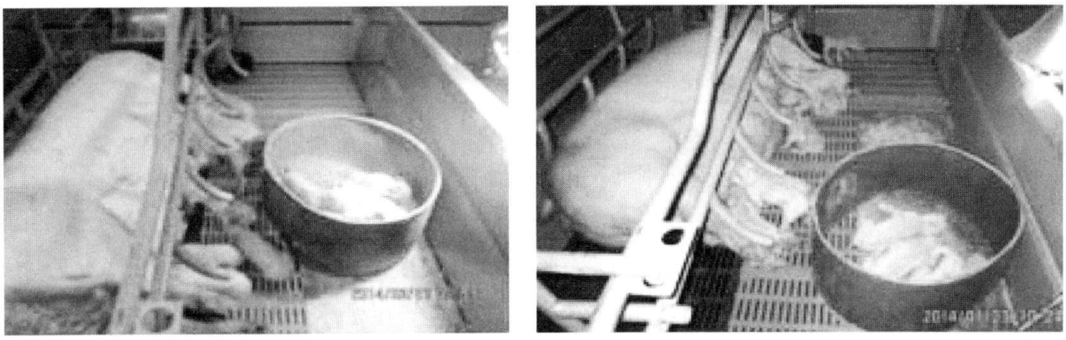

图 5-33　分批次哺乳

(4)移取初乳和补喂初乳。对于无吮吸能力或吮吸能力弱的仔猪,需要收集母猪初乳并补喂初乳,同时对于问题仔猪,如“八”字腿仔猪、脐带流血过多的仔猪、拯救的假死猪等健康状况不佳的仔猪需要及时补喂初乳,否则会使仔猪更加虚弱,甚至死亡。

二、早期寄养

针对那些产仔数多,而母猪确实没有奶水或者奶水质量差,无法进行分批哺乳的母猪窝,需要将仔猪及时寄养到能够提供足够初乳的母猪窝。

1.交叉寄养原则

(1)尽量减少仔猪转移数量:仔猪寄养的最终目的是保证每个仔猪都有一个有效乳头,而不需要特意追求仔猪间的均匀度。

(2)弱小仔猪集中哺乳:弱小仔猪集中由同一头合适的母猪哺乳,可以减少弱小仔猪的竞争压力,同时也方便饲养员对这些弱小仔猪进行特殊的护理。

(3)转移较大的仔猪:寄养过程中优先转移较大的仔猪,可以减少吃奶竞争压力。

2.母猪养育能力评估(表 5-26)

母猪的泌乳能力与自身的体况、身体储备、营养、胎龄以及仔猪的吮吸刺激强度有关,妊娠中期母猪过肥,会导致乳腺发育不好,泌乳量会低 20%左右,瘦母猪由于身体储备较少,而泌乳需要消耗母猪大量的营养物质,因此泌乳能力也差,初产母猪和高胎龄母猪的泌乳能力相比 3～6 胎的经产母猪也表现较差,另外,产仔数、仔猪体重和活力也会影响母猪的泌乳。

表 5-26 母猪养育能力评估

影响因素	评估参考标准
有效乳头数与带仔数	有效乳头≥带仔数
仔猪大小(大、中、小)	保证每窝仔猪体重、大小一致或相近
窝平均断奶数	带仔数≥窝平均断奶数
奶水质量(好、一般、差)	奶水质量差的母猪减少带仔数,不集中带弱仔
胎次	胎次过高或后备母猪减少带仔数,不集中带弱仔
母猪体况(好、一般、差)	体况差的母猪减少带仔数
乳头大小(大、适中、小)	弱小仔猪选择小乳头的母猪,不选择乳头过大的母猪
乳头上下间距(高、适中、低)	弱小仔猪选择乳间距低的母猪,不选择乳头上下间距过大的母猪
母性	母性不好,如出现咬仔、压死比例高、护仔能力差的母猪不适合进行寄养
乳房及相关疾病	有乳房及相关疾病的母猪治疗无效后不带仔猪,提前断奶

3. 识别无效乳头

(1)附加乳头:乳头小,位于乳线外,处于乳腺的异常位置,常见于母猪两后腿之间的臀部位置。

(2)内翻乳头:乳腺凹陷,看不见乳导管,随着后期仔猪的吮吸,可能会恢复泌乳能力。

(3)瞎乳头:没有乳导管。

(4)无奶乳头:在仔猪阶段乳头就被损坏或在哺乳阶段乳头出现炎症或受伤。

4. 交叉寄养步骤

(1)将作为奶妈猪的全部仔猪放入仔猪车中,然后开始寄养工作。

(2)将需要寄养的仔猪(过大或者过小)放入仔猪车中。

(3)将仔猪按照体型大小分类,将相同体型大小仔猪放入同一头母猪身边。

(4)让一胎猪带体型较大的仔猪。

(5)如果交叉寄养完成后,发现仔猪总数量比母猪总有效乳头数多,则可以把多出来的这些仔猪寄养到正在分娩的母猪旁,但需要在分娩卡上标注出寄养的仔猪数目。

任务九　仔猪一体化操作

仔猪一体化操作指完成断尾、阉割、补铁和抗生素注射，提高仔猪生长速度，并减少应激次数，同时提高工作效率。

一、准备

1. 物品准备

一体化操作需要准备的物品有集中操作车、消毒桶、粪刷、德式断尾器、喷壶、宝维碘、消毒剂、产纸、手套、隔离服、口罩、补铁剂、抗生素、针头、连续注射器、手术刀片、医用胶带。操作前所有物资用 1∶500 卫可或戊二醛进行消毒处理。

2. 人员准备

一体化操作由批次饲养员合作完成，人员进单元前更换隔离服，戴手套、换胶鞋，进行一体化操作。

二、仔猪一体化操作流程

1. 抓猪

抓取仔猪用抓猪钩或辅助工具，温和抓取一圈仔猪，放入集中操作车筐内，严禁未沾脚消毒或未戴鞋套直接上网床作业。

2. 肌注（图 5-34）

在仔猪颈部两侧肌肉喷洒宝维碘消毒后，分别注射铁剂 1～2 mL 和抗生素，抗生素种类和剂量依猪群健康状况而定。

3. 断尾（图 5-35）

左手握住仔猪后腿，保证仔猪稳定，右手固定尾巴，然后在德式断尾器上停留 2～3 s 加热断尾，防止尾巴流血，长度保留为 1.5～2 cm。

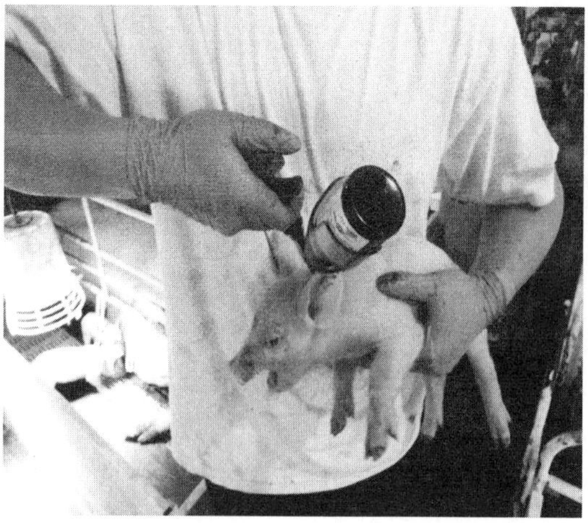

图 5-34　肌注

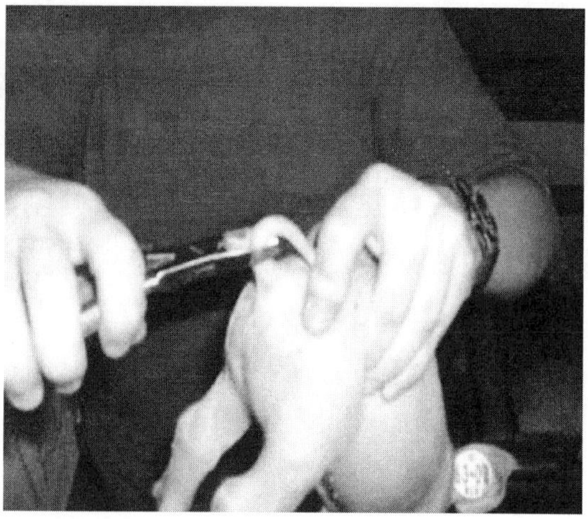

图 5-35　断尾

4. 阉割

先在睾丸处用宝维碘进行消毒，将猪左侧横卧或倒提保定，左手中指背面顶住阴囊基部，用拇指及食指将睾丸固定在阴囊内，使睾丸纵轴与阴囊纵轴平行，阴囊皮肤充分紧张。右手持刀，沿阴囊中缝的外侧 1 cm 左右做与中缝相平行的切口。切口长度为睾丸的 1/3～1/2(以能挤出睾丸为原则)，依次把阴囊壁和总鞘膜切开后，用左手拇指与食指用力挤出睾丸并拉出精索，扯断精索除去睾丸，然后放入专属容器中，在阉割处喷少许宝维碘，再次消毒。见图 5-36。

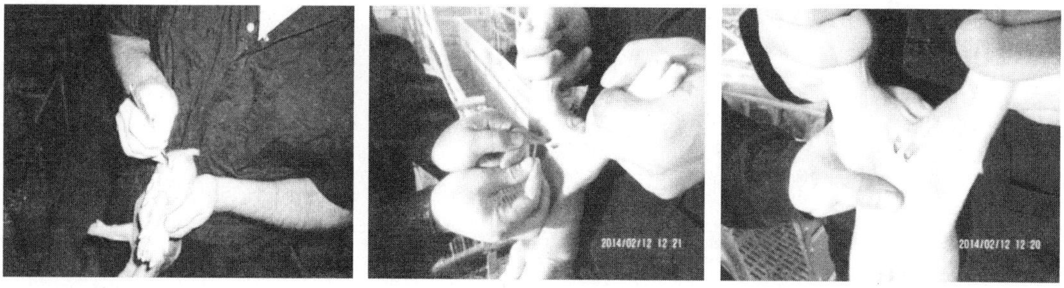

图 5-36　阉割

5. 后肢开张仔猪救助

由于肌肉未发育成熟、地板湿滑或者母猪饲料中有镰刀霉素存在时都会导致仔猪后肢开张。如果不对其采取救助措施，这些仔猪由于行动不便、吃不到母乳会饥饿而死。如果这些仔猪得到及时救助，在出生的 3～4 d 内能获得足够的母乳，大部分是可以康复的。

操作程序：

①此方法一般两个人执行，一个人保定仔猪，一个人操作；

②抓住仔猪两后腿倒提，背部朝向操作者；

③用 2～3 cm 宽的胶带在仔猪跗关节以上缠绕固定两只后腿，两腿之间留出 60～80 mm 的间隙；

④用第二根胶带，一端固定在两腿中间靠近右腿一边的胶带上，另一端绕右侧臀部固定在左侧腹部；

⑤再用第三根胶带，一端固在两腿中间靠近左腿一边的胶带上，另一端绕左侧臀部固定在右侧腹部，相当于形成了一个交叉的背带，辅助小猪后腿站立；

⑥辅助小猪行走，适应绑定的“背带”；

⑦辅助仔猪及时吃上初乳；

⑧胶带上标记时间，2～3 d 后移除胶带。

6. 腹股沟疝处理（图 5-37）

手握仔猪嘴巴拎起仔猪，观察大腿根腹股沟部有无漏肠现象。若无漏肠现象，则将仔猪温和地放入圈中。若有漏肠现象，采用保守疗法进行护理，并在背部进行标记。漏肠猪保守疗法，用拇指把肠向腹中按压，保持肠在正确位置。用医用胶带从腹部开始到腿后部位进行缠绕，按“八”字形从后到前缠绕，一直到另一条后腿，腿间缠绕两次，腹部周围缠绕两圈，包扎松紧度要适中，能自由活动为宜，24 h 以后拆除。

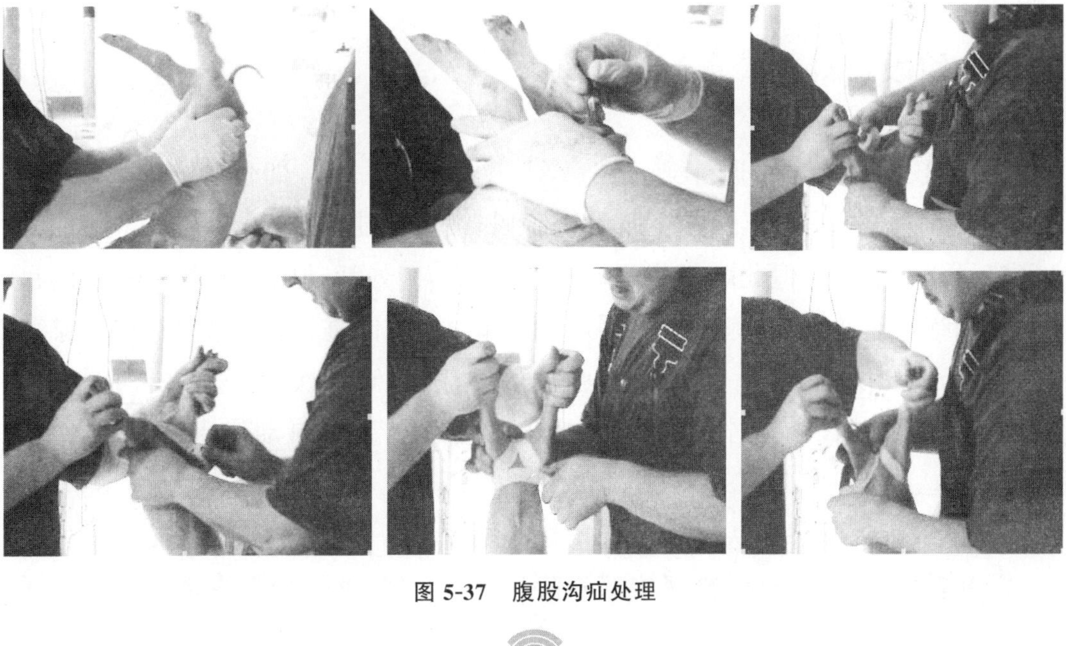

图 5-37　腹股沟疝处理

三、结束消毒

每圈一体化操作结束后，用1∶500卫可或戊二醛浸泡后的产品，对操作工具、操作车等进行全面擦拭消毒。一体化操作结束后，所有操作工具用1∶500卫可或戊二醛进行消毒，人员出单元、换胶鞋，更换隔离服、脱手套，严格对工装、隔离服、胶鞋、手部等进行消毒，保证仔猪在3～5日龄内完成一体化操作，能有效提高仔猪的生长速度，即断奶重，提高厂区的综合经济效益。

任务十　仔猪诱食

一、哺乳仔猪的营养来源

初生仔猪完全依靠母乳为生。随着仔猪日龄的增加，其体重和所需要的营养物质与日俱增，仔猪单靠母乳就不能满足其快速生长发育的需要。补充营养的唯一办法就是给仔猪及时补充优质饲料。补充饲料的时间应在出生后5～7日龄开始。哺乳仔猪提早认料可促进消化器官的发育和消化机能的完善，为断奶后的饲养打下良好的基础。

二、两个阶段补料

(1)调教期。从开始训练到仔猪认料，一般需要一周，即仔猪6～13日龄。这时仔猪的消化器官处于快速生长发育阶段，消化机能不完善，母乳基本上能满足仔猪的营养需要。但此时仔猪开始出牙，好奇，四处活动啃食异物。补料的目的在于训练仔猪认料，锻炼仔猪咀嚼和消化能力，并促进胃内盐酸的分泌，避免仔猪啃食异物，防止下痢。训练采取强制的办法，每天数次对仔猪进行补料，限制吃奶强制吃饲料。应坚持少量多次、勤补的原则。装设自动饮水器，可自由饮用清洁水。

(2)适应期。从仔猪认料到能正式吃料的过程，一般需要10 d左右。

①补料的目的，一是供给仔猪部分营养物质，二是进一步促进消化器官能适

应植物性饲料。训练仍具有强迫性,可减轻母猪的泌乳负担。

②补料的方法:在母猪放奶时将饲料均匀地涂抹在母猪的乳房上、强制性地让仔猪吃料,即将饲料塞进仔猪的嘴里。

③补料槽里应保持随时有料,并保证饲料新鲜。

(3)仔猪出生后 3～5 d时就开始向食槽加教槽料,确保 7 d 内补料成功。

(4)补饲教槽料 3 d 后每头仔猪每天采食 3～5 g,否则,要人工强制补喂教槽料。

(5)教槽料 7 d 后每头仔猪每天采食 10～15 g,否则,要检查补饲工作存在的问题,及时调整补饲方法和增加补饲次数。

(6)对 7 日龄补料还未成功的采取强制补料法,即 7 日龄时将饲料投入仔猪口内或定期将仔猪关闭在保温室内,让其吃料,然后再放出去吃奶。

(7)仔猪 14 日龄后每头仔猪每天采食 50 g 左右。

(8)18 日龄断奶,每头采食教槽料合计 300～500 g。

(9)18 日龄断奶后 1～2 d,每头仔猪每天采食 20～40 g,断奶后第 3 天每头仔猪每天采食 60～100 g。

任务十一　产后母猪护理

一、清理

产后要及时清洁母猪臀部及产床、地面,及时拿走胎衣,清洁好接产工具(图 5-38)。

图 5-38　清理

二、治疗

对人工助产母猪或流脓严重的母猪，使用5%浓度的滴露消毒液，每次1 000 mL，每天1次，连续3 d冲洗子宫（图5-39、图5-40）。

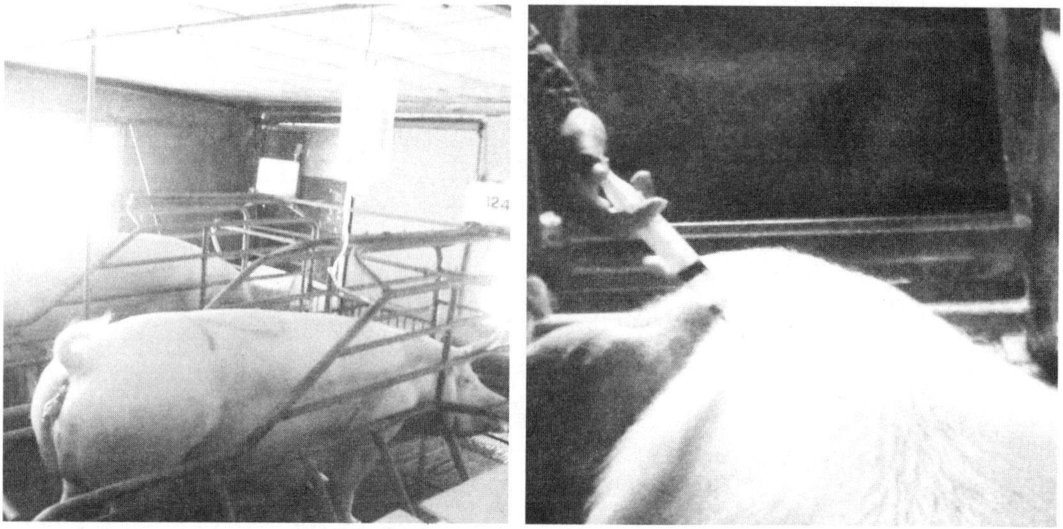

图5-39　产后保健

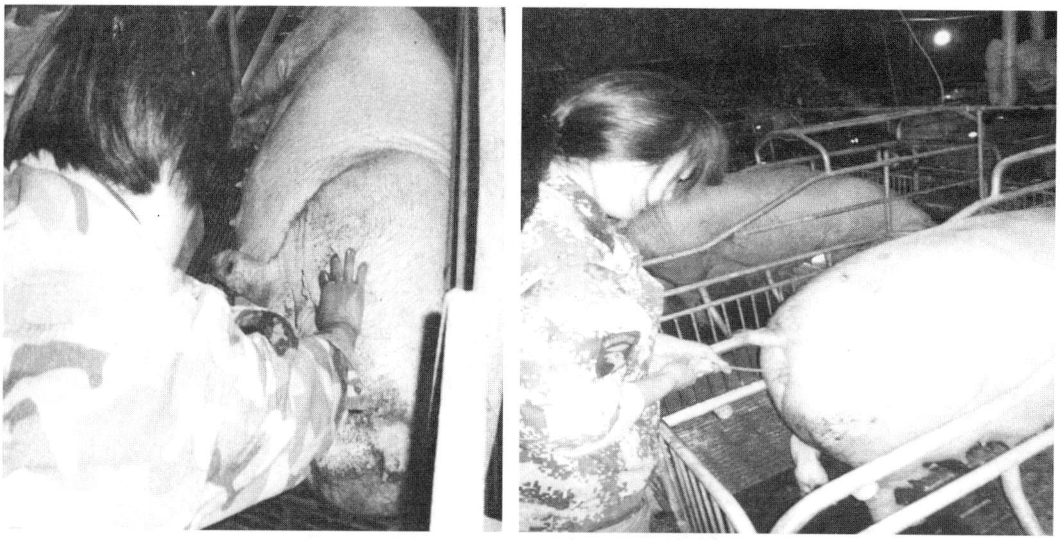

图5-40　子宫炎治疗

任务十二　健康管理

对母猪和仔猪进行健康检查是预防疾病发生和猪只死亡的一个很好的办法。由于母猪产后体质虚弱，仔猪出生后免疫系统不健全且调节体温的能力差，这些因素都给母猪和仔猪的健康带来了很大的威胁，因此，分娩舍的猪只健康检查变得尤为重要。

一、母猪和仔猪健康的表现

母猪和仔猪健康的表现见表 5-27。

表 5-27　母猪和仔猪健康的表现

母猪	仔猪
呼吸均匀	行走自如
躺卧自如，站姿正常	在护仔区躺着时姿势正常
愿意哺乳，奶水充足	母猪泌乳时，能正常吮吸乳头
尿液呈清亮的黄色，粪便湿软	毛皮光滑，没有腹泻及皮肤疾病
能在 20～25 min 内吃完饲喂的饲料	眼神明亮，对周围新鲜事物感兴趣

二、健康检查的程序

(1)当母猪起来吃料时，带上准备好的工具进行检查。

(2)先整体观察母猪和仔猪的情况，再把仔猪赶起来，按照下面的检查项目逐头进行检查。

①母猪检查项目：采食量、体温、站姿、外伤、呼吸频率、粪便、乳房、尿液等。

②仔猪检查项目：吃奶量、被毛、肤色、站姿、肢蹄、外伤、肚脐、粪便、灵敏度等。

③发现病猪和落后猪用记号笔标记清楚，病猪要根据兽医建议及时对症治疗和处理，做好治疗记录；落后猪按照寄养原则进行寄养或者集中起来放到奶妈猪栏内。

任务十三　仔猪断奶管理

一、计算断奶日期

在连续生产的情况下，一栋产房不会有不同分娩日期的哺乳母猪，一般相差3～5 d不等，考虑到全进全出，断奶时需要将这些不同分娩日期的母猪同时断奶，因此需要根据母猪的平均断奶日龄来确定（表5-28），母猪断奶日期＝母猪平均分娩日期＋断奶天数。

表5-28　计算断奶日龄

分娩日期	3月2日	3月3日	3月4日	3月5日	3月6日
头数	3	5	4	5	2
平均分娩日期	(2×3＋3×5＋4×4＋5×5＋6×2)/(3＋5＋4＋5＋2)＝3.9				
断奶天数	24				
断奶日期	27.9				

二、断奶前做好断奶计划

产前一周需要做好断奶计划，以保证生产计划的落实以及断奶工作的正常开展：

（1）和配种舍主管确定下一批临近分娩的母猪数。

（2）核实达到一定哺乳天数可以断奶的母猪数。

（3）确定一周需要断奶几次可以满足临产母猪对产床的需要，必要的话可以改变断奶日龄，调整断奶日期，确保有足够的产床安置临产母猪。

（4）和配种舍主管确定完成周配种目标所需要的断奶母猪数。

（5）计算需要淘汰的母猪数。

三、先转移母猪再转移仔猪

规模化猪场一般先将母猪赶到配种舍，将仔猪留在产床2～3 d，这样可以减少仔猪受到的应激，如果先转移仔猪，那么再抓仔猪并将仔猪转出分娩舍，母猪会受到应激，可能会伤害自己、仔猪和饲养员，同时也会使仔猪承受母仔分离、环境应激、转群应激的累加效应。

四、减少转群过程中的应激

(1)断奶转移猪只时动作要缓慢，勿将小猪头砸到地面。

(2)抓猪时顺着腹部从身后抓住猪只的后腿。

(3)抓猪时用挡板，避免损伤小猪。

(4)用手推车转猪时，一次避免装太多的猪。

(5)做好沟通工作，准备好空栏和病残猪栏，并预热保育舍。

(6)分群时根据猪只体重大小、强弱进行合理分群。

(7)抓猪过程要快速高效。

五、仔猪称重

有时候断奶重是通过估计获得的，最好是通过称重得到实际值，这样就可以更准确地测量生产性能，可以过地磅来称重。

任务十四　环境温度控制

(1)转临产母猪入分娩栏之前必须先用水冲洗干净，产床栏位经严格消毒并适当空干后才能进猪，检查所有设备是否处在能用的状态，环境控制系统应检查电动机是否正常运转及皮带的松紧度是否合适，水泵工作有没有足够的压力，水帘能否正常工作，猪舍的窗户是否密封好，检查温度控制器是否准确，水压及水流量是否达标，维修已损坏的饮水器及其他设备等。

(2)分娩舍环境温度控制在 18～22 ℃，湿度 55%～70%。仔猪需要的温度为 30～32 ℃。母猪的最适温对小猪而言就低了很多，所以在保温箱中要用红外线保温灯，保温灯的功率夏天产后 3～7 d 用 250 W，7 d 后用 100～150 W；冬天产后头 10 d 用 250 W，10 d 后用 100～150 W。从仔猪出生就给保温箱内挂保温灯，使用保温灯要防烫防炸，有损坏应及时更换。

(3)冬天要全部关上水帘进风口,启用冬季进风口,根据猪只数量和天气进行调节。

(4)当舍内温度高于目标温度时,全部风机逐个增加开启,当全部风机都开启仍高于目标温度时,要启动水帘降温,必要时启用滴水降温设施,但分娩后一周内的母猪慎用。

评估汇报

(1)根据各数据分析，整理猪群生产成绩报告，对照要求，验收健康猪群。

(2)针对工作过程，依据岗位能力，评价师生。

针对生产过程的五个环节进行评价；

针对生产过程的五个元素进行评价；

依据四个岗位能力进行多元质性评价；

填写教学评估表或在教学系统输入。

岗位课程教学评估表，岗位课程评估指标，参考以下表格（表 5-29、表 5-30）。

表 5-29　课程教学评估表

<table>
<tr><td colspan="12">班级名称：　　　　　　　　　　　　月　　周：</td></tr>
<tr><td rowspan="3">序号</td><td rowspan="3">学生姓名</td><td rowspan="3">星期</td><td rowspan="3">教师姓名</td><td rowspan="3">课程内容</td><td colspan="6">评分项</td><td rowspan="3">小计</td></tr>
<tr><td rowspan="2">工作页</td><td rowspan="2">视频微课</td><td colspan="2">专业能力</td><td colspan="2">个人能力</td></tr>
<tr><td>理论知识</td><td>实践技能</td><td>社会能力</td><td>独立能力</td></tr>
<tr><td rowspan="9"></td><td rowspan="9"></td><td rowspan="3">1</td><td></td><td></td><td></td><td></td><td></td><td></td><td></td><td></td><td rowspan="3"></td></tr>
<tr><td></td><td></td><td></td><td></td><td></td><td></td><td></td><td></td></tr>
<tr><td></td><td></td><td></td><td></td><td></td><td></td><td></td><td></td></tr>
<tr><td rowspan="3">2</td><td></td><td></td><td></td><td></td><td></td><td></td><td></td><td></td><td rowspan="3"></td></tr>
<tr><td></td><td></td><td></td><td></td><td></td><td></td><td></td><td></td></tr>
<tr><td></td><td></td><td></td><td></td><td></td><td></td><td></td><td></td></tr>
<tr><td rowspan="3">3</td><td></td><td></td><td></td><td></td><td></td><td></td><td></td><td></td><td rowspan="3"></td></tr>
<tr><td></td><td></td><td></td><td></td><td></td><td></td><td></td><td></td></tr>
<tr><td></td><td></td><td></td><td></td><td></td><td></td><td></td><td></td></tr>
</table>

续表 5-29

		4									
		5									
		1									
		2									
		3									
		4									
		5									
		1									
		2									

续表 5-29

		3								
		4								
		5								
		1								
		2								
		3								
		4								
		5								
		1								
		2								

续表 5-29

		3								
		4								
		5								
		1								
		2								
		3								
		4								
		5								

表 5-30　课程评估指标

			理论知识	实操技能	社会能力	独立能力
1. 情境描述	1.1	任务的情境完整性				
	1.2	客户解决的问题清晰程度				
2. 信息收集	2.1	任务相关的文件资料是否齐全				
	2.2	能否理解任务所需的指标和技术资料				
	2.3	技能点观察动手				
	2.4	课外微课学习质量				
3. 分析计划	3.1	是否给出了功能、作用及目的				
	3.2	是否制定了操作流程				
	3.3	是否考虑到经济和环保方面的问题				
	3.4	方案是否注意到安全				
	3.5	是否小组充分沟通、讨论决策				
	3.6	是否有多计划(方案)供选择				
4. 任务实施	4.1	该课工作页得分(小计)				
	4.2	小组学习合作能力得分				
	4.3	个人反思、创造力得分				
	4.4	个人学习积极主动性(态度)得分				
5. 检验评估	5.1	检验的分工协作				
	5.2	展示安排				
	5.3	需求满足和完善的报告				

策划编辑：张　蕊　张　玉
责任编辑：张　玉
封面设计：ZTSA 中通世奥图文设计

高等职业教育“十四五”规划教材
河南省高水平专业群建设教材

智能化养猪

后备母猪饲养员岗位

公猪饲养员岗位

化验室岗位

配怀舍饲养员岗位

产房饲养员岗位

育肥猪饲养员岗位

ISBN 978-7-5655-2988-7

9 787565 529887 >

定价：65.00 元

高等职业教育“十四五”规划教材
河南省高水平专业群建设教材

智能化养猪

孔嫄嫄　王　飞◎主编

育肥猪饲养员岗位

中国農業大學出版社
China Agricultural University Press

高等职业教育"十四五"规划教材

河南省高水平专业群建设教材

智能化养猪

（育肥猪饲养员岗位）

孔嫄嫄　王　飞　主编

中国农业大学出版社
·北京·

内 容 简 介

本书根据现代化养猪场实际工作岗位分为 6 个分册，即后备母猪饲养员岗位、公猪饲养员岗位、化验室岗位、配怀舍饲养员岗位、产房饲养员岗位、育肥猪饲养员岗位，每个分册均包括情景描述、信息收集、分析计划、任务实施、评估汇报 5 个过程。本书 6 个分册均单独装订，方便学生按生产岗位使用。

本书可作为高等农业职业院校智能化养殖专业、畜牧兽医专业教材，也可作为养殖场一线技术人员技能培训教材和从事相关技术工作的参考书。

图书在版编目(CIP)数据

智能化养猪 / 孔娱娱，王飞主编. -- 北京：中国农业大学出版社，2023.6

ISBN 978-7-5655-2988-7

Ⅰ.①智… Ⅱ.①孔…②王… Ⅲ.①智能技术-应用-养猪学 Ⅳ.①S828-39

中国国家版本馆 CIP 数据核字(2023)第 099453 号

书　　名　智能化养猪(育肥猪饲养员岗位)
ZHINENGHUA YANGZHU

作　　者　孔娱娱　王　飞　主编

策划编辑　张　蕊　张　玉　　　**责任编辑**　张　玉

封面设计　中通世奥图文设计中心

出版发行　中国农业大学出版社

社　　址　北京市海淀区圆明园西路 2 号　　　**邮政编码**　100193

电　　话　发行部 010-62733489，1190　　　编辑部 010-62732617，2618
出版部 010-62733440　　　读者服务部 010-62732336

网　　址　http://www.caupress.cn　　　**E-mail**　cbsszs@cau.edu.cn

经　　销　新华书店

印　　刷　北京中兴印刷有限公司

版　　次　2023 年 8 月第 1 版　　2023 年 8 月第 1 次印刷

规　　格　185 mm×260 mm　　16 开本　　4.25 印张　　70 千字

定　　价　65.00 元

编审人员

主　　编	孔嫄嫄	南阳农业职业学院
	王　飞	南阳农业职业学院
副 主 编	郝振芳	河南农业职业学院
	孙攀峰	河南农业职业学院
	李　嘉	周口职业技术学院
	王　安	周口职业技术学院
	路清霞	南阳市动物卫生监督所
	李万太	方城县农业农村局畜牧服务中心
	姚巧珍	内乡县动物疫病预防控制中心
	陈高英	南阳市动物卫生监督所
参编人员	张　扬	南阳农业职业学院
	王艳丰	河南农业职业学院
	孔雪旺	河南农业职业学院
	孙留霞	周口职业技术学院
	刘秀玲	商丘职业技术学院
	付赛赛	商丘职业技术学院
	刘　源	牧原食品股份有限公司
审　　稿	李生涛	南阳农业职业学院
	王国强	南阳农业职业学院
	杨瑞华	牧原食品股份有限公司

前　言

党的二十大报告指出，“全面推进乡村振兴”“强化农业科技和装备支撑”。现代畜牧业的发展离不开科技的助力和人才的支撑。畜禽智能化养殖专业是随着大型养殖企业向着智能化、自动化养殖方向发展而在高等职业院校新设立的一个专业。本专业面向畜牧机械检修维护、养殖场环境控制与污物治理、养殖场与饲料厂自动化控制等岗位，培养掌握畜牧工程技术专业知识和技术技能，能够从事畜牧环境检测、畜禽养殖与饲料加工设备检修维护及自动化控制等工作的高素质人才。智能化养猪技术是畜禽智能化养殖专业的核心课，课程知识目标包括：掌握养猪业形势，熟悉猪的行为与特性，猪品种选择与利用，后备母猪选择与培育，公猪饲养与人工授精，配种舍、妊娠舍、分娩舍、生长育肥舍猪群智能化管理。能力目标包括：具备独立进行不同阶段生产猪群饲养管理的能力，具有熟练操作智能养猪设备的能力，并具有适应市场的应变能力和从事现代化猪场经营管理的发展潜能。

本套手册式教材在形式上更加新颖，在内容上更加强调精炼简洁，降低了学生的理论学习难度。与此同时，又可以让学生的职业操作能力得到充分的锻炼以适应岗位的需求。本套手册式教材适用于在智能化养猪场教学或实习的人员使用，模拟现场环境，以解决实际问题、完成真实任务为学习载体，在工作中学习、在学习中工作，在企业实际的生产功能上叠加教学功能，构建能教学、能训练、能生产的“道场”(学习岗)、“靶场”(训练岗)、“战场”(实战岗)。本书也适用于课堂教学，模拟实际工作中的思维过程，每部分包括情景描述、信息收集、分析计划、任务实施、评估汇报 5 个过程，打破传统的课程知识结构，按岗位需要的知识、技能引导学生自主学习。

本书由相关高职院校与南阳部分市(县)畜牧兽医机构、养殖场专业技术人员联合编写，由于编者水平有限，书中难免有不妥之处，恳请广大读者朋友及同行指出，以便修改。

本书资源码

编　者

2023 年 5 月

目　　录

情境描述

小刘是规模化养殖场中一名保育育肥段饲养员，负责断奶至出栏猪群的饲养。接通知，一周后产房计划断奶 500 头三元(杜长大)仔猪转至保育舍，断奶日龄 21 d，每头不低于 6.00 kg，均重 6.89 kg，生产状态良好。要求成活率 90%以上，残次率小于 2%，并按免疫程序进行疫苗接种，160 日龄均重大于 100 kg，料肉比不高于 2.6。

为完成这项任务，我们需要进行更多的信息收集，学习 5 点基础知识：①猪的解剖生理相关知识；②猪的生长特点、生活习性；③肉猪饲料相关知识；④肉猪管理相关知识；⑤血液采集相关知识。学习 2 项实操技能：①断奶猪的调教；②猪群的健康管理。

本分册书中彩图

信息收集

为了专业地完成这次任务，同学们要提前进行一系列知识的学习和技能的训练，需要准备的知识和能力如下面的思维导图，其作用是结构化你学习的知识和技能，它是你学习和复习的联络图（图 6-1）。

图 6-1　思维导图

一、猪的解剖生理相关知识

（一）猪消化系统的构造特点

猪的消化系统包括口腔、咽、食管、胃、肠、肝、胰等。

1. 口腔

猪口腔较长，但因品种不同而有较大差异。

(1)口唇。分上唇和下唇，上、下唇的游离缘共同围成口裂。口裂的两端会合成口角。猪上唇较宽厚，与鼻端共同形成吻突，主要起掘地觅食作用。吻突前部有短而细的毛，中后部有缺刻，与犬齿相对，此处唇薄且向上方突起，形成皱褶。公猪犬齿即在此处外突；母猪此处上、下唇常闭合不严。下唇小而尖，颌部皮肤有小隆起，称颌器，内有下颌腺。口裂长，口角与第 3～4 前臼齿相对。

(2)颊。黏膜平滑，内有颊腺。在与第 4～5 臼齿相对的颊黏膜上有腮腺管的开口。

(3)腭。猪硬腭狭而长，构成固有口腔的顶壁。沿正中线形成沟状腭缝，两侧有 20～22 条腭褶。其前端为切齿乳头，两侧各有一小孔(切齿管)，为鼻腭管的开口，管的另一端通鼻腔。软腭(或称腭帆)较短而厚，向后达会厌背侧的中部。软腭两侧与舌根及咽壁相连的黏膜褶，分别称为舌腭弓和咽腭弓，软腭口腔面沿中线有一浅沟，沟两侧的黏膜里有发达的腭帆扁桃体，呈卵圆形，黏膜表面有许多扁桃体隐窝。此外，猪软腭内还有发达的腭腺，其排泄管开口于软腭表面。

(4)口腔底和舌。猪口腔底部的舌下肉阜不明显。在舌体与齿龈之间的舌下隐窝黏膜上，有多个纵行排列的舌下腺管的开口。舌窄而长，舌尖较薄，腹侧面与口腔底间形成两条舌系带。舌背黏膜上分布有下列乳头：丝状乳头细而柔软，密排于舌背；圆锥乳头斜向后上方，主要位于舌根部；菌状乳头散在，以舌两侧较多；轮廓乳头有 2～3 个，位于舌根背侧面的前部；叶状乳头有 1 对，位于舌根两侧。此外，在舌根背侧的固有膜内还有淋巴上皮器官，称为舌扁桃体。

(5)齿。猪齿除犬齿是长冠齿外，其他均为短冠齿。齿冠、齿颈和齿根三部分区别明显。上、下切齿各有 3 对，即门齿、中间齿和(隅)边齿。上切齿较小，方向较垂直，相邻两齿间有间隙。下切齿方向较水平。(隅)边齿和中间齿紧密相邻。公猪的犬齿发达，呈弯曲的三棱形。上犬齿向外向上弯曲，下犬齿特别长，向外向上向后弯曲，露出于口裂外。母猪的犬齿不发达。犬齿与切齿和前臼齿之间均形成较宽的齿间隙。臼齿每侧有 7 个，由前向后逐渐增大。前臼齿 4 个，属于切型齿；后白齿 3 个，属于丘型齿。猪的恒齿有 44 个。

(6)唾液腺。包括腮腺、下颌腺和舌下腺。

①腮腺：很发达，呈三角形，棕红色，位于耳根下方、下颌骨后缘的脂肪内，表面有筋膜、耳肌等覆盖。腮腺开口于与第 4 或第 5 上臼齿相对的颊黏膜上。猪

腮腺为浆液型腺。

②下颌腺：较小，呈扁圆形，位于下颌支的内侧和后方，腮腺深面。下颌腺管在下颌骨内侧向前延伸，开口于舌系带两侧口腔底的黏膜上。猪下颌腺为混合型腺。

③舌下腺：呈扁平长带形，在3对唾液腺中最小，红黄色，分为前、后两部。前部较大，为多口舌下腺，开口于舌体两侧的口腔底黏膜上。后部为单口舌下腺，开口于下颌腺管开口的附近。猪舌下腺主要为黏液型腺。

2. 咽

狭而长，向后可延伸到第2腹侧，分为鼻咽部、口咽部和喉咽部。鼻咽部有鼻中隔延续而形成的咽中隔，两侧壁各有一漏斗状的咽鼓管咽口。口咽部较短。喉咽部的底壁两侧有一对较深的梨状隐窝，在食管口背侧形成短的盲管，称咽憩室。

3. 食管

食管短而直，其颈段气管的背侧后行。食管的始端和末端管径较大，中部较细。食管腺发达，整个黏膜均有分布，但向后逐渐减少。黏膜固有层中淋巴组织多。肌肉在颈段为横纹肌，胸段为骨骼肌和平滑肌交错排列，腹段为平滑肌。

4. 胃

猪胃容积相对较大，5～8 L，属单室胃，形状与马胃相似。胃的左侧部大而圆，下方的凸曲部称胃大弯。在近贲门处有一盲突，称胃憩室。猪胃贲门与幽门距离较近，两门之间的凹曲部称为胃小弯。在幽门处有自小弯侧向内突出的一个纵长鞍形隆起，称幽门圆核，与其对侧的唇形隆起相对，有关闭幽门的作用。

猪胃横卧于腹前部、大部分在左季肋部。小部分在剑状软骨部，仅幽门端位于右季肋部。前与膈、肝接触，后与大网膜、肠、肠系膜及胰接触。

胃黏膜分为无腺部和有腺部。无腺部面积小，位于贲门周围，黏膜表面上皮角化而粗糙，色苍白。其余为有腺部，黏膜上皮为单层柱状上皮，黏膜表面有许多小窝，称胃小凹，是胃腺的开口。有腺部又分为三个腺区：贲门腺区最大，呈淡黄色，占胃的左半部；胃底腺区次之，色棕红，位于贲门腺区的右侧，沿胃大弯分布；幽门腺区最小，色淡，位于幽门部，黏膜常形成不规整的暂时性皱褶。胃底腺是分泌胃液的主要腺体，其主细胞分泌胃蛋白酶原和凝乳酶，壁细胞分泌盐酸。

胃的肌膜分为纵层、环层和斜行纤维。纵层分布于胃大弯、小弯和幽门部的浅层。环层分布于胃底和幽门部。斜行纤维分深、浅两层，外斜纤维分布于无腺部和贲门部；内斜纤维分布于贲门附近，并参与形成贲门括约肌。

胃在小弯处以小网膜与肝相联系，在大弯处以大网膜与横结肠和脾等相联系。大网膜发达，浅、深两层间形成网膜囊。营养良好的个体的网膜因含丰富的脂肪而呈网格状。

5. 肠

分为小肠和大肠。

(1)小肠。分十二指肠、空肠和回肠三段，全长 15～20 m。

①十二指肠：位于右季肋部和腰部，肠系膜短，位置较固定。十二指肠起始段形呈“乙”状弯曲，然后沿右季肋部向上向后伸延至右肾后端，转而向左再向前伸延移行为空肠，后段有胆管、胰管的开口。

②空肠：形成许多肠袢，以较宽的空肠系膜与总肠系膜相连。空肠大部分位于腹腔右半部，在结肠圆锥与肝、胃之间，与右髂部腹壁和腹底壁后部相接触，小部分位于腹腔左侧后部。

③回肠：回肠短而直，以回肠口开口于盲肠与结肠交界处，末端斜向突入盲肠腔内，形成发达的回肠乳头。猪回肠固有膜和黏膜下层内的淋巴集结特别明显，呈长带状，分布于肠系膜附着缘对侧的肠壁内。

(2)大肠。全长 4～4.5 m。直径比小肠粗，各段形成数目不等的纵肌带和肠袋。

①盲肠：短而粗，呈圆筒状，长 20～30 cm，盲端钝圆。肠壁形成 3 条纵肌带和 3 列肠袋。猪盲肠位于左髂部，在左肾后端腹侧起始于回肠口，向后下方延伸到结肠圆锥后方，盲端位于盆腔入口与脐之间的腹底壁上。

②结肠：与盲肠相接，二者以回肠口为界。起始部的直径与盲肠相似，此后逐渐变细。结肠分为前部的旋袢和后部的终袢。旋袢最长，呈螺旋状卷曲，形成结肠圆锥。圆锥的底朝向背侧，附着于腰部和左髂部；圆锥的顶伸向脐部。结肠圆锥包裹于结肠系膜内，由向心回和离心回组成。向心回位于结肠圆锥的外周，管径较粗，有两条明显的纵带和两列肠袋；离心回按逆时针方向盘绕至圆锥底部，延续为终袢。

③直肠:直肠位于盆腔内,沿脊柱下方和生殖器官背侧向后延伸至肛门,周围常有大量脂肪组织。猪直肠在肛门前方形成明显的直肠壶腹。

6. 肝

猪肝比牛肝发达,呈红褐色,质量约为体重的 2.5%。肝的中部厚而边缘薄,壁面隆凸,与膈及腹腔侧壁相贴,并有后腔静脉通过;脏面凹,形成一些内脏器官的压迹。猪肝分叶明显,以 3 个深的切迹分为左外叶、左内叶、右内叶和右外叶。右内叶的内侧有不发达的中叶,又以肝门为界分为背侧的尾叶和腹侧的方叶。猪肝的小叶间结缔组织发达,肝小叶分界清楚,在肝的表面,肉眼可见暗色小粒。

猪肝位于腹腔最前部,以左、右三角韧带和左、右冠状韧带附着在膈的后面。大部分位于右季肋部,小部分位于左季肋部和剑状软骨部。

胆囊位于肝右叶与方叶之间的胆囊窝内。肝管在肝门处与胆囊管汇合成胆总管,开口于距幽门 2~5 cm 处的十二指肠。

7. 胰

猪胰呈灰黄色,近似三角形,位于十二指肠前部和胃小弯附近。胰管开口于距幽门 10~12 cm 处的十二指肠。

(二)猪的消化生理特点

猪属于杂食动物,虽然在大肠中也有大量微生物,并参与食物的消化过程,但缺乏牛、羊等复胃动物那样体积很大的前胃。所以,猪在一般饲养管理条件下,主要依靠机械和化学性消化,生物学消化不占重要地位。

1. 口腔内消化

猪有坚硬的吻突,可以掘地觅食,并靠尖形的下唇将食物送进口腔内。猪饮水或饮取液体食物时,主要靠口腔形成的负压来吸引。猪的口裂较大且靠后,闭合不严,饮水时往往发出特殊的声响。猪咀嚼食物较细致,咀嚼时下颌多做上下运动,横向运动较少。咀嚼时有气流自口角进出,因而随着下颌上下运动,发出咀嚼所特有的响声。

猪唾液由唾液腺分泌,为无色透明的黏液。相对密度为 1.007 左右,pH 约为 7.4。唾液中有淀粉酶、黏蛋白和各种无机盐离子，能将淀粉分解为糊精和麦芽糖。猪一昼夜分泌唾液约 15 L。腮腺分泌能力最强，但仅在采食时分泌。

2. 胃内消化

胃液由胃腺分泌，为无色透明的酸性液体，pH 为 0.5～1.5，由水、有机物、无机盐和盐酸组成。有机物主要是各种消化酶，包括胃蛋白酶、胃脂肪酶和凝乳酶。猪胃内容物不易完全排空，所以胃液是连续分泌的，采食时分泌增加。成年猪一昼夜胃液的总分泌量可达 6～8 L。

猪的胃腺细胞不产生水解糖类的酶，但在胃内也存在糖的消化过程，主要是依靠唾液淀粉酶和植物性饲料含有的酶来完成的。猪胃内容物除在幽门部可混合外，其他大部分饲料分层排列，胃液不易迅速浸透饲料。混有唾液的饲料在其中心和无腺部保持较长时间，中性、弱酸性环境给唾液淀粉酶形成适宜的消化环境。此外，仔猪在出生初期，胃液内不含盐酸，胃液中的胃蛋白酶的含量也很低，这对仔猪消化蛋白质有一定的影响，也是仔猪容易腹泻的原因之一。

3. 小肠内消化

小肠的消化主要是在胰液、胆汁和小肠液的作用下完成的。胰液由胰腺组织中的消化腺细胞分泌，经胰管排入十二指肠。胰液是无色透明的碱性液体，pH 为 7.8～8.4。猪胰液是连续分泌的，采食时分泌增加。猪胆汁的分泌量较大。猪小肠液中起消化作用的酶主要有 3 种：一是小肠液中游离存在的酶；二是存在于脱落的小肠上皮细胞中的酶；三是肠黏膜上皮内的酶。上述各种酶可将蛋白质、脂肪和糖类分解为可被吸收利用的营养物质。

4. 大肠内消化

猪的大肠具有相对大的容积，大肠内食糜的酸碱度接近中性，又保持无氧状态，温度和湿度等也适宜，具备与草食动物相似的微生物繁殖条件。猪在饲喂大量植物性饲料的条件下，大肠内的微生物消化作用就显得尤为重要。猪饲料中的部分纤维素、淀粉和其他糖类被细菌等微生物发酵后，产生的乳酸、乙酸、丙酸等低级脂肪酸，可被大肠黏膜吸收，供机体利用。猪大肠内的细菌也能分解蛋白质、氨基酸等含氮物质，其分解产物氨、胺类等有害物质随粪便排出，故猪的粪便具特有的恶臭味。此外，猪大肠内的微生物还能合成 B 族维生素。

5. 断奶仔猪的生理特点

(1)生长发育快。断奶仔猪正处于一生中生长发育最快、新陈代谢最旺盛的时期,因此,需要高蛋白、高能量和含有丰富的维生素、矿物质的日粮,应限制含粗纤维过多的饲料,注意各类添加剂的补充。一旦饲料配给不善,营养不良,就会引起营养缺乏症,导致生长发育受阻。

(2)消化机能不完善。刚断奶的仔猪,由于消化器官发育不完善,胃液中仅有凝乳酶和少量的胃蛋白酶而无盐酸,消化机能不强,如果饲养管理不当,极易引起腹泻等疾病。

(3)抗应激能力差。仔猪断奶后,因离开了母猪开始完全独立的生活,对新环境不适应,如果舍温低、湿度大、消毒不彻底等,都会使断奶仔猪产生较强应激,引起条件性腹泻等疾病。

二、猪的生长特点、生活习性

(一)猪生长的一般规律

见后备母猪饲养员岗位——→后备母猪饲养管理知识——→后备母猪生长发育规律。

(二)猪的生活习性

1. 杂食性

猪是杂食性动物,门齿、犬齿和臼齿都很发达。猪胃的结构属食肉动物单胃和反刍动物复胃之间的中间类型,因而猪能够广泛采食动物性、植物性和矿物质等饲料,并且采食量大、消化能力强、利用率高。猪对精料有机物的消化率为76.7%,对青草和优质干草的消化率分别为64.6%和51.2%。尤其我国地方猪种,具有良好的消化青粗饲料的能力。但应注意,猪对含纤维素多、体积较大的粗饲料利用能力差。猪对食物的味道敏感,且有选择性。

2. 嗅觉、听觉和触觉灵敏,视觉不发达

猪嗅黏膜的绒毛面积大,嗅区的神经非常密集,因此猪的嗅觉非常灵敏。仔猪在生后几小时便能依靠嗅觉辨别气味，寻找乳头，3 d 内即可固定乳头；猪还能依靠灵敏的嗅觉有效地寻找埋在地下的食物，识别同群内的个体，辨别自己的圈舍，并对外来的仔猪迅速识别，加以驱逐；同时猪灵敏的嗅觉在性活动当中也占有重要地位。例如，发情母猪闻到公猪特有的气味，即使公猪不在场，也会表现“呆立”反应。猪具有外形大、内腔深而广的耳朵，因而听觉相当发达，即便很微弱的声音都能敏锐地觉察到；这种特点虽有利于管理猪群，但也容易使猪群产生应激反应。猪的吻突是主要的触觉器官。猪用鼻子探寻、识别所有接触的物体。新生仔猪靠鼻子的触觉，顺着母猪被毛走向来寻找奶头，被毛走向朝着母猪腹部与乳房中部。与公猪的身体接触，可刺激母猪发情。人们对猪了解最少的是刺激发情与刺激交配。如果母猪生活在活动范围较大的猪栏里，四周又飘溢着公猪气味，发情期就会来得早。在暑热天，特别在季节交替时，隔离母猪有不育与不发情现象，其主要原因不是高温影响发情，而是高温使得母猪的嗅觉、触觉器官不能充分发挥其功能。因此，此时使母猪与公猪的身体密切接触对提高繁殖力有重要作用。养猪生产中，应根据猪的这些特性对猪群进行合理的调教、分群、合群、发情鉴定和采精训练等，以方便管理，提高养猪生产水平。

3. 对温、湿度敏感，不耐热

猪对温度和湿度的反应比较敏感。大猪怕热，小猪怕冷（表 6-1），尤其是初生仔猪特别怕冷。另外，猪在阴暗潮湿的环境中易患感冒、肺炎、皮肤病和其他疾病，特别是高温高湿和低温高湿的环境条件，对猪群的健康和生产有着明显影响。生产中为了使猪群的生产性能得到充分发挥，应给不同类别的猪群创造适宜的环境条件。

表 6-1　各类猪群对环境温度的要求

生长阶段		温度/℃	生长阶段	温度/℃
仔猪	1 日龄	35	生长猪 28～70 日龄	24
	2 日龄	33	育成猪 71～108 日龄	22
	3 日龄	31	种公猪	14～15
	4～7 日龄	29	空怀及妊娠前期母猪	14～15
	8～14 日龄	27	妊娠期后母猪	18
保育猪	15～27 日龄	25	哺乳母猪	20

4.群体位次明显

猪在圈养时表现出一定的群居性和明显的位次秩序。生产中应根据这一特点,合理安排猪群的饲养密度,及时进行调教,保证猪群健康有序地生活,以利于生产性能的提高。

5.爱好清洁,容易调教

现代培育猪的祖先是穴居动物,保持穴居内的清洁是其天性。而且猪具有活泼平衡的神经类型,容易调教。其采食、趴卧和排泄粪尿往往都有固定的地点,通过调教训练可有效地培养猪群采食、趴卧休息和排粪尿“三点定位”的良好习性。

三、肉猪饲料相关知识

饲养管理水平的高低,直接关系到商品肉猪的生长速度快慢、肥育期长短、饲料成本高低和胴体品质的优劣。饲养技术主要涉及饲料营养、饲粮配合、肥育方式和饲喂方法、饲喂次数、喂量以及饮水等方面。

(一)科学配制日粮

保育猪饲粮应容易消化吸收,营养平衡,适口性好。对仔猪来说饲料类型最好是颗粒饲料,其次是生湿料或干粉料,不要喂熟粥料。同时要掌握食物温度,防止出现营养损失或造成口腔炎症、胃肠卡他等。应注意少喂勤喂,既保证生长发育所需营养物质,又不会因喂量过多、胃肠排空加快而造成饲料浪费。同时,猪体需要的各种营养物质均由饲料来供给,而各种饲料中所含的营养物质种类与数量不一样,因此,应根据猪体对各种营养物质的需要量及各类饲料中各种营养物质的种类和数量来科学配制日粮,千万不可长期饲喂单一的饲料。饲粮营养水平的高低,可对肉猪的增重速度和胴体品质产生重要影响,特别是能量水平和蛋白质水平。

1.能量水平

饲粮能量水平的高低与增重速度和胴体瘦肉率关系非常密切。在饲粮蛋白质和氨基酸水平相同的情况下,猪对能量的摄入量越多,猪的增重速度越快,饲料转化率越高,背膘越厚,胴体脂肪含量越高(表 6-2)。可见,高能量水平对猪的增重有利，但对胴体品质不利。而且，猪在高能量水平下高增重的主要原因在于猪体内的脂肪大量沉积。故在兼顾肥育性能和胴体组成时，能量水平必须适度。为了防止胴体过肥，在育肥后期要实行限制饲养，以控制猪能量的摄入量，提高胴体瘦肉率。不同的品种、类型、性别的猪都有自己的最适能量水平。

表 6-2　能量水平对猪的生长速度和背膘的影响

摄入蛋白质		低能量水平		高能量水平	
		低(共 34 kg)	低(共 43 kg)	低(共 35 kg)	低(共 45 kg)
粗蛋白质含量/%		13.4	18.0	13.4	18.0
阶段日增重/g	体重 20～50 kg	483	564	548	610
	体重 50～90 kg	808	780	828	945
	体重 20～90 kg	616	664	652	735
三点膘厚/mm		17.5	15.0	19.0	16.5

2. 蛋白质和氨基酸水平

饲粮中的蛋白质和氨基酸水平，可以影响肉猪的增重速度、饲料转化率和胴体品质，其高低受猪种、饲粮能量水平及能量与蛋白质的配比的影响。提高肉猪饲粮中的蛋白质水平，不但可以提高猪的增重速度，而且还可以得到背膘薄、瘦肉率高的肉猪胴体。饲粮蛋白质水平在一定范围内(9%～18%)，当饲粮消化能氨基酸都满足需要的条件下，随着蛋白质水平提高，肉猪日增重随之增长，饲料转化率也增高，但超过 17.5%，日增重不再提高，反而有的会出现下降的趋势，但瘦肉率提高了(表 6-3)。

表 6-3　饲粮粗蛋白质水平与生产性能

饲粮粗蛋白质水平/%	日增重/g	胴体瘦肉率/%
15.0	676	44.7
17.5	749	46.6
20.0	745	46.8
22.5	749	47.6
25.0	717	49.0
27.5	676	50.0

根据我国的实际情况，建议参考以下粗蛋白质水平标准：体重 20～60 kg 阶段为 16%～17%，体重 60～100 kg 阶段为 14%～16%。蛋白质对肉猪的增重速度、饲料转化率和胴体品质的影响，不仅在于含量，更重要的还在于蛋白质的质量，即氨基酸的种类、含量和配比。猪需要的必需氨基酸有 10 种，缺乏任何一种都会影响增重，赖氨酸、蛋氨酸和色氨酸的影响更为突出。其中第一限制性氨基酸——赖氨酸，对猪的增重、饲料转化率和胴体瘦肉率的影响最大。为生长猪补充赖氨酸，可以提高猪的增重速度和胴体瘦肉率，而以赖氨酸占粗蛋白质 6%～8%（占全风干饲粮 0.8%～1.0%）时，饲粮蛋白质的生物学价值最高，猪的增重效果和胴体品质最好。

3. 矿物质、维生素和粗纤维水平

矿物质和维生素可以提高商品肉猪的增重，并保证其旺盛的活力和抗病力，特别是微量元素，对肉猪的增重速度、饲料转化率和肉猪健康影响较大（表 6-4）。要注意营养素之间的协同、拮抗，即要注重营养平衡。日粮中适宜的钙磷比例为 1.5∶1，食盐 0.25%～0.5%。饲喂高钙日粮将引起中度锌缺乏症、副皮炎症。试验证明，高铜（250 mg/kg）有明显的促生长作用，但不符合健康安全、生态环保理念。

表 6-4　常量元素、微量元素、维生素对肉猪生长的影响

饲粮组成	平均日增重/g	饲料转化率
平衡的玉米＋大豆日粮	774	2.75
不添加微量元素	738	2.79
不添加维生素	680	2.95
不添加钙和磷	576	3.30

粗纤维包括纤维素、半纤维素、木质素、果胶等，其含量是影响饲粮适口性和消化率的主要因素。肉猪饲粮中粗纤维含量的增加，可以降低饲料转化率和猪的增重速度（表 6-5），故应限制饲粮中的粗纤维水平。研究表明，肉猪饲粮中的粗纤维含量为 5%～7%（最适 6.5%）时，增重效果最好。建议在饲粮消化能和蛋白质水平正常的情况下，体重 20～35 kg 阶段粗纤维含量为 5%～6%，35～100 kg 阶段为 7%～8%，最高不超过 9%。

表 6-5　不同纤维素水平对肉猪生产性能与胴体品质的影响

指标	粗纤维水平			
	5%	10%	15%	20%
头数	10	9	10	8
饲养天数/d	91	90	90	90
日增重/g	626.1	581.2	574.7	518.6
屠宰测定/头	2	2	2	2
屠宰率/%	75.9	73.4	73.5	73.7
背膘厚/mm	43	42	38	38
瘦肉占胴体比例/%	45.3	47.0	48.6	52.8

(二)精心设计肉猪的饲粮配方

饲粮配方的设计是肉猪生产的关键技术之一。配方设计时,首先,应该了解当地的饲料资源和饲料的利用价值;其次,要根据猪的生理特点和营养需要设计出一个较为完善的饲料配方;最后,在使用所设计出的饲料配方的过程中,根据实际效果不断调整和完善配方,以求达到最理想的饲喂效果,降低生产成本,提高养猪生产的经济效益。饲粮配方设计的方法有很多,如试差法、替代法、方程法等,因数据庞大,一般用计算机高效处理。目前,有 Brill 饲料配方系统、Format 饲料配方系统和资源专用饲料配方软件可用。无论何种配方设计方法,在设计肉猪的饲粮配方时,都应遵循以下原则:

1. 选择饲养标准

选择合适的肉猪饲养标准,并根据生产实际以及不同肥育阶段的预期生产水平,对肉猪的营养成分需要量进行适当调整。

2. 控制粗纤维

要控制肉猪饲粮中的粗纤维含量。日粮有机物的消化率与其中的粗纤维含量呈强负相关。现代瘦肉型猪种的生长速度快,建议其生长肥育阶段日粮粗纤维含量为 5%~6%。我国地方猪种能更好地耐受粗饲。还应注意日粮的体积,保证猪吃得下又吃得饱,满足其营养需要。

3. 选择原料

重视饲料原料的选择。不但要保证饲料原料有较好的适口性以及无霉变和有毒成分，而且要力求饲料原料组成的多样化。应注意避免使用适口性差的日粮成分。避免日粮中的有毒物质，如蚕豆中的抗胰蛋白酶及血凝素、棉籽饼中的游离棉酚。霉菌毒素普遍存在于带霉饲料和饲料原料中，是饲料及饲料原料内霉菌繁殖过程中产生的次生代谢产物。在饲料中常见的且对动物健康和养殖业造成严重损害的有：黄曲霉毒素、玉米赤霉烯酮、赭曲霉毒素、单端孢霉烯（族）化合物（包括呕吐毒素、雪腐镰刀菌烯醇及 T-2 毒素等）以及伏马菌素等。

4. 严格遵守国家饲料法规

所生产出的配合饲料营养指标、感官指标和卫生指标及检测方法等应符合国家相关产品标准的规定（表 6-6）。

表 6-6　配合饲料质量标准

饲料名称	标准编号
仔猪、生长肥育猪配合饲料	GB/T 5915—2020
后备母猪、妊娠猪、哺乳母猪、种公猪配合饲料	NY/T 3401—1992
瘦肉型生长肥育猪配合饲料	NY/T 1029—2006
仔猪、生长肥育猪预混合饲料	GB 8832—88

5. 坚持经济原则

因地制宜，尽可能地利用本地区的饲料资源，并尽量选用营养丰富、质优价廉的饲料原料（表 6-7）。动物对蛋白质的需要，实际上是对氨基酸的需要。国内外的动物营养研究表明，生长肥育猪在自由采食情况下，利用游离氨基酸的效率等同于利用蛋白质中氨基酸的效率（但以小肽营养形式效价更高）。只要保持氨基酸平衡，在日粮中添加游离氨基酸并无生物学上的限制。低蛋白日粮的配制正是以此为依据，利用供应单品氨基酸来保证日粮的氨基酸平衡，适当的减少日粮中蛋白饲料用量，由此可达到既不影响动物正常生产成绩，又可节约蛋白资源，降低饲料成本，还可减少氮排放，有利于环保。通过配入赖氨酸、苏氨酸、色氨酸等，日粮的粗蛋白质水平可降低 4 个百分点。

表 6-7　生长肥育猪饲粮配方范例

体重阶段/kg		(1)		(2)			(3)			(4)	
		30～55	55～90	20～35	35～60	60～90	20～35	35～60	60～90	20～60	60～90
占饲料比例/%	玉米	66	71.7	40.2	40	42	53	59.3	62.4	36	42
	大麦									35	37.5
	小麦										
	高粱	10	10	16.2	20	20					
	三七糖						6.5	6.8	7.2		
	麸皮	5	5	22.5	20.5	20.7	20	20	20	11	11
	豆粕	17	11.5	11.3	8.5	6.0	19	12.4	9.1	6.5	4.0
	棉籽饼										
	菜籽饼				10	10					
	草籽粕			9							
	叶粉										
	鱼粉									10	4
	骨粉			0.1	0.1	0.3					
	贝粉	1.5	1.5	0.6	0.6	0.6	1.2	1.2	1.0		
	石粉									1	1
	食盐	0.3	0.3	0.1	0.3	0.4	0.3	0.3	0.3	0.5	0.5
	氨基酸	赖氨酸 0.1									
		蛋氨酸 0.1									
每1 kg饲粮含量和比例	消化能/Mcal	3.244	3.252	3.17	3.12	3.13	2.99	2.99	3.00	3.02	3.05
	粗蛋白质/%	13.92	12.17	15.94	14.07	14.30	15.5	13.3	12.2	12.68	12.88
	赖氨酸/%	0.70	0.56	0.80	0.80	0.66	0.76	0.61	0.54	0.86	0.59

(三)肉猪肥育方式

不同的肉猪肥育方式对肉猪的增重速度、饲料转化率和胴体品质的影响很大。

1.“吊架子”育肥法

也叫“阶段育肥法”,是在较低营养水平和不良的饲料条件下所采用的一种肉猪肥育方式。在沿袭传统的养猪场或追求生态自然养猪理念的猪场,在充分考虑肉猪在不同阶段的生长发育特点及不同的屠宰体重要求的前提下，将肉猪的整个肥育期分为三个阶段：20～35 kg 为肥育前期，35～60 kg 为肥育中期，60～100 kg 及以上为肥育后期。大致对应为小猪、架子猪和催肥三个阶段。方法：小猪阶段饲喂较多的精料，饲粮能量和蛋白质水平相对较高。架子猪阶段利用猪骨骼发育较快的特点，让其长成骨架，采用低能量和低蛋白质的饲粮进行限制饲养（吊架子），一般以青粗饲料为主，饲养 4～5 个月。而催肥阶段则利用肥猪易于沉积脂肪的特点，增大饲粮中精料比例，提高能量和蛋白质的供给水平，快速育肥。这种育肥方式可通过"吊架子"来充分利用当地青粗饲料等自然资源，降低生长肥育猪饲养成本，但它拉长了饲养期，生长效率相对较低。阶段饲养方式的优点：在青粗饲料量多质优的条件下，能够少用精料。但它也有两个缺点：一是前期正是肉猪肌肉迅速生长发育时期，蛋白质供应不足，限制了肌肉的生长。而后期正是脂肪沉积能力高的时期，却喂给大量转化脂肪的含能量较高的饲料，促进脂肪的沉积，导致猪肉过肥；二是由于用了大量的青粗饲料和泔水，降低了饲养水平，拖长了肥育期，增加了维持消耗，浪费饲料，使猪增重迟缓。

2."直线式"育肥法

也叫"直线育肥法"，是根据肉猪生长发育对营养需要的特点，肥育全期实行丰富饲养的肥育方式。具体做法是：在整个生长育肥期间能量水平始终较高，且逐阶段上升，蛋白质水平也较高。这是现代集约化养猪生产普遍采用的方式。优点：以直线育肥方式饲养的猪增重快，饲料转化率高。能在较短的时期内用较多的精料，满足肉猪各阶段的营养需要，充分发挥了肉猪的增重潜力，能获得较高的日增重，缩短育肥期，减少维持消耗，节省饲料，提高出栏率。缺点：胴体瘦肉率不高，适合国内市场销售。

3."前敞后限"的饲养方式

即在育肥猪体重 60 kg 以前，采用高能量、高蛋白质饲粮；在育肥猪体重达 60 kg 后，适当降低饲粮能量和蛋白质水平，限制其每天采食的能量总量。这是在直线育肥的基础上，为了提高瘦肉率所改进的一种育肥方法。肉猪体内瘦肉的生长量，主要取决于日粮中的蛋白质和必需氨基酸的供给，而肉猪体内脂肪的生长量主要取决于日粮中的能量含量。蛋白质沉积规律表明，在 20～60 kg 时先是直线上升，到 60 kg 以后，基本稳定在一定水平上。脂肪的沉积则相反，开始时沉积较慢，到 60 kg 以后直线上升。根据这一规律，在肉猪生产中，一方面使肉猪日粮育肥全期都要保持一定的蛋白质和氨基酸供给，以促进体蛋白的沉积，增加瘦肉产量；另一方面，应适当降低肉猪的日粮中能量含量，以限制脂肪的沉积。这样可以多长瘦肉。其具体做法是：体重 60 kg 前采用高能量高蛋白的饲粮，每千克饲粮消化能在 12.5～12.97 MJ，粗蛋白质为 16%～17%，可让肉猪自由采食或不限量饲喂；体重 60 kg 以后要限制采食量，控制在自由采食量度的 75%～80%。这样既不会严重影响肉猪增重速度，又可减少脂肪的沉积。据研究，大体上肉猪每少食 10%饲粮，瘦肉率可提高 1.0%～1.5%。限饲方法：一是定量饲喂；二是在饲粮中搭配一些优质草粉等能量较低、体积较大的粗饲料，使每千克饲粮中能量含量降下来。在当今人们喜爱食用瘦肉的情况下，这种育肥方法正逐步得到推广普及。优点：胴体瘦肉比直线饲养方式高，适合销售国外市场。缺点：生长速度比直线饲养方式稍慢。

四、肉猪管理相关知识

1. 合理分群、及时调群

对于刚断奶的仔猪，为了稳定仔猪的不安情绪，减轻应激损失，最好采取不调离原圈、不混群并窝的“原圈培育法”。仔猪到断奶日龄时，将母猪调回空怀母猪舍，仔猪仍留在产房饲养一段时间，待仔猪适应后再转入保育舍，即“赶母留仔”。由于是原来的环境和原来的同窝仔猪，可减少断奶刺激。工厂化养猪生产采取全年均衡生产方式，各工艺阶段设计严格，实行流水式作业。仔猪断奶立即转入仔猪保育舍，产房内的猪实行全进全出，猪只转走后立即清扫消毒，再转入待产母猪。断奶仔猪转群时一般采取原窝培育，即将原窝仔猪(剔除个别发育不良个体)转入保育舍关入同一栏内饲养。如果原窝仔猪过多或过少时，需要重新分群，可按其体重大少、强弱进行并群分栏，同栏仔猪群体重相差不应超过 1～2 kg。将各窝中的弱小仔猪合并分成小群进行单独饲养。合群仔猪会有争斗位次现象，要进行适当看管，防止咬伤。而保育栏应有一定的面积供仔猪趴卧和活动，其面积一般为每头 0.3 m^2左右，密度过大使猪接触机会增多，易发生争斗咬架，密度过小浪费空间。

分群后，经过一个阶段的饲养，同一群内可能还会出现体重大小和体况不一样的情况，应及时加以调整，把较弱的留在原栏，把较强的并入另外一群，应采取“留弱不留强”“拆多不拆少”“夜并昼不并”法则，并保持合理的密度。表 6-8 中数据供参考。

表 6-8　猪群分群、分栏及密度表

分群	分栏情况	密度/(m^2/头)
种公猪	单栏	6.0～8.0
后备公猪	单栏或小群(2～3 头)	1.6～2.0
种母猪	妊娠前期 2～3 头；临产，单栏	6.0～8.0
后备母猪	小群(6～8 头)	1.6～2.0
肥育猪	大群(10～25 头)	1.0～1.2

2. 猪舍环境控制

保育猪生长速度快，代谢旺盛，粪尿排出量较多，要及时清除，保持栏内卫生。舍内应经常保持空气新鲜，否则会诱发呼吸道疾病，特别是接触性传染性胸膜肺炎和气喘病较为多见。

(1)温度　断奶仔猪在 9 周龄以前的舍内适宜温度为 25～22 ℃，9 周龄以后舍内温度控制在 20 ℃左右。

(2)湿度　保育舍内湿度过大可增加寒冷和炎热对猪的不良影响。潮湿有利于病原微生物的滋生繁殖，可引起仔猪多种疾病。断奶幼猪舍适宜的相对湿度为 50%～70%。

(3)保持空气新鲜　猪舍空气中的有害气体对猪的毒害作用具有长期性、连续性和累加性。对舍栏内粪尿等有机物要及时清除处理，减少氨气、硫化氢等有害气体的产生，控制通风换气量，排除舍内污浊的空气，保持空气清新。当气流速度大于 0.2 m/s 时，断奶仔猪会感到寒冷，相当于降温 3 ℃。非漏缝地面猪舍气流速度为 0.5 m/s 时，相当于降温 7 ℃，会形成贼风。研究表明，贼风情况下，仔猪生长速度减慢 6%，饲料消耗增加 16%。保育舍定期带猪消毒，防止发生传染病，舍内粪尿每天至少清除 2 次。在良好饲养管理条件下，由断奶至 9 周龄保育结束育成率可达 99%，生长速度每天 600 g 左右。断奶应激反应过后要进行驱虫和一些传染病疫苗的免疫接种。对于留为种用的育成猪要根据亲本资料结合本身体形外貌进行初选，淘汰不合格个体。

3. 注意看护、设置玩具

断奶初期仔猪性情烦躁不安，有时争斗咬架，要格外注意看护，防止咬伤。特别是断奶后第1周咬架的发生率较高，在以后的饲养阶段因各种原因，如营养不平衡、饲养密度过大、空气不新鲜、食量不足、寒冷等也会出现争斗咬架、咬尾现象。生产实践中发现，断奶仔猪间自残咬架多发生在白天14：00以后。为了避免上述现象，除加强饲养管理外，可通过转移注意力的方法来减少争斗咬架和咬尾，可在圈栏内放置铁链或废弃轮胎供猪玩耍。但主要还应该注意看护，防止意外咬伤。

刚断奶仔猪常出现咬尾和吮吸耳朵、包皮等现象，原因主要是刚断奶仔猪企图继续吮乳造成的，当然，也有因饲料营养不全、饲养密度过大、通风不良应激所引起。防止的办法是在改善饲养管理条件的同时，为仔猪设置玩具，分散注意力。玩具有放在栏内的玩具球和悬在空中的铁环链两种，球易被弄脏不卫生，最好每栏悬挂两条由铁环连成的铁链，高度以仔猪仰头能咬到为宜。也可在圈栏内放置铁链或废弃轮胎，不仅可预防仔猪咬尾等恶癖的发生，也满足了仔猪好动玩耍的需求。

4. 三点定位

新断奶转群的仔猪吃食、卧位、饮水、排泄区尚未形成固定位置，所以，要加强调教训练，使其形成理想的睡卧和排泄区。这样既可保持栏内卫生，又便于清扫。仔猪培育栏最好为长方形(便于训练分区)，在中间走道一端设自动食槽，另一端安自动饮水器，靠近食槽一侧为睡卧区，另一侧为排泄区。训练的方法是：排泄区的粪便暂不清扫，诱导仔猪来排泄。其他区的粪便及时清除干净。当仔猪活动时对不到指定地点排泄的仔猪用小棍哄赶并加以训斥。当仔猪睡卧时，可定时哄赶到固定区排泄，经过一周的训练，可建立起定点卧睡和排泄的条件反射。

5. 坚持“四定”“四净”喂猪

饲喂方法对饲料利用率和胴体品质均有一定的影响。育肥猪自由采食增重快，但胴体短而肥；限量饲喂虽会降低日增重，但可提高饲料利用率及瘦肉率。应普及生饲料喂猪，一般以湿拌料、稠粥料或生干粉料喂猪，并应积极发展利用颗粒饲料饲喂。从表6-9中可以看出，在配方不变的情况下，颗粒料更有利于猪的生长。

表 6-9 不同料型对仔猪生长的影响

料型	干粉料	颗粒料
初生重/kg	7.16	7.15
末重/kg	11.15	11.55
日增重/g	190.51	210.49
采食量/g	329.32	351.26
饲料转化率/%	1.73	1.68

对猪只的饲喂应建立“四定”生活制度，即：①定时。每天喂猪的时间、次数要固定，这样不仅使猪的生活有规律，而且有利于消化液的分泌，因而可提高猪的食欲和饲料的利用率。②定量。喂食数量要掌握好，不可忽多忽少，以免影响食欲，造成消化不良。定量不是绝对的，应根据气候、饲料种类、食欲、粪便等情况灵活掌握。③定温。要根据不同季节温度的变化，调节饲料及饮水的温度。④定质。也就是说，日粮的配合不要变动太大，饲料要清洁新鲜，饲料变更时，要逐渐过渡，否则，会使猪消化不良或患病。一般变更期为 1 周，即在 1 周内，饲料是逐渐减少或逐渐增加的。

6. 供给充足饮水

水对饲料的消化、吸收、运输、体温调节、泌乳等生理机能起着重要作用。为此，每天必须供应充足而清洁的饮水，猪在夏季需水多，冬季需水少；喂干粉料需水多，喂稠料需水少。猪每采食 1 kg 干饲料需水 1.9～2.5 kg，夏季天气炎热时，每采食 1 kg 干饲料需水 4.0～4.5 kg。

7. 减少断奶仔猪应激

应激是仔猪对环境的突然改变产生的强烈反应。由于母猪、仔猪分开，仔猪通常出现鸣叫、不安、食欲减少现象。主要表现为：仔猪情绪不稳定，急躁，整天鸣叫，争斗咬架。食欲下降，消化不良，腹泻或便秘。体质变弱，被毛蓬乱无光泽，皮肤黏膜颜色变浅。生长缓慢或停滞，有的减重，有时继发其他疾病，形成僵猪或死亡。断奶仔猪应激是养猪生产面临的一个主要问题，也是养猪学者研究的热门课题。应激大小和持续时间主要取决于仔猪断奶日龄和体重，断奶日龄大、体重大、体质好，应激就小，持续时间相对短；反之，断奶日龄较小、体重小，应激就大，持续时间也就长。就目前生产条件，减少仔猪应激可以从以下几个方面着手:①适时断奶:4 周龄断奶比 3 周龄断奶更能抗应激。②科学配合仔猪饲粮:根据仔猪消化生理特点,结合其营养需要,配制出适于仔猪采食、消化吸收和生长发育所需要的饲粮。仔猪早期饲粮中的原料可选择易于仔猪消化吸收的血浆蛋白、血清蛋白及乳清粉或奶粉。通过添加诱食剂的方法解决适口性问题,选择与母猪乳汁气味相同的诱食剂。为了提高饲粮中能量浓度,可向其饲粮中添加 3%～8%的动物脂肪,便于仔猪消化,有利于生长发育,从而减少应激和提高免疫力。增加饲粮中维生素 A、维生素 E、维生素 C、B 族维生素和矿物质元素钾、镁、硒的添加量。③减少混群机会:仔猪断奶后最好是在傍晚将原窝仔猪转移到同一保育栏内,减少争斗机会,并注意看护。④加强环境控制:保育舍要求安静舒适卫生,空气新鲜,温湿度适宜。温度偏高影响仔猪食欲和休息;温度过低,仔猪挤堆趴卧会造成底层仔猪空气流通不畅,并且增加体外寄生虫发生概率。湿度过小,仔猪饮水增加,常引发腹泻,不利于舍内卫生,同时皮肤干燥瘙痒,常蹭磨,易造成皮肤损伤,增加病原微生物感染机会;湿度过大,有利于病原微生物的繁殖,易引发一些疾病。⑤其他方面:仔猪断奶后 1～2 周内。不要进行驱虫、免疫接种和去势。避免长途运输。最好使用断奶前饲粮饲养 1 周左右,然后逐渐过渡到断奶后饲粮。另外,还可以补给抗应激饮水剂,对仔猪增重、预防腹泻发生有很好的作用。可在水中加食盐、亚硒酸钠维生素 E 注射液、电解质、葡萄糖等,从仔猪进入保育舍开始,连续饮 7 d。

断奶仔猪出现断奶应激反应,消化道内环境发生改变,易引发水肿病,一般发病率为 10%左右。主要表现脸或眼睑水肿、运动障碍和神经症状,一旦出现运动障碍和神经症状,治愈率较低,应引起充分注意。主要预防措施是减少应激,特别是断奶后 1 周内尽量避免饲粮更换、去势、驱虫、免疫接种和调群。断奶前 1 周和断奶后 1～2 周,应在其饲粮中加喂抗生素和各种维生素及微量元素进行预防。

8. 控制仔猪腹泻

腹泻是仔猪阶段常见病和多发病,轻者影响生长增重,重者继发其他疾病甚至死亡,给养猪生产造成一定的损失。仔猪腹泻分为病原性腹泻和非病原性腹泻,这里主要介绍非病原性腹泻。非病原性腹泻是由于断奶应激肠道损伤,使消化道酶水平和吸收能力降低,造成食物以腹泻形式排出。仔猪消化道与外界相连，很容易受外来物质侵袭。肠道的健康依赖于肠道局部免疫系统。该系统能够广泛识别抗原并与其发生特异性反应。肠道免疫抗体对以前未曾接触过的一切外来抗原均会发生免疫反应，用以消除抗原的危害，结果造成肠细胞损伤，成熟细胞减少，消化酶水平下降，小肠绒毛萎缩，肠腺窝增生，导致仔猪腹泻。仔猪日粮中含有大量抗原（主要是蛋白质），肠道免疫系统不能经常发生免疫反应，而是表现出免疫耐受。当肠道中的食物抗原成分达到一定数量和作用时间后，仔猪受免疫耐受作用，对后来的同类抗原不再反应。当仔猪断奶时对高抗原日粮未能适应或者肠道没有产生免疫耐受时，这种日粮将引发仔猪腹泻。此种情况多发生早期断奶最初几天或饲粮更改后几天。此时腹泻症状如果不加以控制，可诱发大肠杆菌的大量繁殖，使腹泻症状加剧。鉴于上述情况，控制仔猪腹泻应着手于以下几个方面：

（1）加强哺乳期补料。仔猪最初采食饲粮的蛋白质水平和品质，将影响其断奶后饲粮蛋白质水平和品质，因此，哺乳期提早开食，食入大量的饲料，促使肠道免疫系统产生免疫耐受力，可避免断奶后对日粮蛋白质发生过敏反应。如果开食晚补料少，就会造成免疫系统损伤，仔猪断奶后这种反应更加严重。对于4～5周龄以后断奶，进行高质量补饲，对保证仔猪断奶后健康和正常生长发育具有明显的效果。研究发现，3周龄或更早断奶的仔猪，断奶前至少累积补料600 g，才能使消化系统产生耐受反应，从而减少断奶后仔猪腹泻。鉴于这种情况，对3周龄以前准备断奶的仔猪，可以在7日龄强制开食，并且要求开食料适口性好、易于消化吸收。另外，在仔猪断奶前3～5 d，减少母猪饲喂量，使其泌乳量降低，促使仔猪多吃料，锻炼仔猪消化道，这样断奶后仔猪的消化能力比较强，可以减少腹泻的发生。

（2）降低食料蛋白质水平，添加氨基酸。日粮中蛋白质是主要抗原物质，降低饲粮蛋白质水平可减轻肠道免疫反应，缓解和减轻仔猪断奶后的腹泻。试验发现，酪蛋白不经酶法水解，直接作为蛋白源存在饲料中，仔猪食用后发生腹泻；酶法水解后，仔猪食用后无腹泻现象。试验表明，即使没有大肠杆菌繁殖，未经酶法水解的酪蛋白同样会导致仔猪腹泻。这一点证明，肠道损伤是免疫反应的结果而不是病原微生物作用的结果。仔猪开食料蛋白质水平高，可导致肠腺窝细胞增生，蔗糖酶活性下降，而饲喂低蛋白质水平饲粮上述情况可以减轻

(表 6-10)。仔猪饲粮中添加氨基酸,尤其是添加赖氨酸 0.1%～0.2%,可以降低 2%～3%的蛋白质水平,从而达到降低抗原的目的,并且对增重和饲料转化率均有提高的效果。实践证明,6～15 kg 仔猪蛋白质水平由 23%降至 20%,赖氨酸,增加 1.25%,仔猪腹泻明显减少。断奶后 1 周仔猪腹泻程度见图 6-10。

表 6-10　蛋白质高低与腹泻统计

组别	粗蛋白质/%	腹泻率/%	腹泻频率/%	死亡头数/头	死亡率/%
低蛋白组	18	11.11	1.20	0.00	0.00
高蛋白组	22	57.14	24.60	2.00	7.14

(3)控制适宜的圈舍温度、保持地面干燥。刚断奶的仔猪对低温非常敏感,一般仔猪体重越小,要求的断奶环境温度越高,并且要求环境温度稳定。断奶后第一周,日温差若超过 2 ℃,仔猪就会发生腹泻和生长不良。仔猪舍应保持清洁干燥,潮湿的地面会使仔猪被毛紧贴于体表,破坏了被毛的隔热层,使体温散失增加,原本热量不足的仔猪更易着凉和体温下降。仔猪腹部着凉是仔猪腹泻的重要原因。

(4)适度增加仔猪饲粮中粗纤维含量。这种做法可以降低断奶应激和避免仔猪在断奶时出现生产性能停滞期。有人试验,仔猪饲粮中添加 20%燕麦对仔猪生长率无明显影响,但可以改善粪便外观效果。控制仔猪腹泻,还要注意饲料的防腐防霉,保证饮水清洁卫生和环境卫生。大群腹泻时应及时诊治,以免拖延治疗机会或引发其他疾病。总之,控制仔猪腹泻应从饲粮配合、饲喂技术、环境控制等方面着手,不要单一依赖药物控制仔猪腹泻。

9. 预防育肥猪猝死

(1)原因。猪场中生长育肥猪急性死亡多以散发为主,无临床症状或症状不明显,病程短,常常来不及治疗,常见原因如下:

①急性回肠炎。又称为增生性出血性肠炎,由胞内劳森氏菌急性感染所致。通常发生于 16 周龄以上的生长育肥猪,多发生于经受长途运输等应激因素后的猪群,表现为褐色、煤焦样的出血性粪便,采食量降低,有时体温升高,突然死亡。急性型病例甚至没有任何粪便变化就突然死亡。剖检病变主要为回肠、盲肠、结肠等部位出血、增生,肠道内常充满血液。

②急性胃溃疡。急性胃溃疡是导致猪场生长育肥猪急性死亡的重要肠道疾

病。病变主要发生于胃贲门与食道相连的无腺体区。急性胃溃疡猪常表现为体表苍白、有时呕吐、排黑色柏油样干燥粪便，甚至突然死亡。亚临床型胃溃疡因无典型临床症状而常被忽视。胃溃疡的致病因素很多，饲料的种类、粒径大小、纤维含量、饲养密度、环境、疫病等均是导致胃溃疡的可能因素。剖检时可见胃内有大的血凝块，血块常凝固不良，胃贲门处有溃疡灶，肠管内有红色未消化过的或褐色消化过的血液内容物。

③胃肠捻转。胃肠捻转可导致胃肠供血不足，猪只突然死亡。过食、饲喂不规律、应激、结肠炎等都可能诱发。剖检病死猪可见胃肠道充气臌胀，胃与肠道扭转或扩张，肠袢呈深紫色，部分小肠围绕脊柱下的系膜旋转、扭曲、肠系膜充血。部分病死猪腹腔积血，脾肿大。

④传染性胸膜肺炎。传染性胸膜肺炎是由胸膜肺炎放线杆菌感染所致的一种重要的猪呼吸道疾病，多发生于生长育肥阶段。最急性病例没有出现任何临床症状即突然死亡，急性病例的猪体温升高至 41 ℃以上，精神沉郁废食，鼻、耳、眼及后躯皮肤发绀，常呈犬坐式，腹式呼吸，很快死亡。最急性死亡的病猪气管内常充满泡沫状、血性黏液，无纤维素性胸膜炎出现。发病 24 h 以上的急性病例，可发现肺表面有大量的纤维性渗出物、胸腔积液。肺出血、坏死，气管内充满泡沫状液体。

⑤A 型产气荚膜梭菌肠毒血症。主要是由于饲料、饮水、环境等被产气荚膜梭菌污染，菌体或芽孢被猪吞食后，在猪肠道内大量增殖，引起猪发病。饲料、天气、环境等发生突然变化，导致猪抵抗力下降，肠道菌群失调，使得肠道内原有的产气荚膜梭菌大量繁殖，也易导致猪发病。生长育肥猪突然发病死亡，往往来不及治疗，死亡后数小时腹部充气臌胀。剖检可见心冠脂肪，心内、外膜及心肌出血；肝肿大、质脆，胆囊肿大，胆汁充盈：肝、脾、肾均有散在出血点；胃黏膜脱落，有出血斑点。小肠严重出血，呈红褐色，并发生阶段性坏死；肠系膜淋巴结淤血，肿大，呈紫红色。

⑥猪应激综合征。是指猪受到不良因素的刺激而发生的非特异性病态应激反应。猝死是应激表现最为严重的形式。猪在受到转群、运输、防疫、高温等应激后出现肌肉抽搐、僵直、体温升高、呼吸困难、突然死亡，死后尸体迅速发生尸僵。剖检可见肌肉颜色变淡，有渗出液，质地松弛(即 PSE 肉)。

⑦其他原因。如中毒、电击等。

(2)应对措施:

①加强猪群选种选配,提高猪群的抗应激能力。

②合理配制生长育肥猪饲料,控制饲料粒度和纤维素含量,定时定量饲喂,防止猪群暴饮暴食。

③在对猪群进行消毒、防疫、转群、运输等易产生应激的时期,做好相应的应激预防措施。

④做好猪群的免疫接种工作,定期消毒,预防和控制猪的消化道及呼吸道疾病。

⑤控制好猪舍环境,使猪群处于冬暖夏凉、通风良好、空气干燥的环境中。

⑥加强对生长育肥猪饲养和管理者的培训,增强其动物福利意识。

五、血液采集相关知识

前腔静脉采血是兽医常用的采血方法(图 6-2)。现将这种技术介绍如下:

1. 选取合适的针筒和针头

针筒一般为 5 mL 规格的一次性针筒。由于猪的大小不同,前腔静脉的深浅不一样,要求使用的针头是不一样的。针头太短,刺不到前腔静脉;针头太长,则可能刺穿前腔静脉,同样采不到血。根据笔者操作的经验,公母猪宜选用 16# 50 mm 针头(这种针头猪场不常用,但很多针头生产厂家都有生产,可以找兽医药械销售店联系购买);30 kg 以上的中大猪,宜选用 12# 38 mm 针头;10~30 kg 小猪,可选用 9# 25 mm(一次性注射器常配的针头);10 kg 以下乳猪,应选择 9# 20 mm 针头(一次性注射器所配的另一种规格的针头)。

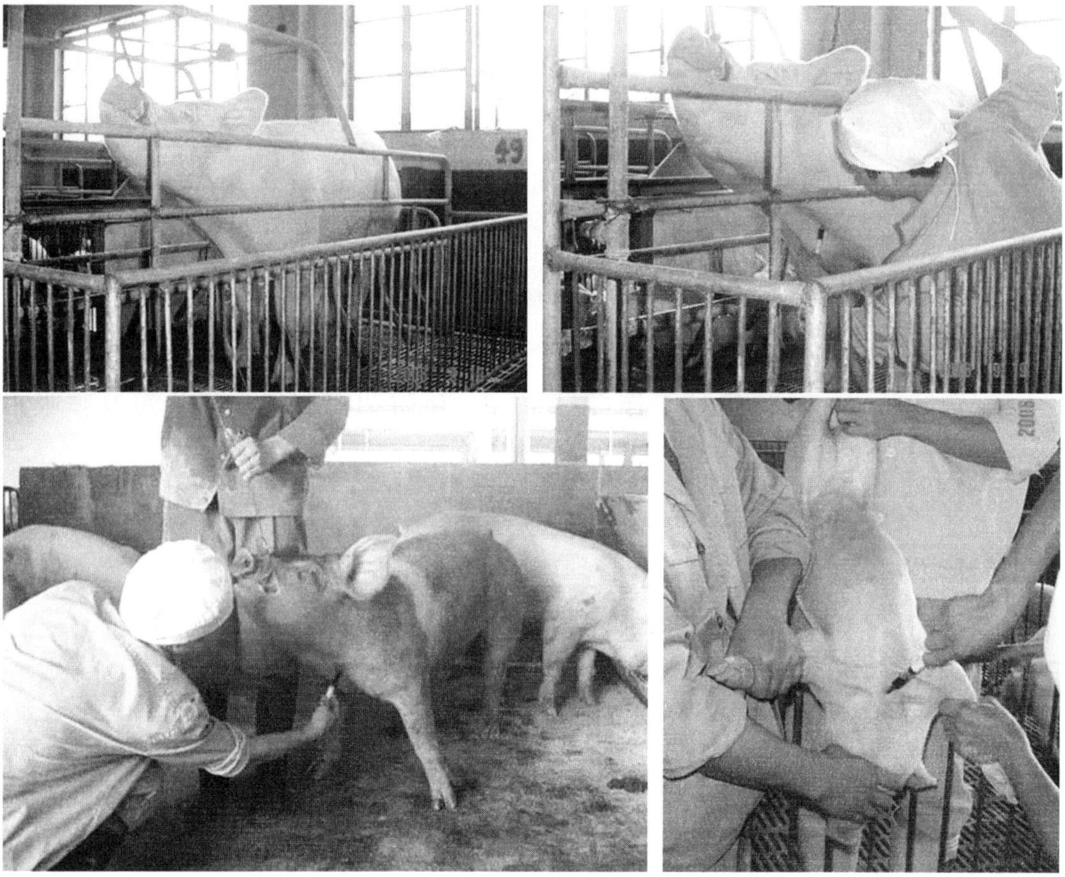

图 6-2　前腔静脉采血

2. 成年母猪的采血

成年母猪采用站立式保定方法，饲养员用保定绳在母猪跟前将其上颌骨吊起，向前方用力，以猪前肢刚刚着地不能踏地为准，并充分暴露两侧胸前窝为度。要求尽可能吊得高一点，使猪的头颈与水平面呈 30°以上。这样，既方便采血人员察看采血部位，又使前腔静脉向外突出，静脉血充胀。保定完成后用 70%酒精棉球消毒进针部位（左或右胸前窝均可，但一般是右胸前窝进针较好），技术员手持一次性注射器（选用 16＃50 mm 针头），朝右侧胸前窝最低且垂直凹底部方向进针，直至前腔静脉血液呈直线状射入注射器，一般 5 mL 即可。取出采血针，用酒精棉球消毒进针部位按捺止血后，解除母猪保定。

3. 仔猪和小猪的采血

一般 30 kg 以下的猪，相对来讲，其体重、体型都比较小一点，采取仰卧保定方式。一助手抓握猪两后肢，尽量向后牵引，另一助手用手将下颌骨下压，使头部贴地，并使两前肢与体中线基本垂直。此时，两侧第一对肋骨与胸骨结合处的前侧方呈两个明显的凹陷窝。消毒皮肤后，采血人员持装有9号针头的一次性注射器（10～30 kg小猪，选择9＃25 mm针头；10 kg以下乳猪，选择9＃20 mm针头），向右侧凹陷窝处，由上而下，稍偏向中央及胸腔方向刺入，见有回血，即可采血，一般3～4 mL，采血完毕，左手拿酒精棉球紧压针孔处，右手迅速拔出采血针管，为防止出血，应压迫片刻，并涂擦碘酒消毒。

4. 中大猪的采血

中大猪采用站立式保定，采血时让猪站立，助手面对猪的头部，用鼻捻或金属保定器套住猪的上颌骨，捻紧鼻捻圈套或收紧金属保定器圈环，向前方用力牵引，并将猪的上颌骨稍稍吊起，使猪两前肢刚刚着地为度，这时猪的注意力集中在鼻部，猪多呈后退姿势，从而保持安定的站立状态。此时猪的前腔静脉最佳采血点，即胸前两侧的胸前凹陷窝也充分暴露，然后用酒精消毒胸前凹陷窝进针部位皮肤，采血人员手持一次性注射器（选择12＃38 mm针头），朝右侧胸前凹陷窝最低处，由下而上，且垂直凹部方向进针。采血人员感觉有负压感且有回血，则标志已刺入血管，然后轻轻抽动注射器内芯，采取血液。一般采血5 mL即可。采血完毕，拔出针头，采血部位用酒精棉球压迫片刻止血后，解除保定。

5. 猪的前腔静脉采血注意事项

猪的前腔静脉采血，虽然难度比较大，但如果技术熟练的话，采血顺畅、省时，所以是猪采血常用的方法。为了掌握好前腔静脉采血技术，笔者认为有以下几点注意事项：

（1）选用合适的注射器及针头。由于猪的大小不同，前腔静脉的深浅不一样，要求使用的针头也是不一样的。若针头太短，刺不到前腔静脉；针头太长，可能刺穿整条前腔静脉，也是采不到血的。根据猪的大小所用的针头型号如上文所述。采血用的注射器最好使用一次性的，否则必须保持清洁干燥。

（2）做好保定，注意安全。按照猪体大小，采用不同保定方式。保定后要使猪相对稳定，不能骚动，不能左右摇摆或后缩。胸前窝一定要充分暴露，才能顺利进行前腔静脉采血。抓猪、保定猪时，动作不要粗暴，要尽量用抚摸动作，使其安静。特别在套鼻捻圈套或金属圈环时，要避免人被咬伤或猪口腔受伤。

(3)选准进针的部位。猪的前腔静脉越往头部越浅,但也越细;越靠胸部越粗,但也越深,所以,采血应选择适当的部位。若小猪采血的部位太靠头部,血管太细,很难扎中,即使扎中了也很难抽出血,所以,小猪的采血部位应稍靠后。中大猪和种母猪血管比较粗,靠胸部较深,针头够不到血管,所以,应略靠前。根据笔者的经验,30 kg 以下的小猪应采两前肢与气管交汇处,种公母猪和 30 kg 以上的中大猪可选颈部最低凹处。进针时又要掌握好一定的方向、角度和深度,要及时调整。血管被刺穿,会引起血肿,要立即停止采血,须换另一头猪采血。特别要注意的是对仔猪采血时,不能扎得太猛、太深,以免伤及心包或心脏。

(4)处理好所采的血液。采到血液后,应立即将注射器内的血液沿着贮藏血液的容器(试管或青霉素空瓶)徐徐注入,不能有气泡,也不能振荡,同时倾斜放置好。也可放在注射器内倾斜放置好后送检。若要送检血清,夏天在常温下放置一段时间,冬天要放置在 25～37 ℃温水中一段时间,以利于血清析出。若需抗凝全血,在注射器或试管内需预先加入抗凝剂。注意使用青霉素空瓶贮藏血液或血清时,青霉素空瓶应用消毒水洗干净,再用清水冲洗后晒干。血液样品送检时,在保温箱加适量的冰块防止血液变质,送检过程中尽量防止剧烈振荡。

分析计划

为了完成这次任务,同学们已经进行了一系列知识的学习和技能的训练,以及信息资讯的收集,接下来需要认真分析,并做出写作计划(流程图)。鱼骨图(又名因果图、石川图),指的是一种发现问题"根本原因"的分析方法,可以划分为问题型、原因型及对策型等几类。完成这次任务是因果型分析,一级分析的分类是基于"人、料、机、法、环",如图 6-3 所示。

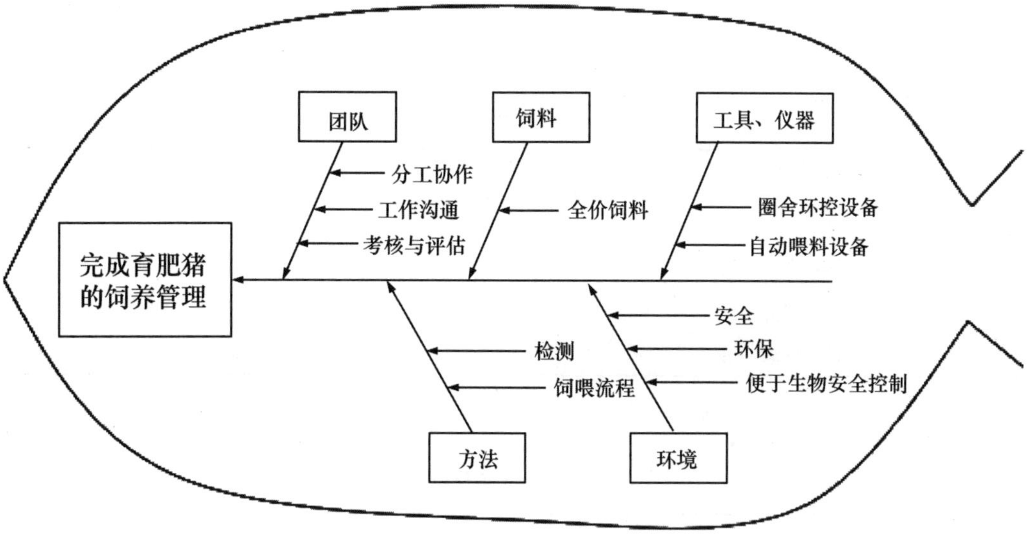

图 6-3 育肥猪饲养管理鱼骨图

一、任务要求

(一)保育段

仔猪断奶后就需要转入保育舍继续饲养,目的是使仔猪顺利度过各种断奶应激并逐步适应群体生活，保障仔猪健康并能快速生长，直到体重达到 25～30 kg 时顺利进入育肥舍，好的保育舍管理将给育肥段打下一个好的基础。保育舍生产目标见表 6-11。

表 6-11　保育舍生产目标

生产指标	参考指标（不同企业略有浮动）
成活率	大于 91%
残次率	小于 2%
料肉比	1.5 左右
70 日龄均重	大于 30 kg

（二）育肥段

育肥段是商品猪饲养时间最长的一个阶段，商品猪在育肥段（30～120 kg）所消耗的饲料占猪总消耗饲料的 85%，占猪场生产成本的 70%以上，所以育肥舍生产管理的好坏直接决定了猪场经济效益的高低。育肥舍生产目标见表 6-12。

表 6-12　育肥舍生产目标

生产指标	参考标准
成活率	大于 99%
残次率	小于 1%
料肉比	2.6
160 日龄均重	大于 100 kg

任务分解（表 6-13）：

表 6-13　任务分解

任务序号	任务内容
任务一	栏舍的清洗消毒
任务二	设备的检查和维护
任务三	猪群的转群、分群、调教（三点定位）
任务四	保育猪和育肥猪的饲喂程序
任务五	环境控制（温度、湿度、通风）
任务六	猪群健康管理
任务七	猪群的免疫、保健和治疗
任务八	猪场环控智能化管理操作规程

二、组织

(1)沐浴、换工作服入生产区(打卡)。
(2)检查设备设施并做好记录。
(3)猪只健康检查、做好记录。
(4)饲喂。
(5)清理卫生。
(6)治疗发病的猪只、接种疫苗。
(7)接收断奶猪只或转群等。
(8)休息。
(9)饲喂。
(10)清理卫生。
(11)消毒。
(12)治疗发病的猪只、其他工作。
(13)报表填写、死淘猪处理、打卡下班。

三、材料

饲料、药品、疫苗(猪瘟、伪狂犬、口蹄疫等)、消毒剂等。

四、工具

风机、水帘、保温灯、电热板、料线、水线等。

五、方法

依据在信息收集中学习到的技能,制定合理的操作流程、免疫程序、保健程序。

六、分析计划,制定操作流程图

使用图形表示算法的思路是一种极好的方法,因为千言万语不如一张图。流程图是流经一个系统的信息流、观点流或部件流的图形代表。在企业中,流程图主要用来说明某一过程。这种过程既可以是生产线上的工艺流程,也可以是完成一项任务必需的管理过程。流程图使用一些标准符号代表某些类型的动作,如决策用菱形框表示,具体活动用方框表示。但比这些符号规定更重要的,是必须清楚地描述工作过程的顺序。流程图也可用于设计改进工作过程,具体做法是先画出事情应该怎么做,再将其与实际情况进行比较(图 6-4)。

流程	责任单位	相关记录
消毒后进舍,紧急巡栏和记录猪舍表	饲养员	
⇩		
清理料槽、喂料	饲养员	耗料记录
⇩		
疫苗免疫	防疫员	免疫记录
⇩		
治疗病猪	兽医	
⇩		
猪舍消毒	防疫员	
⇩		
报表填写,处理死淘猪只	饲养员	猪只死淘记录表

图 6-3　保育育肥饲养——日常操作流程图

任务实施

任务实施的要求：

(1)任务实施前：再次核查人员分工，工具是否到位；再次确认操作流程和操作方法，熟悉操作要领；再次提醒操作安全。

(2)任务实施中：操作中，严格按照操作流程，遵守操作规定；按照要求填写检测报告并且详细记录；任务实施最大的挑战是操作规范，故操作时要“遵循标准”，填写检验报告单。

(3)任务实施后：每次操作结束后，严格按照5S管理制度进行结尾工作。

任务一　栏舍的清洗消毒

上一批猪群转出后，需要对栏舍进行彻底的清洗、消毒、干燥，减少病原微生物的残留，降低疾病交叉感染的概率，为下一批猪群的健康成长打下基础。

在栏舍消毒前，应该先将电源设备用防水薄膜包裹住，特别是插座、开关等外露设备，以免进水漏电发生安全事故，根据栏舍的“清理—清洗—消毒—空置”程序清洗消毒栏舍，以保证足够的空栏干燥时间。对料槽、栏杆的缝隙处等不好冲洗的地方，可以使用钢丝球蘸洗衣粉水进行清洁。清洗完成后需要仔细检查栏舍的清洗消毒是否达标，不达标的重新清洗消毒。

任务二　设备的检查和维护

冲洗消毒完成后，需要检查保育舍和育肥舍的围栏、地板、料槽、饮水器等设备，如有损坏，则及时联系维修人员进行维修。上猪前需要检查料线和水线，保证下料器口和饮水碗中干燥(表6-14、图6-5)。

表 6-14　设备检查清单

地板	是否破损，漏粪地板是否变形或断裂
料槽	料槽等金属器械的螺栓是否丢失、错位等
围栏	是否出现裂缝或断裂，尤其是围栏底部是否生锈断裂
栏门	能否正常开关
饮水器	位置、方向、水流速度是否合理，水速 0.5～1 L/min
风机-水帘系统	是否能正常运转
保温灯、地暖、暖风扇等加热设备	通电试运行看能否起到加热效果

料线

供水

供电

保温

通风

药品

图 6-5　设备检查

任务三　猪群的转群、分群、调教(三点定位)

1. 猪群的转群

转猪前，产房工作人员须提前告知保育舍工作人员断奶猪到达的时间、头数、体重和健康情况，以便保育舍工作人员提前准备栏舍、预热猪舍，针对弱小仔猪准备特殊栏，并准备好饲料，给断奶仔猪提供一个干净、干燥、温暖的栏舍环境，如果猪圈是半漏粪或水厕所形式的，可以在靠近栏门一侧地面提前撒上一层饲料，猪圈后半部分提前洒上水，便于仔猪定位。

2. 合理分群

(1)原则:①必须按照“全进全出”的模式进行饲养管理,进入同一个猪舍的猪只日龄不超过 7 d;②公母分群饲养;③断奶后第 10 天、第 20 天、第 30 天分三次进行超大、适中、小猪分群。

(2)方法:根据每批接猪数量,每栋舍预留挑出的超大猪和小猪栏位(小猪栏位要有保温条件:保温灯+保温垫),进行三次挑选后,使猪群固定下来以提高猪只均匀度。

3. 饲养密度

0.2～0.3 m^2/头。

4. 三点定位调教(图 6-6)

(1)采食:在饲喂头几天,可以在喂料区地面上撒饲料让猪去采食,保证食槽有新鲜饲料,自由采食。

(2)排便:是“三点定位”中最重要的一点,猪只进栏后,栏舍一定要保持干净卫生,若有猪只在采食或睡觉的地方排便,要立即清扫干净,使用人工辅助调教,强制驱赶到指定地方排便,直到调教好为止。有的仔猪会在料槽附近、栏门口或靠近走道一侧排便,此时需要重新定位,可以先将粪便冲洗干净,无气味后,捆绑饲料袋、挂上塑料瓶等引诱猪只戏耍,将排便区域重新定位。

采食　　排便　　睡卧

图 6-6　三点定位

(3)睡卧:将躺卧地方不对的猪哄起,赶到该躺卧的地区,直到它们稳定睡好。

任务四　保育猪和育肥猪的饲喂程序

使用简单的饲料可以降低饲料成本,但是过早饲喂简单饲料会增加保育猪的腹泻问题，猪群的均匀度会变差。仔猪断奶后饲喂易消化的教槽料可以促进采食，加快早期生长，减少腹泻问题，但是过量的饲喂教槽料会增加生产成本，所以要根据断奶仔猪的大小和消化能力制定合适的保育猪饲喂方案。

育肥阶段的主要目标是提高饲料转化率，因此需要在不同的生长发育阶段饲喂不同营养成分的饲料，一般在生产中会根据育肥猪的体重分别饲喂 3 种饲料，分别是小猪料、中猪料和大猪料。

一、保育猪饲喂方案

保育猪饲喂方案见表 6-15。

表 6-15　保育猪饲喂方案

料号	饲料用量/(kg/头)	猪只体重/kg
教槽料	5	教槽至 10
保育前期料	10	10～18
保育后期料	20	18～30

二、育肥猪饲喂方案

育肥猪饲喂方案见表 6-16。

表 6-16　育肥猪饲喂方案

料号	饲料用量/(kg/头)	猪只体重/kg
小猪料	30	30～45
中猪料	35	45～60
大猪料	112 以上	60 至出栏

三、饲料过渡

为了换料不产生应激，必须把原饲料和新饲料以相应比例混合饲喂，如表 6-17 所示：

表 6-17 饲料过渡方案

日期	1	2	3	4
旧饲料	75%	50%	25%	—
准备换的新饲料	25%	50%	75%	100%

四、饲喂方式

猪只的饲喂可以采用自由采食和定时分顿饲喂两种方式，按饲料形态分干料、湿拌料和液体饲料，不同的饲喂方式各有优缺点(表 6-18、表 6-19)，猪场可以根据实际情况进行选择。

表 6-18 猪只不同饲喂方式的比较

项目	优点	缺点
自由采食	工作量小，操作简单，猪生长速度快，个体均匀	不易发现病猪，容易造成猪群采食过量而导致腹泻
定时分顿饲喂	根据猪只体重和头数进行饲喂，可以及时发现病猪	工作量大，猪群容易争抢饲料造成浪费

表 6-19 不同饲料形态的比较

项目	优点	缺点
干料	饲喂简单	增加粉尘，饲料浪费多
湿拌料	适口性好，减少粉尘，浪费少	工作量大，饲料易霉变
液体饲料	采食量高，易消化，饲料转化率高	易污染，成本较高

一般建议断奶仔猪刚进保育舍饲喂，在保育段前期(转猪后两周内)进行定时分顿饲喂，可以预防仔猪拉稀，也可以及时观察病猪，保育后期和育肥段均可以进行自由采食饲喂。

任务五　环境控制(温度、湿度、通风)

一、温度

温度检查时间为每天刚上班时和下班前，检查调整断奶仔猪保温或睡眠区域温度，注意猪只状况，如果过冷或过热，应调节猪只睡眠区域的温度，使猪只温度舒适。影响猪对温度需求的因素包括体重、采食量、空气流速和地板类型。随着体重的增加，猪只所需要的环境温度会逐渐降低（表 6-20、表 6-21）。

表 6-20　保育猪推荐温度

断奶天数/d	温度/℃	断奶天数/d	温度/℃
1～2	29	15～18	24
3～4	28	19～22	23
5～6	27	23～26	22
7～10	26	27 以上	21
11～14	25		

表 6-21　育肥猪推荐温度

体重范围/kg	温度/℃	体重范围/kg	温度/℃
25～35	22	65～80	19
35～50	21	80～100	18
50～65	20	大于 100	17

二、湿度

控制范围在 60%～75%为宜，湿度过高会使空气中有害微生物浓度增加，猪群呼吸器官感染机会增大，湿度过低空气干燥使灰尘飘浮，空气中有害微生物浓度增加，猪群呼吸器官感染机会增大，湿度过高还会造成猪群散热困难，增加热应激，因此保持合适的舍内湿度能够降低空气中有害微生物浓度，减少猪只呼吸器官感染的概率。

三、空气质量

猪只排出粪便、尿液量大，容易发酵产生有毒气体，而猪呼吸过程产生大量的二氧化碳，加上空气中的粉尘都导致猪群咳嗽、流泪、打喷嚏等，从而引发猪呼吸系统疾病，降低猪的食欲，影响猪只的正常生长。一般在生产管理中需要做到两点：①保持合理温度的基础上，应该加强通风换气，排出有害气体，保持舍内空气清新；②检查进气口及排风扇是否正常运作，保证猪舍合适的通风量。

任务六　猪群健康管理

健康猪只一般身体健壮，毛短，皮肤发亮且干净，白里透红，鼻镜湿润，呼吸均匀，肛门周围无粪便。猪的健康检查一般包含三部分。

一、检查猪的身体部位

（1）皮肤：健康猪的皮肤干净，颜色白里透红，毛短，毛色发亮，具有弹性。若皮肤表面发生有肿胀、溃疡、小结节，多处出现红斑，特别是有针尖大小的出血点，且指压不褪色时为病态。

（2）鼻镜：健康猪的鼻镜湿润清洁；病猪的鼻镜则为干燥开裂式，附有较多的浑浊黏液，发生口蹄疫时鼻镜上有水泡产生。

（3）耳朵：健康猪的耳朵对外界声响反应灵活，手摸时耳根光滑；病猪耳朵不灵活，耳根发热或有冷感。

（4）肛门：健康猪的肛门周围干净，无稀粪，病猪的肛门周围不干净，并被许多稀粪污染。

（5）尾巴：健康猪的尾巴卷起，左右摆动；病猪一半尾巴下垂或不动。

二、检查猪的精神状态

（1）精神：病猪精神沉郁，两眼无神，有眼屎，或常趴在墙角，行走落伍，身体摇摆。

（2）呼吸：健康猪的呼吸均匀，正常仔猪和生长猪的呼吸次数范围为每分钟20～40次，有感冒、发烧、中毒、感染及其他传染性病时则表现为呼吸加快或呼吸困难。

（3）叫声：健康猪的叫声清脆，病猪则叫声嘶哑、哀鸣。

三、检查猪的生理消化状态

（1）食欲：健康猪的食欲旺盛，吃食多且快，若喂料时猪无反应或反应迟钝，表现少吃或者不吃，均为病态。

（2）饮水：健康猪一般在采食后有规律地饮水；如出现无规律饮水或饮水量过大及不饮水，均为病态。

（3）异食：如猪经常啃食泥土、炭块、圈舍地面及栏杆等均为病态。

（4）粪便：喂猪时要查看猪的粪便，健康猪的粪便松软成团；粪便稀或干硬如珠、色泽异常或有异味的为病态。

（5）尿液：健康猪的尿液透明清亮；浑浊、不透明的则为病态。

（6）体温：猪的正常体温 38～39.5 ℃，偏高偏低都为异常。

任务七　猪群的免疫、保健和治疗

一、免疫

某养殖集团公司商品仔猪免疫方案见图 6-7，免疫方法见：后备母猪饲养员岗位⟶任务实施⟶任务五　免疫保健⟶后备母猪免疫程序。

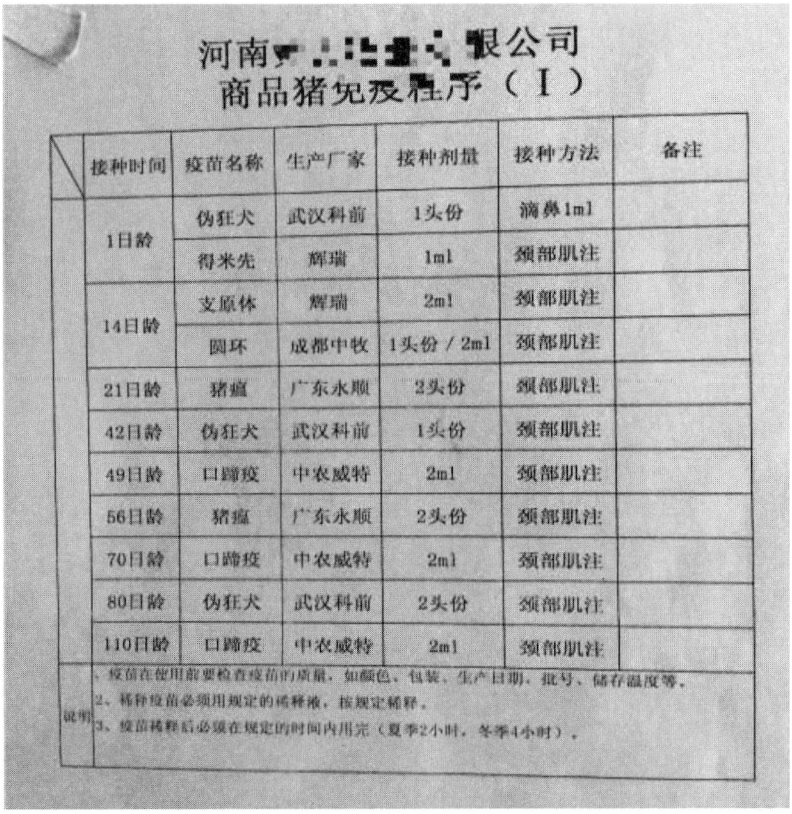

河南[redacted]限公司
商品猪免疫程序（Ⅰ）

接种时间	疫苗名称	生产厂家	接种剂量	接种方法	备注
1日龄	伪狂犬	武汉科前	1头份	滴鼻1ml	
	得米先	辉瑞	1ml	颈部肌注	
14日龄	支原体	辉瑞	2ml	颈部肌注	
	圆环	成都中牧	1头份 / 2ml	颈部肌注	
21日龄	猪瘟	广东永顺	2头份	颈部肌注	
42日龄	伪狂犬	武汉科前	1头份	颈部肌注	
49日龄	口蹄疫	中农威特	2ml	颈部肌注	
56日龄	猪瘟	广东永顺	2头份	颈部肌注	
70日龄	口蹄疫	中农威特	2ml	颈部肌注	
80日龄	伪狂犬	武汉科前	2头份	颈部肌注	
110日龄	口蹄疫	中农威特	2ml	颈部肌注	

说明：
、疫苗在使用前要检查疫苗的质量，如颜色、包装、生产日期、批号、储存温度等。
2、稀释疫苗必须用规定的稀释液，按规定稀释。
3、疫苗稀释后必须在规定的时间内用完（夏季2小时，冬季4小时）。

图 6-7　商品仔猪免疫方案

二、保健

（1）抗应激：断奶主要以抗应激和平稳的饲料过渡为主，饮水或者饲料中可以添加电解多维，也可以选用中兽药保健，如清瘟败毒散。

（2）育肥：育肥前期80～100日龄安排一次抗生素拌料保健，时间1周。

推荐使用方案：方案1：氟苯尼考＋多西环素；方案2：针对发生腹泻猪群的用药：硫酸黏杆菌素＋阿莫西林；育肥中期120～130日龄，根据猪群临床表现选择是否进行保健，时间1周，方案同上。

（3）商品猪的驱虫：如果本场圈舍卫生条件很好，或者使用全漏缝饲养模式，可以取消商品猪的驱虫。保育转育肥前14 d，驱虫一周。如果70日龄转育肥，则在56日龄进行驱虫1周。

三、治疗

（一）检查方式及工具

肉眼观察，体温计或红外线测温仪进行测量。

猪的正常体温为38～39.5 ℃（直肠温度）。不同年龄的猪体温略有差别，保育猪一般为39.0 ℃；一般傍晚猪的正常体温比上午高0.5 ℃。

（二）检查内容

检查猪只的毛色、嗜睡、采食状况、排泄物（粪便、尿液）、呼吸症状、行走姿势、唇鼻等是否正常。

（1）看毛色：健康猪皮毛光滑，皮肤有弹性，若皮毛干枯、粗乱无光，则是营养不良或病猪。健康猪的皮肤干净，毛色发亮，具有弹性。

（2）看食欲：健康的猪食欲旺盛，如食欲突然减退，吃食习惯反常，甚至停食是病态表现，若食欲减少，喜欢饮水，则多为热性病。

（3）看眼睛：健康猪两眼明亮有神，病猪眼睛无神，有泪、带眼屎，眼结膜充血潮红。

(4)看鼻液:无病的猪鼻没有鼻液,有病的猪鼻流清涕,多为风寒感冒,鼻涕黏稠是肺部有热的表现,鼻液含泡沫,是患有肺水肿或慢性支气管炎等疾病。

(5)看鼻突:鼻吻突清亮光洁湿润为无病猪,若干燥或龟裂,多是高热和严重脱水的表现。

(6)看粪便:健康猪粪便柔软湿润,呈圆锥状,没有特殊气味,若粪便干燥、硬固、量少,多为热性病,粪便稀薄如水或呈稀泥状,排粪次数明显增多,或大便失禁,多为肠炎,肠道寄生虫感染,仔猪排出灰白色、灰黄色或黄绿色水样粪便并带腥臭味,为仔猪白痢。

(7)看尿液:健康猪尿液无色透明,无异常气味,病猪尿液少且颜色发黄。

(8)睡姿:健康猪一般是侧睡,肌肉松弛,呼吸节奏均匀。病猪常常整个身体贴在地上,疲倦不堪地俯睡,如果呼吸困难,还会像狗一样坐着。

(9)听叫声:健康的猪只叫声清脆,病猪则叫声嘶哑、哀鸣。

(10)测体温:健康猪体温一般是 38～39.5 ℃,体温过高,多系传染病,过低则可能营养不良、贫血、寄生虫病或濒死期。

(三)疾病治疗

以对症治疗、标本兼治为原则,正确使用治疗药物,不得滥用抗生素,以免造成耐药性。对于病重的猪只立即隔离观察治疗,经两个治疗方案无效的一律淘汰。给弱猪提供舒适的垫板和保温灯,给予特别的营养,补充维生素和铁剂也有帮助。

(四)检查记录

根据检查的猪只做好详细记录,如品种、体重、出生日龄、发病时间、栏号、症状等,并做好标记。

任务八　猪场环控智能化管理操作规程

一、登录说明

1. 登录地址

打开浏览器，在地址栏输入场区网址，如 http://thza.hjtmnm.com/index.html。

2. 登录账号与密码

进入登录界面，输入对应的账号+密码(初始密码 123456)，立即登录确认即可进入系统进行操作(图 6-8)。

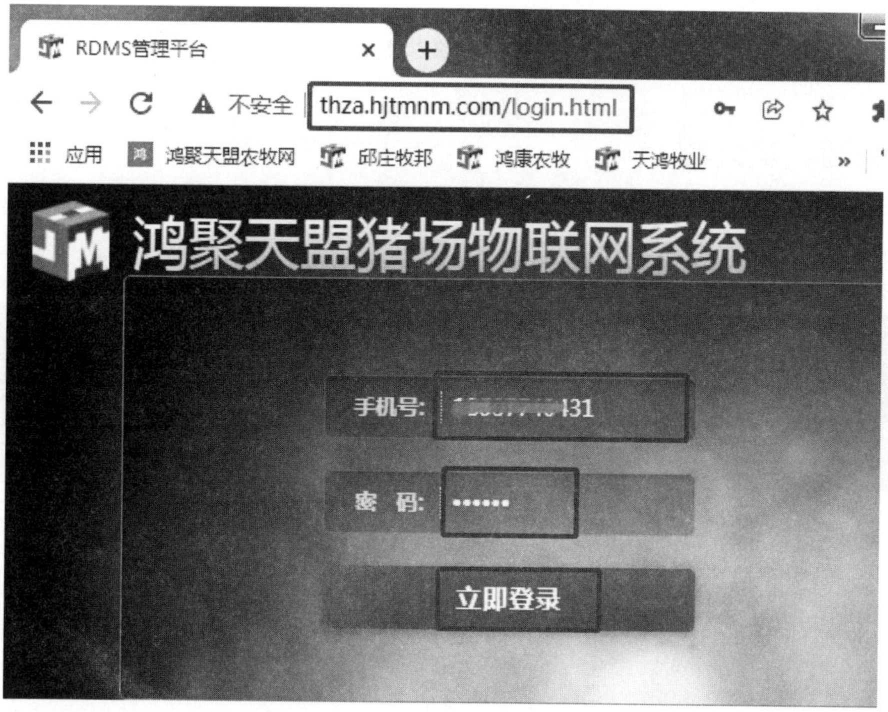

图 6-8　登录

3. 密码更改以及账号退出

系统主页面右上角，在用户名的右侧点开"▽"有修改密码及退出登录的选项(图 6-9)。

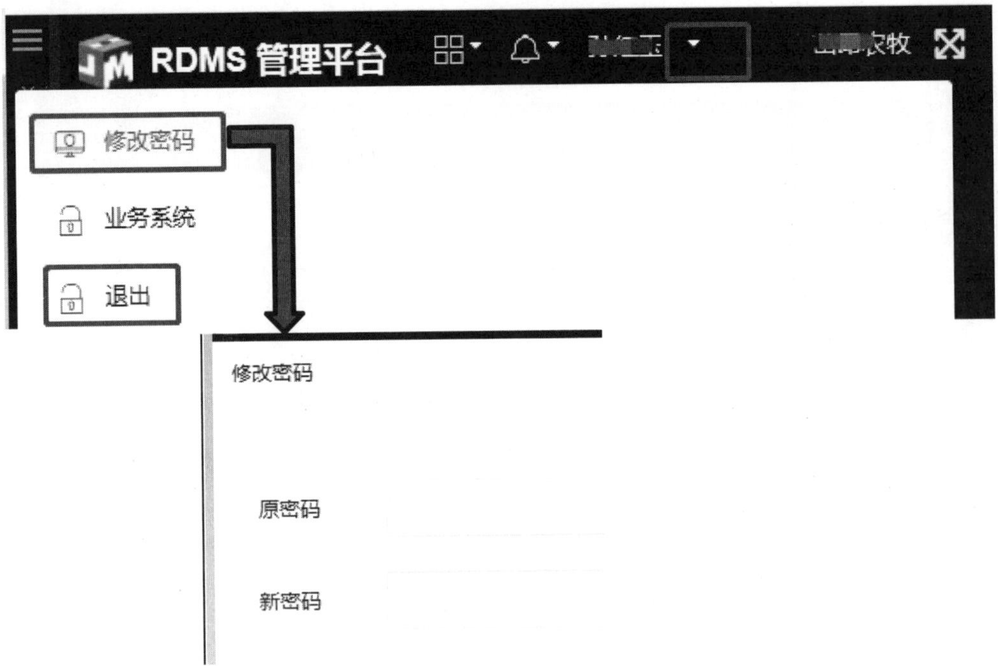

图 6-9　密码更改以及账号退出

二、主页面板块介绍

系统更新公告，报警故障信息通知，辅助地图以及当地天气实况（图 6-10）。

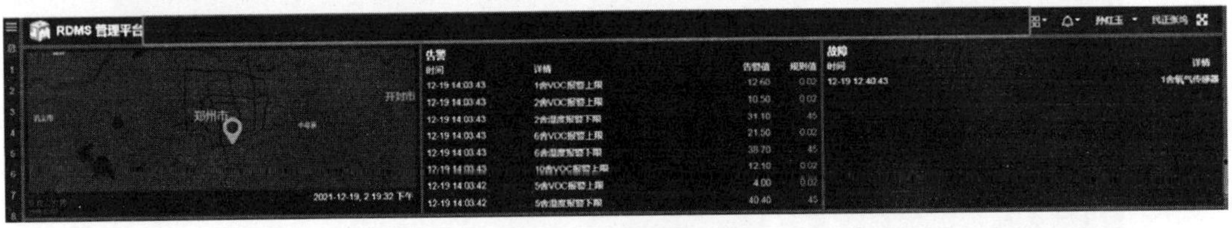

图 6-10　信息通知

各舍数据指标（温度、湿度、氧气、VOC、投料量）以柱形图展示，颜色代表该项数据的指标是否在正常范围。红色故障，绿色正常，黄色预警，灰色离线（图 6-11）。

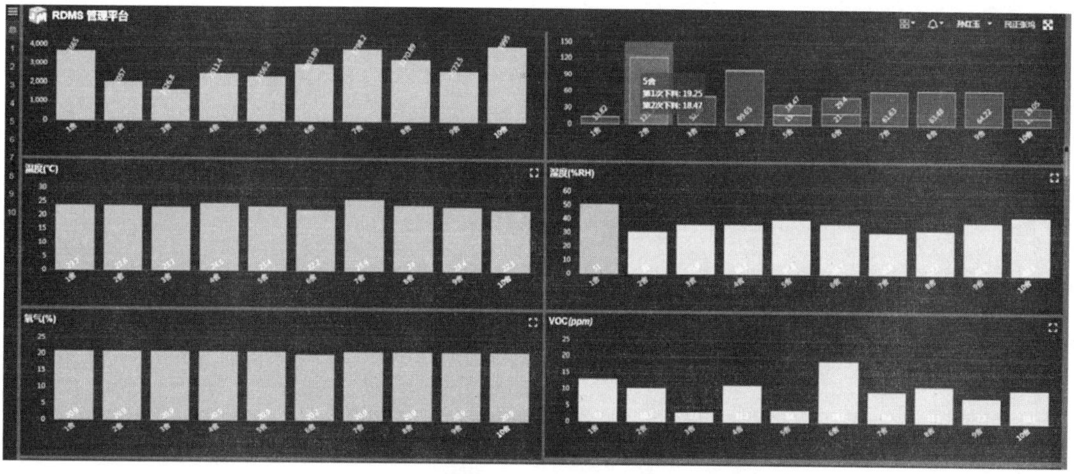

图 6-11　数据显示

数据及设备区域，以栋舍为单位实时监测各舍数据以及设备的运行状态。猪舍：绿色正常，灰色离线。数据项：白色正常，黄色预警，红色故障。设备项：绿色在运行，白色未运行，红色故障（图 6-12）。

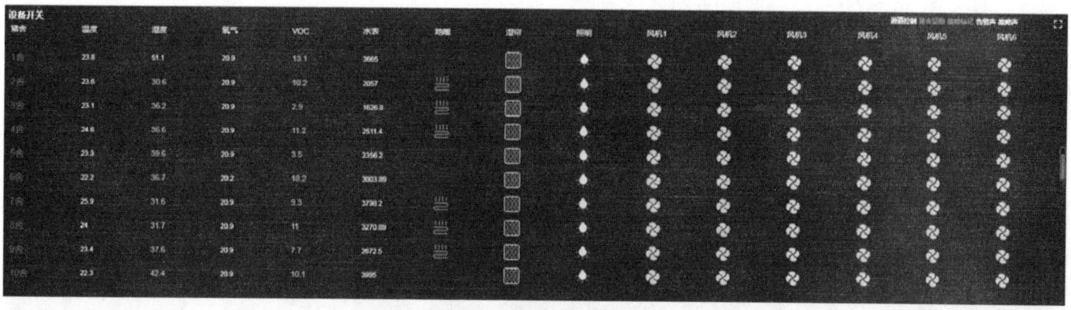

图 6-12　栋舍预警

料线区域，在此区域完成远程饲喂，鼠标点击料线，开启下料。待料满触发微动开关即可自动关闭，结束下料（图 6-13）。

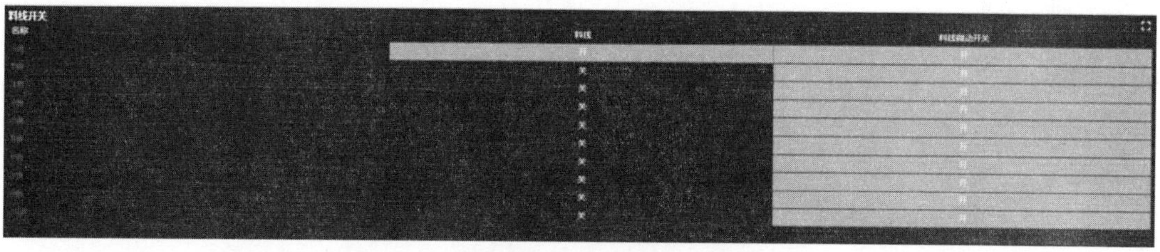

图 6-13　远程饲喂

单舍页面，侧面展示各舍，点击舍号显示该舍当天的实时数据变化，环控监测平均值，半小时动态耗水量，投料量，设备的运行状态，操作设备（图 6-14）。

图 6-14　单舍页面

三、操作

系统主页面右上角▽(图 6-15)。

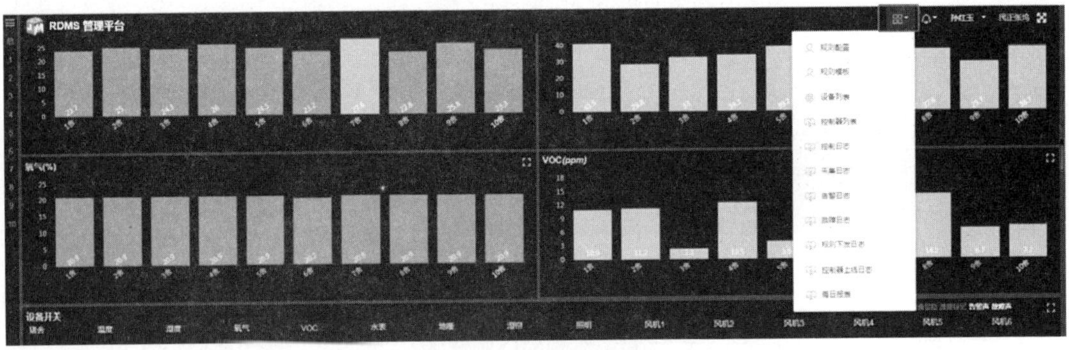

图 6-15　系统主页面

1. 规则模板

配置各舍参数可提前设定好模板,用到规则模板功能,新建模板(图 6-16)。

图 6-16　新建模板

根据所需开始配置模板参数，如报警上下限，猪舍设备的运行参数，如照明设置时间段，风机设置温度启用上下限，或是切换定时模式，料线运行参数等，并为该模板命名，以日龄或者以体重等关键字命名（图 6-17）。

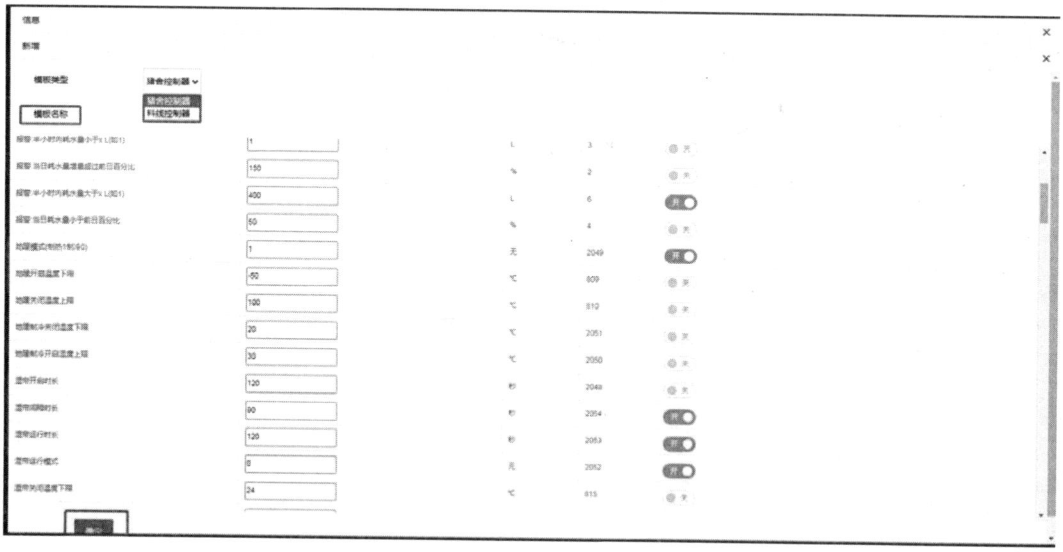

图 6-17　设置参数

点击确定保存该模板，显示操作成功（图 6-18）

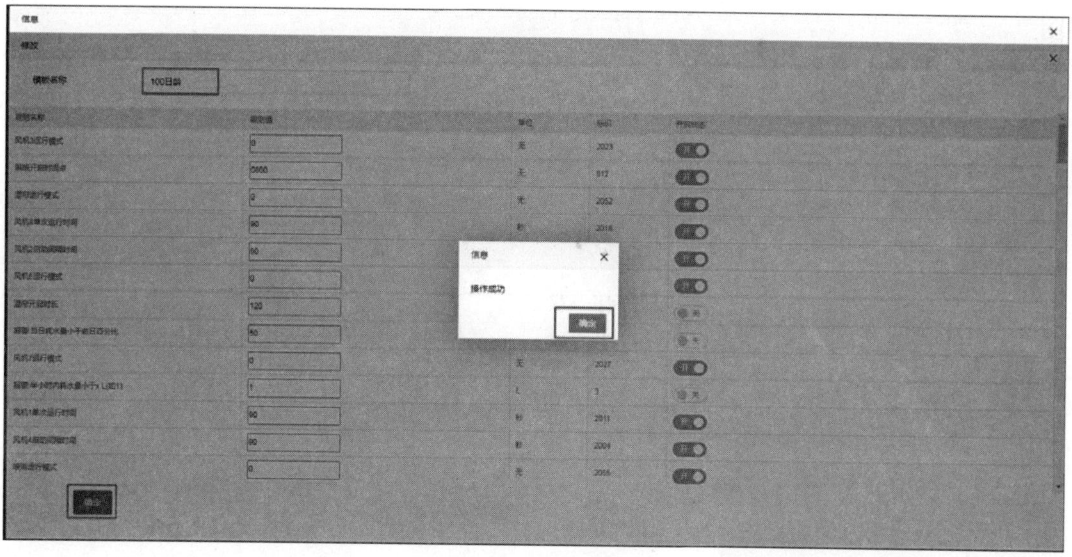

图 6-18　保存模板

编辑模板：模板建立后可操作编辑，修改内容，或是删除该模板（图 6-19）。

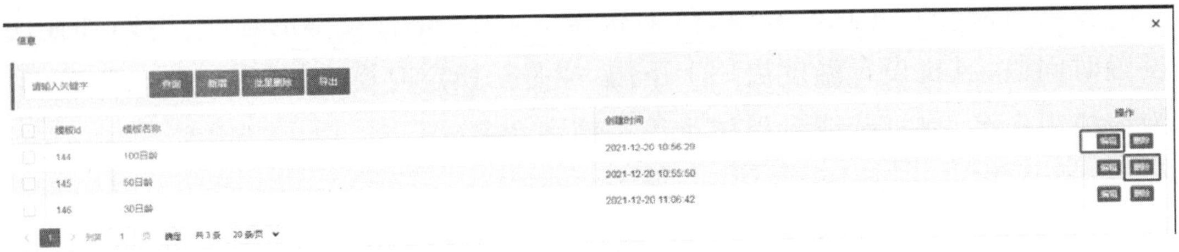

图 6-19　编辑模板

2.规则配置及模板应用

规则配置功能用于配置每个猪舍设备的参数：如报警上下限，猪舍设备的运行参数，照明设置时间段，风机设置温度启用上下限，或是切换定时模式，料线运行参数，下料时间点，时间段，料速。

把设置好的规则模板应用到各舍(图 6-20、图 6-21)。

选择应用模板→选用。选用成功后该舍的设备就会按照模板参数来运行了。后续根据猪的变化日龄体重上的增加，再选用对应的模板。

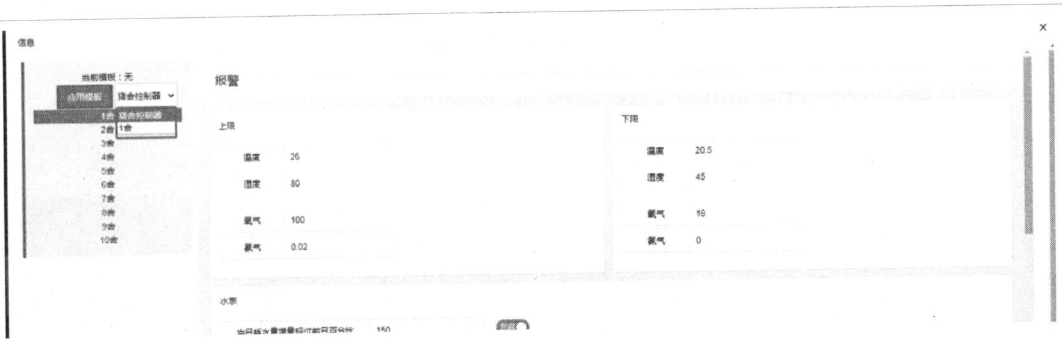

图 6-20　模板应用

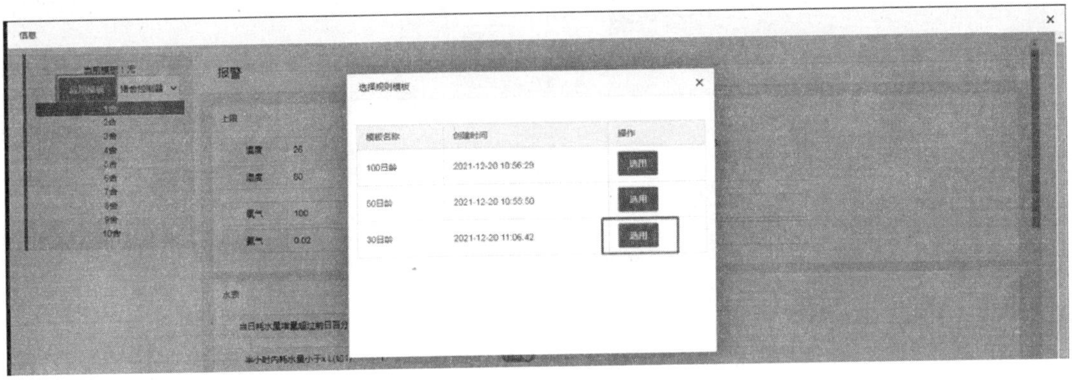

图 6-21　模板修改

不使用模板自行设置参数。

报警值的设定：温度、湿度、氧气、氨气、水表超量、低量等，报警值的设定可根据日龄体重及猪群实际情况所需的环控作为设定数据。在主页面上提到的猪舍某一指标达到预警范围就会变成黄色(图 6-22)。

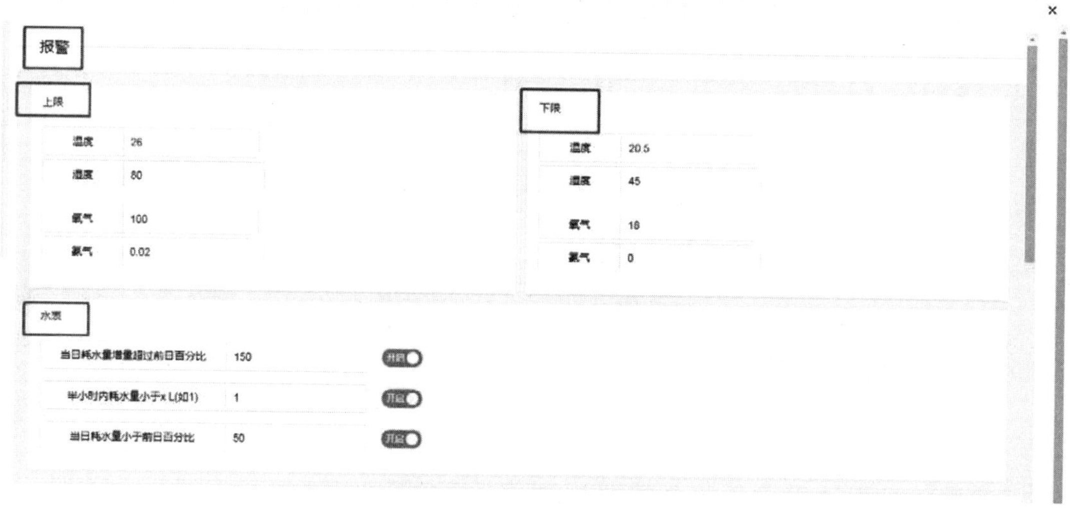

图 6-22　报警值的设定

设备运行的参数设定(图 6-23)：照明定时时间点，时间段，操作更改需要点击确定。可根据生产工作需要以及不同类别猪只所需的光照来设定，可设定多个时间段照明的启停。

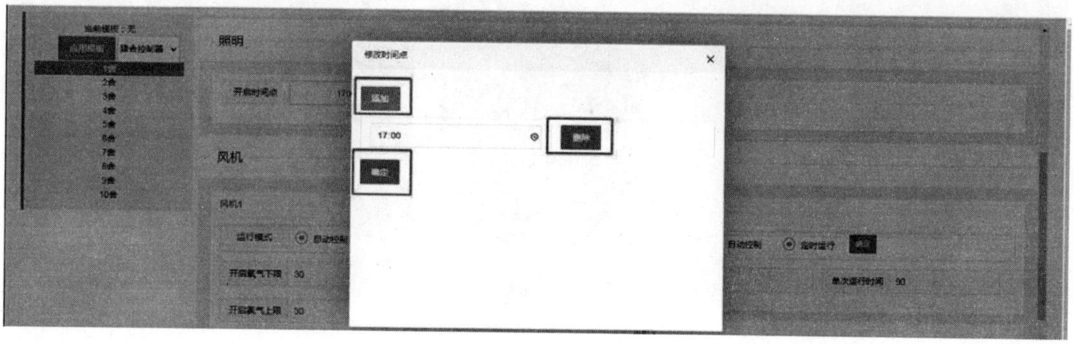

图 6-23　设备运行的参数设定

风机、湿帘、地暖等环控设备可设置自动运行(数据上下限控制),定时运行(启动及间隔)(图 6-24)。注意:设备的任何变动,操作完毕后需要点击确定。

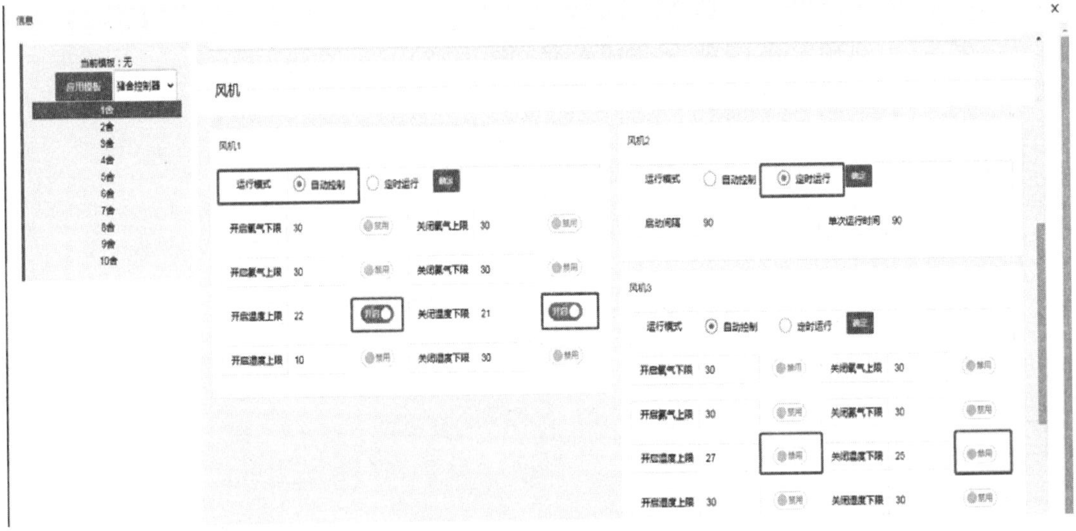

图 6-24 自动运行设定

参数一旦下达后设备便会按照规则值运行(图 6-25)。与前端显示关联,设备按照猪舍各项数据指标自动启停。如需关闭设备要先把参数禁用,并检查设备运行状态,关闭图标。

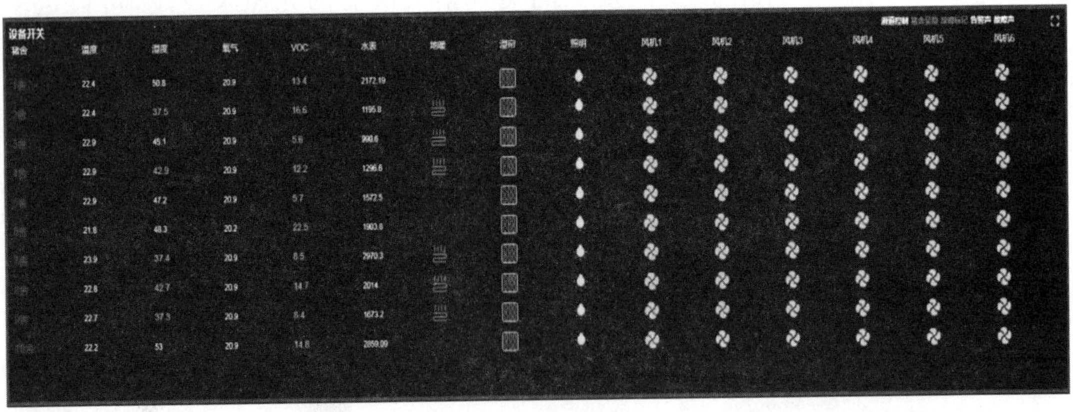

图 6-25 设备运行

3. 设备列表(图 6-26、图 6-27)

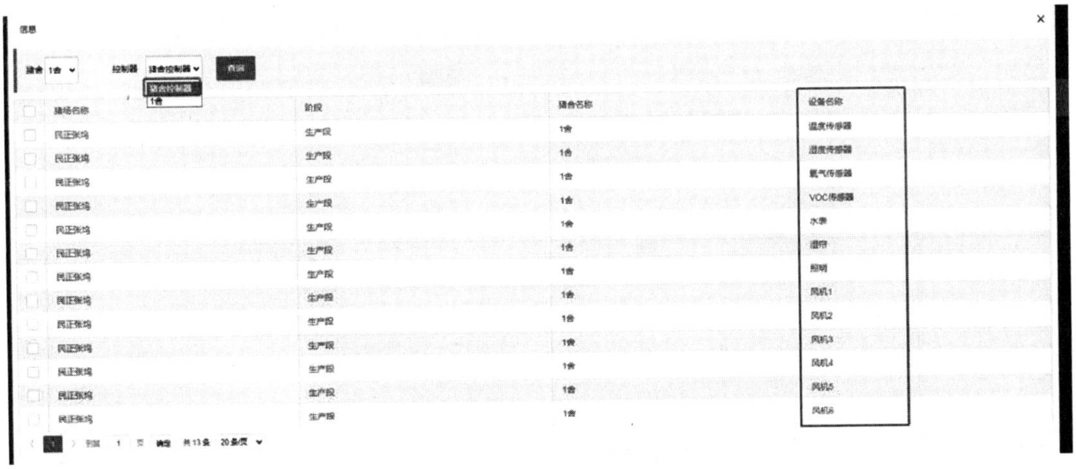

猪场名称	阶段	猪舍名称	设备名称
民正张坞	生产段	1舍	温度传感器
民正张坞	生产段	1舍	湿度传感器
民正张坞	生产段	1舍	氨气传感器
民正张坞	生产段	1舍	VOC传感器
民正张坞	生产段	1舍	水表
民正张坞	生产段	1舍	[illegible]
民正张坞	生产段	1舍	照明
民正张坞	生产段	1舍	风机1
民正张坞	生产段	1舍	风机2
民正张坞	生产段	1舍	风机3
民正张坞	生产段	1舍	风机4
民正张坞	生产段	1舍	风机5
民正张坞	生产段	1舍	风机6

图 6-26 猪舍控制器控制的设备

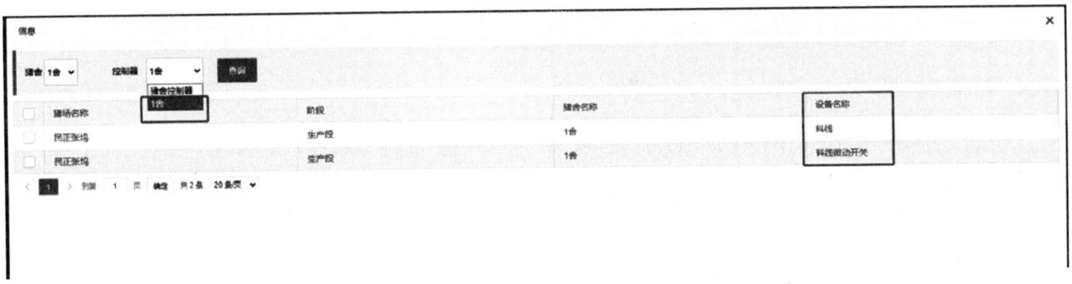

猪场名称	阶段	猪舍名称	设备名称
民正张坞	生产段	1舍	料线
民正张坞	生产段	1舍	料线驱动开关

图 6-27 料线控制器控制的设备

4. 控制器列表(图 6-28)

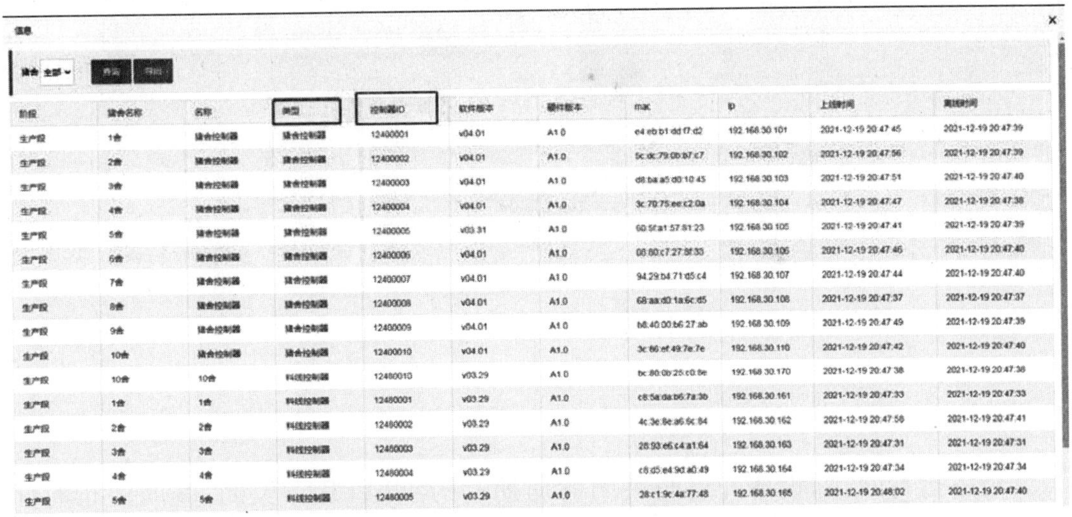

阶段	猪舍名称	名称	类型	控制器ID	软件版本	硬件版本	mac	ip	上线时间	离线时间
生产段	1舍	猪舍控制器	猪舍控制器	12400001	v04.01	A1.0	e4:eb:b1:dd:f7:d2	192.168.30.101	2021-12-19 20:47:45	2021-12-19 20:47:39
生产段	2舍	猪舍控制器	猪舍控制器	12400002	v04.01	A1.0	5c:dc:79:0b:b7:c7	192.168.30.102	2021-12-19 20:47:56	2021-12-19 20:47:39
生产段	3舍	猪舍控制器	猪舍控制器	12400003	v04.01	A1.0	d8:ba:a5:d0:10:45	192.168.30.103	2021-12-19 20:47:51	2021-12-19 20:47:40
生产段	4舍	猪舍控制器	猪舍控制器	12400004	v04.01	A1.0	3c:70:75:ee:c2:0a	192.168.30.104	2021-12-19 20:47:47	2021-12-19 20:47:38
生产段	5舍	猪舍控制器	猪舍控制器	12400005	v03.31	A1.0	60:5f:a1:57:81:23	192.168.30.105	2021-12-19 20:47:41	2021-12-19 20:47:39
生产段	6舍	猪舍控制器	猪舍控制器	12400006	v04.01	A1.0	08:80:c7:27:8f:33	192.168.30.106	2021-12-19 20:47:46	2021-12-19 20:47:40
生产段	7舍	猪舍控制器	猪舍控制器	12400007	v04.01	A1.0	94:29:b4:71:d5:c4	192.168.30.107	2021-12-19 20:47:44	2021-12-19 20:47:40
生产段	8舍	猪舍控制器	猪舍控制器	12400008	v04.01	A1.0	68:aa:d0:1a:6c:d5	192.168.30.108	2021-12-19 20:47:37	2021-12-19 20:47:37
生产段	9舍	猪舍控制器	猪舍控制器	12400009	v04.01	A1.0	b8:40:00:b6:27:ab	192.168.30.109	2021-12-19 20:47:49	2021-12-19 20:47:39
生产段	10舍	猪舍控制器	猪舍控制器	12400010	v04.01	A1.0	3c:86:ef:49:7e:7e	192.168.30.110	2021-12-19 20:47:42	2021-12-19 20:47:40
生产段	10舍	10舍	料线控制器	12480010	v03.29	A1.0	bc:80:0b:25:c0:8e	192.168.30.170	2021-12-19 20:47:38	2021-12-19 20:47:38
生产段	1舍	1舍	料线控制器	12480001	v03.29	A1.0	c8:5a:da:b6:7a:3b	192.168.30.161	2021-12-19 20:47:33	2021-12-19 20:47:33
生产段	2舍	2舍	料线控制器	12480002	v03.29	A1.0	4c:3e:8e:a6:6c:84	192.168.30.162	2021-12-19 20:47:58	2021-12-19 20:47:41
生产段	3舍	3舍	料线控制器	12480003	v03.29	A1.0	28:93:e6:c4:a1:64	192.168.30.163	2021-12-19 20:47:31	2021-12-19 20:47:31
生产段	4舍	4舍	料线控制器	12480004	v03.29	A1.0	c8:d5:e4:9d:a0:49	192.168.30.164	2021-12-19 20:47:34	2021-12-19 20:47:34
生产段	5舍	5舍	料线控制器	12480005	v03.29	A1.0	28:c1:9c:4a:77:48	192.168.30.165	2021-12-19 20:48:02	2021-12-19 20:47:40

图 6-28 各舍控制器详情(控制器名称、类型以及 ID、版本等)

5. 控制日志(图 6-29)

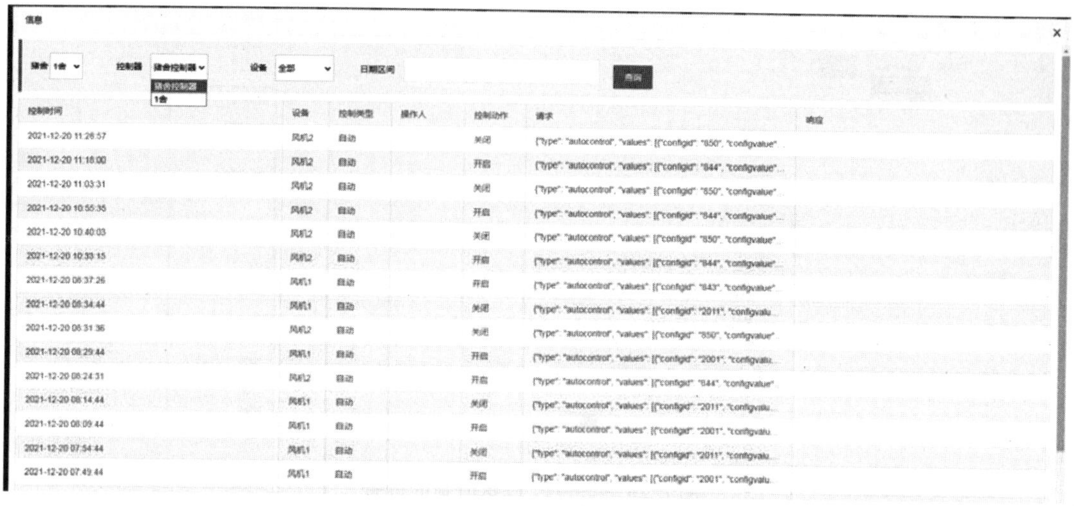

图 6-29　设备控制开启关闭的记录(控制类型手动/自动,具体到日期时间点)

6. 采集日志

以往猪舍每一天的数据采集记录及当日波动走势图,具体到一天内的每时每刻,可通过日期区间查询更早的记录。柱形图清晰地展示了数据每天的波动,走势图具体到一天内的每时每刻该项数据以及波动幅度(图 6-30)。

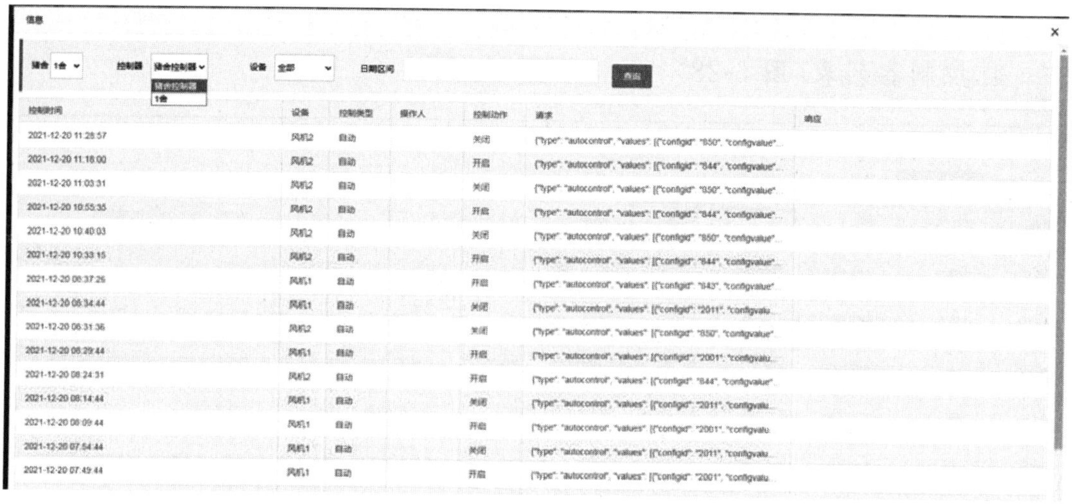

图 6-30　日志

设备运行轨迹,设备开启与关闭的周期,几点开启几点关闭,其间运行时间(图 6-31)。

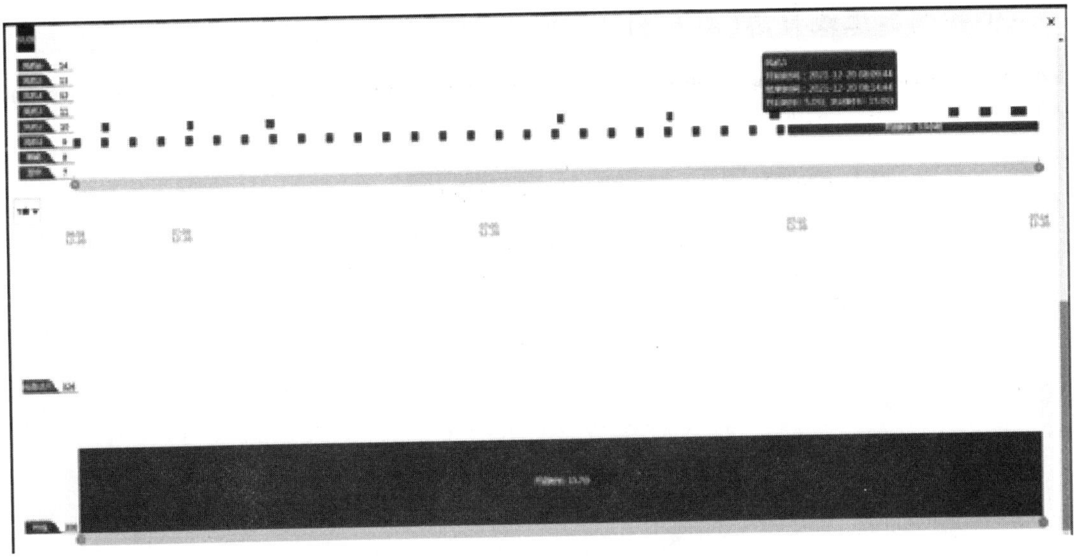

图 6-31　轨迹

7. 报警、故障日志(图 6-32)

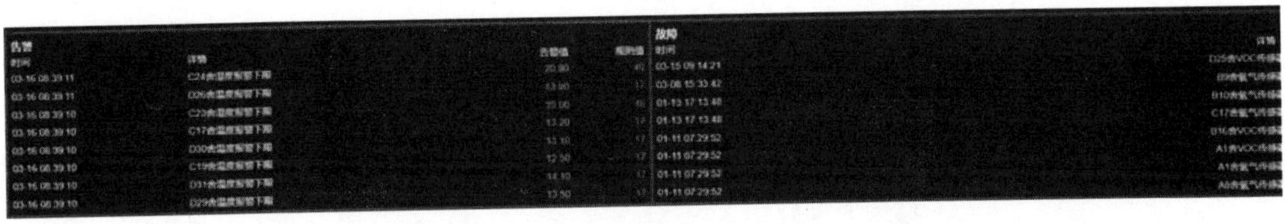

图 6-32

8. 规则下发日志(图 6-33)

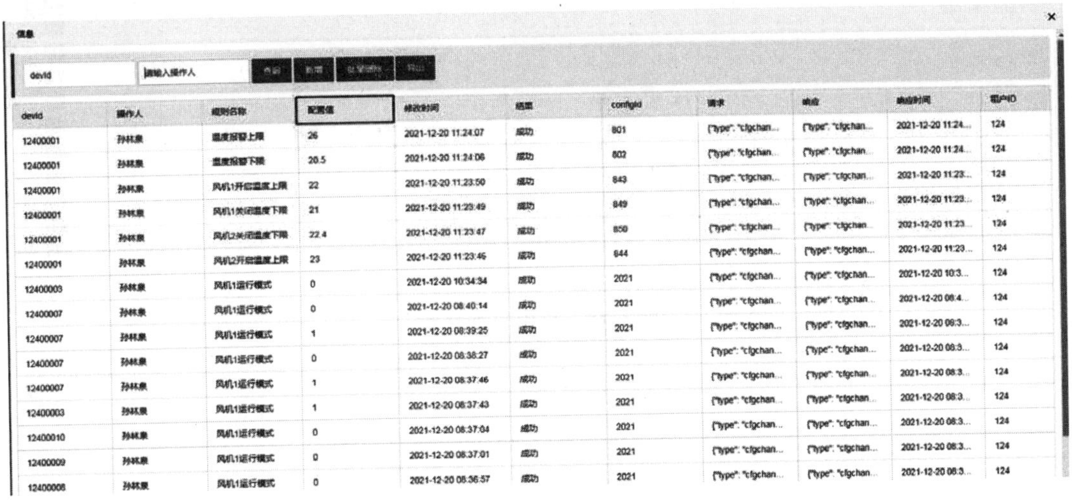

devid	操作人	规则名称	配置值	修改时间	结果	configId	请求	响应	响应时间	租户ID
12400001	孙林泉	温度报警上限	26	2021-12-20 11:24:07	成功	801	{"type": "cfgchan...	{"type": "cfgchan...	2021-12-20 11:24...	124
12400001	孙林泉	温度报警下限	20.5	2021-12-20 11:24:06	成功	802	{"type": "cfgchan...	{"type": "cfgchan...	2021-12-20 11:24...	124
12400001	孙林泉	风机1开启温度上限	22	2021-12-20 11:23:50	成功	843	{"type": "cfgchan...	{"type": "cfgchan...	2021-12-20 11:23...	124
12400001	孙林泉	风机1关闭温度下限	21	2021-12-20 11:23:49	成功	849	{"type": "cfgchan...	{"type": "cfgchan...	2021-12-20 11:23...	124
12400001	孙林泉	风机2关闭温度下限	22.4	2021-12-20 11:23:47	成功	850	{"type": "cfgchan...	{"type": "cfgchan...	2021-12-20 11:23...	124
12400001	孙林泉	风机2开启温度上限	23	2021-12-20 11:23:46	成功	844	{"type": "cfgchan...	{"type": "cfgchan...	2021-12-20 11:23...	124
12400003	孙林泉	风机1运行模式	0	2021-12-20 10:34:34	成功	2021	{"type": "cfgchan...	{"type": "cfgchan...	2021-12-20 10:3...	124
12400007	孙林泉	风机1运行模式	0	2021-12-20 08:40:14	成功	2021	{"type": "cfgchan...	{"type": "cfgchan...	2021-12-20 08:4...	124
12400007	孙林泉	风机1运行模式	1	2021-12-20 08:39:25	成功	2021	{"type": "cfgchan...	{"type": "cfgchan...	2021-12-20 08:3...	124
12400007	孙林泉	风机1运行模式	0	2021-12-20 08:38:27	成功	2021	{"type": "cfgchan...	{"type": "cfgchan...	2021-12-20 08:3...	124
12400007	孙林泉	风机1运行模式	1	2021-12-20 08:37:46	成功	2021	{"type": "cfgchan...	{"type": "cfgchan...	2021-12-20 08:3...	124
12400003	孙林泉	风机1运行模式	1	2021-12-20 08:37:43	成功	2021	{"type": "cfgchan...	{"type": "cfgchan...	2021-12-20 08:3...	124
12400010	孙林泉	风机1运行模式	0	2021-12-20 08:37:04	成功	2021	{"type": "cfgchan...	{"type": "cfgchan...	2021-12-20 08:3...	124
12400009	孙林泉	风机1运行模式	0	2021-12-20 08:37:01	成功	2021	{"type": "cfgchan...	{"type": "cfgchan...	2021-12-20 08:3...	124
12400008	孙林泉	风机1运行模式	0	2021-12-20 08:36:57	成功	2021	{"type": "cfgchan...	{"type": "cfgchan...	2021-12-20 08:3...	124

图 6-33　设备参数配置调整的记录

9. 控制器上线日志(图 6-34)

图 6-34

10. 每日报表

下载每日报表或者选择日期区间(图 6-35)可下载综合报表。

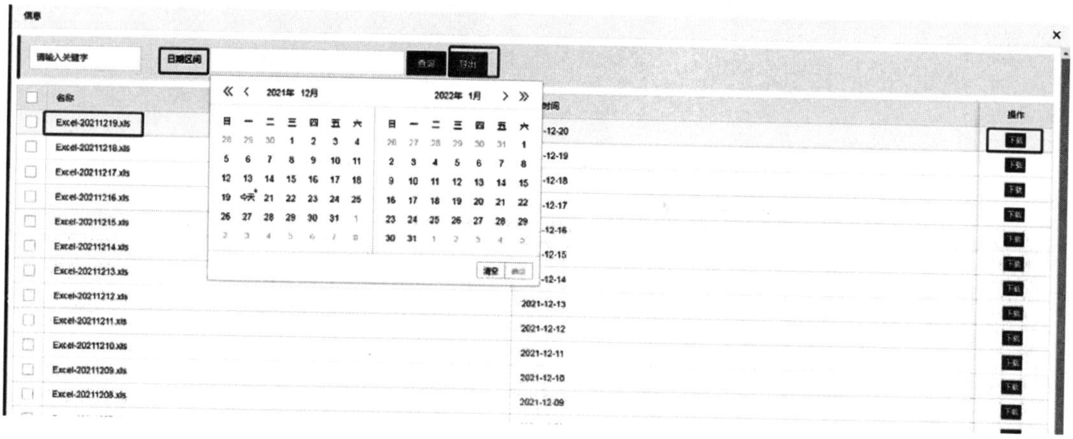

图 6-35 日报日期选择

每日报表(图 6-36):当日环控最高最低、投料时长(投料量)、饮水量、设备运行时长。

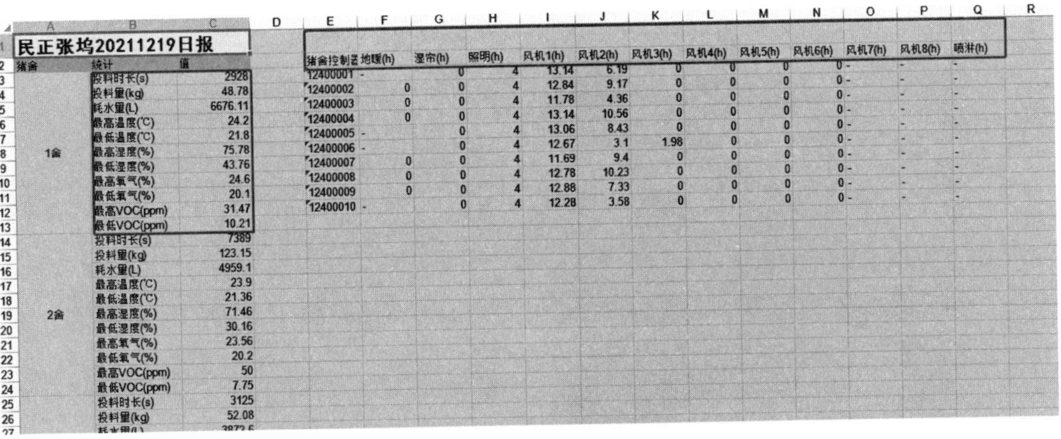

民正张坞20211219日报		
猪舍	统计	值
1舍	投料时长(s)	2928
	投料量(kg)	48.78
	耗水量(L)	6676.11
	最高温度(℃)	24.2
	最低温度(℃)	21.8
	最高湿度(%)	75.78
	最低湿度(%)	43.76
	最高氧气(%)	24.6
	最低氧气(%)	20.1
	最高VOC(ppm)	31.47
	最低VOC(ppm)	10.21
2舍	投料时长(s)	7389
	投料量(kg)	123.15
	耗水量(L)	4959.1
	最高温度(℃)	23.9
	最低温度(℃)	21.36
	最高湿度(%)	71.46
	最低湿度(%)	30.16
	最高氧气(%)	23.56
	最低氧气(%)	20.2
	最高VOC(ppm)	50
	最低VOC(ppm)	7.75
	投料时长(s)	3125
	投料量(kg)	52.08
	耗水量(L)	3872.6

猪舍控制器	地暖(h)	湿帘(h)	照明(h)	风机1(h)	风机2(h)	风机3(h)	风机4(h)	风机5(h)	风机6(h)	风机7(h)	风机8(h)	喷淋(h)
12400001	-	0	4	13.14	6.19	0	0	0	0	-	-	-
12400002	0	0	4	12.84	9.17	0	0	0	0	-	-	-
12400003	0	0	4	11.78	4.36	0	0	0	0	-	-	-
12400004	0	0	4	13.14	10.56	0	0	0	0	-	-	-
12400005	-	0	4	13.06	8.43	0	0	0	0	-	-	-
12400006	-	0	4	12.67	3.1	1.98	0	0	0	-	-	-
12400007	0	0	4	11.69	9.4	0	0	0	0	-	-	-
12400008	0	0	4	12.78	10.23	0	0	0	0	-	-	-
12400009	0	0	4	12.88	7.33	0	0	0	0	-	-	-
12400010	-	0	4	12.28	3.58	0	0	0	0	-	-	-

图 6-36　日报显示

综合报表:某一日期区间各舍的环控数据最高最低值、投料时长(投料量)、饮水量,便于数据的对比(图 6-37)。

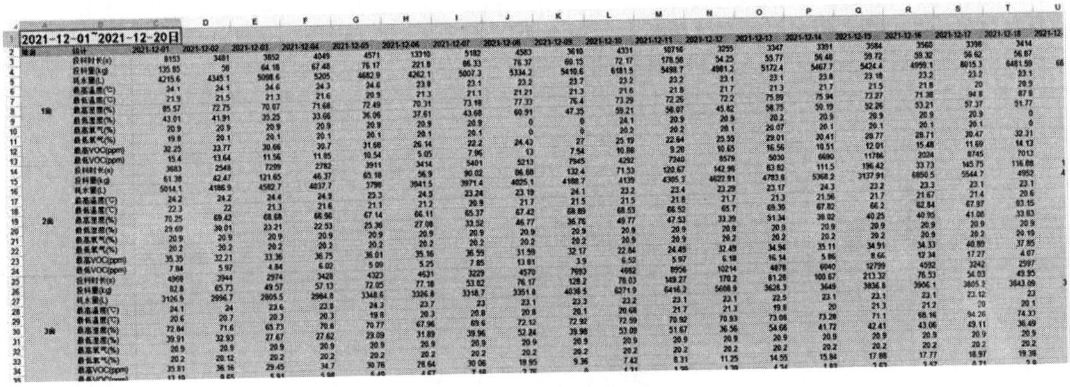

图 6-37　日期区间报表

评估汇报

(1)根据各数据分析,整理猪群生产成绩报告,对照要求,验收健康猪群。

(2)针对工作过程,依据岗位能力,评价师生。

针对生产过程的五个环节进行评价;

针对生产过程的五个元素进行评价;

依据四个岗位能力进行多元质性评价;

填写教学评估表或在教学系统输入。

岗位课程教学评估表,岗位课程评估指标,参考以下表格(表 6-22、表 6-23)。

表 6-22 课程教学评估表

班级名称:					月 周:						
序号	学生姓名	星期	教师姓名	课程内容	评分项						小计
					工作页	视频微课	专业能力		个人能力		
							理论知识	实践技能	社会能力	独立能力	
		1									
		2									
		3									

续表 6-22

		4									
		5									
		1									
		2									
		3									
		4									
		5									
		1									
		2									

续表 6-22

		3								
		4								
		5								
		1								
		2								
		3								
		4								
		5								
		1								
		2								

续表 6-22

		3									
		4									
		5									
		1									
		2									
		3									
		4									
		5									

表 6-23　课程评估指标

			理论知识	实操技能	社会能力	独立能力
1. 情境描述	1.1	任务的情境完整性				
	1.2	客户解决的问题清晰程度				
2. 信息收集	2.1	任务相关的文件资料是否齐全				
	2.2	能否理解任务所需的指标和技术资料				
	2.3	技能点观察动手				
	2.4	课外微课学习质量				
3. 分析计划	3.1	是否给出了功能、作用及目的				
	3.2	是否制定了操作流程				
	3.3	是否考虑到经济和环保方面的问题				
	3.4	方案是否注意到安全				
	3.5	是否小组充分沟通、讨论决策				
	3.6	是否有多计划(方案)供选择				
4. 任务实施	4.1	该课工作页得分(小计)				
	4.2	小组学习合作能力得分				
	4.3	个人反思、创造力得分				
	4.4	个人学习积极主动性(态度)得分				
5. 检验评估	5.1	检验的分工协作				
	5.2	展示安排				
	5.3	需求满足和完善的报告				